कृषि अभियन्त्रण के सिद्धान्त

कृषि अभियन्त्रण के सिद्धान्त

प्रो. वीरेन्द्र सैमुएल
अध्यक्ष, कृषि अभियन्त्रण विभाग
कृषि महाविद्यालय, ज.ने.कृ.वि. टीकमगढ़ (म.प्र.)

एवं

डॉ. डी.वी.के. सैमुएल
अध्यक्ष, कृषि अभियांत्रिकी संभाग
भारतीय कृषि अनुसंधान संस्थान,
नई दिल्ली-110012

2011

दया पब्लिशिंग हाऊस

दिल्ली-110 002

ISBN 81-7035-742-X (PB)
ISBN 978-81-7035-742-1 (PB)

प्रकाशक : **दया पब्लिशिंग हाउस**
4760-61/23, अंसारी रोड,
दरिया गंज, नई दिल्ली - 110 002
फोन : 23244987, 23245578
फैक्स : (011) 23260116
ई-मेल : dayabooks@vsnl.com
वैबसाईट : www.dayabooks.com

अक्षर संयोजक : वैष्णव ग्राफिक्स एण्ड सिस्टम
जयपुर-302004

मुद्रक : चावला ऑफसेट प्रिंटर्स
दिल्ली-110 052

PRINTED IN INDIA

हमारे

पूजनीय माता-पिता

(स्व.) श्रीमती एवं श्री आर. सैमुएल

को समर्पित

भूमिका

इस पुस्तक मे फार्म पावर, फार्म मशीनरी, प्रक्षेत्र निर्माण, बीज भण्डार गृह एवं बीज संसाधन जैसे उच्च तकनीकी विषयों को बी.एस–सी (कृषि) विद्यार्थियों हेतु प्रस्तुत किया गया हैं।

इस पुस्तक में विषय वस्तु सटीक एवं सुगम भाषा में प्रस्तुत की जा रही है। सभी अध्यायों के अन्त में वांछित संख्यात्मक प्रश्नों को मैट्रिक प्रणाली में हल किया गया हैं एवं प्रमुख प्रश्नों को भी दिया गया हैं, ताकि विद्यार्थी परीक्षा हेतु उचित एवं वृहत तैय्यारी कर सकें। पुस्तक में इसी विषय पर अंग्रेजी मे लिखी गई कई महत्त्वपूर्ण पुस्तकों एवं पत्रिकाओं की सहायता ली गई हैं। अतः हम उनके लेखकों और प्रकाशकों के प्रति अपना आभार प्रगट करते हैं। डा. ए.एम. माईकल, डा. टी.पी. ओझा एवं स्व. प्रो. इरशाद अली तथा अन्य शिक्षकगण जिनकी प्रेरणा से यह पुस्तक लिखी गई, बधाई के पात्र हैं।

पुस्तक की छपाई में स्पष्टता एवं शुद्धता का ध्यान रखा गया हैं, किन्तु फिर भी यदि कुछ अशुद्धियां रह गई हैं तो उनके लिए हम क्षमा प्रार्थी हैं। सभी वरिष्ठ अध्यापकों/विद्यार्थियों के सुझावों का सदैव स्वागत हैं।

प्रो. वीरेन्द्र सैमुएल
डॉ. डी.वी.के. सैमुएल

विषय सूची

	भूमिका	(vii)
1.	भारत में कृषि शक्ति एवं व्यय विवेचना	1-14
2.	शक्ति का मापन एवं शक्ति प्रेषण	15-24
3.	अर्न्तदहन इंजिन	25-36
4.	ईंधन पूर्ति एवं कार्बन भारित की विधि	37-43
5.	ज्वलन तंत्र	44-50
6.	शीतलन तंत्र (Cooling System)	51-64
7.	स्नेहन तंत्र (Lubrication System)	65-72
8.	वायु शुद्ध कारक (Air Cleaner)	73-77
9.	अधिनियन्त्रण प्रंणाली (Governing System)	78-83
10.	डीजल इन्जिन (Diesel Engine)	84-92
11.	ट्रैक्टर (Tractor)	93-118
12.	भूपरिष्करण तंत्र (Tillage Implements)	119-160
13.	फसल बुवाई यंत्र (Sowing Equipments)	161-176
14.	कटाई एवं गहाई यंत्र (Harvesting and Threshing Equipments)	177-183
15.	गहाई (Threshing)	184-198
16.	फार्म भवन (Farm Buildings)	199-205
17.	पशु आवास (Animal Shelter)	206-212

18. कुक्कुट गृह (Poultry House) 213-218

19. फार्म पर स्थित भण्डार गृह
(Storage Structures on Farms) 219-226

20. खाद्यान्न भण्डार गृह
(Food Grain Storage Structures) 227-240

21. फसल एवं बीज संसाधन
(Crop and Seed Processing) 241-247

22. खाद्यान्न शुष्कन की विधियाँ
(Methods of Grain Drying) 248-270

23. बीज की सफाई (Cleaning of Grain) 271-278

24. बीज की छंटाई (Seed Grading) 279-298

25. बीज वहन (Seed Conveyance) 299-304

1

भारत में कृषि शक्ति एवं व्यय विवेचना

कृषि में कोई भी कार्य बिना शक्ति के संभव नहीं हैं। शक्ति का उपयोग भूपरिष्करण, बुवाई, निराई, गुड़ाई, कटाई, सिंचाई, गहाई, ओसाई, रस निकालने, खाद्यान्न पीसने, चारा काटने आदि में होता हैं। इसके अतिरिक्त इसी प्रकार के अनेकों कार्यों में कृषि शक्ति का उपयोग किया जाता है।

कृषि कार्यों को दो भागों मे विभाजित किया जा सकता हैं।

1. कर्षण कार्य
2. स्थिर कार्य

जिन कार्यों में खीचनें की शक्ति की आवश्यकता होती हैं, उन्हें कर्षण कार्य कहते हैं, जैसे भूपरिष्करण बुवाई, निराई गुड़ाई, कटाई आदि। स्थिर कार्य एक ही स्थान पर सम्पन्न किए जाते हैं जैसे सिंचाई, गहाई, ओसाई, खाद्यान्न, पिसाई, चारा कटाई आदि।

भारत मे प्रयुक्त विभिन्न कृषि शक्ति श्रोत निम्नलिखित हैं जिनका उपयोग विभिन्न कृषि कार्यो के लिए किया जाता हैं।

1. मानव शक्ति (Human Power)
2. पशु शक्ति (Animal Power)
3. स्थिर अर्न्तदहन इन्जन (Stationary I.C. Engines)
4. ट्रैक्टर एवं पावर टिलर (Tractor & Power Tiller)
5. विद्युत शक्ति (Electric Power)
6. वायु शक्ति (Wind Power)

मानव शक्ति (Human Power)

भारत में मानव शक्ति की भरपूर उपलब्धता है। एक मानव 0.1 अश्वशक्ति उत्पन्न करता हैं। इसका उपयोग कृषि के लगभग सभी कार्यों में होता हैं। इसके बिना कृषि कार्य सम्पन्न ही नहीं हो सकता। इसका उपयोग मुख्यतः छोटे कृषि यंत्रों एवं औजारों को चलाने के लिए होता हैं। स्थिर कार्यों जैसे चारा काटने, पानी उठाने, गहाई करने, ओसाई (Winnowing) करने में भी मानव शक्ति का उपयोग होता हैं।

मानव शक्ति के लाभ व हानियाँ निम्नलिखित हैं :–

लाभ

1. कृषि के लगभग सभी कार्यों को सम्पन्न करने की क्षमता।
2. यह फार्म पर ही उत्पन्न होते हैं, अतः आसानी से उपलब्ध हो जाते हैं।
3. विभिन्न छोटी बड़ी शक्ति की आवश्यकता को ये पूरा कर सकते हैं।
4. इन्हें क्रय करने की आवश्यकता नहीं होती।
5. आकस्मिक कृषि शक्ति की आवश्यकता हेतु ये सदैव उपलब्ध हैं।
6. एक मानव के बीमार होने से कृषि कार्य में रूकावट नहीं आती।
7. फार्म पर उपलब्ध खाद्य पदार्थों से ही इसका पोषण होता हैं।

हानियाँ

1. यह सभी कृषि शक्तियों मे सबसे महंगी शक्ति हैं।
2. इसको लगातार लम्बे समय तक प्रयोग नहीं किया जा सकता हैं।
3. इसके प्रयोग में न होने पर भी पूरी देखभाल की आवश्यकता होती हैं।
4. इसकी कार्यक्षमता बहुत कम होती हैं।
5. अधिक ठंड अथवा गर्मी पड़ने पर इसकी कार्यक्षमता कम हो जाती हैं।
6. कार्य के दौरान इसे आराम की आवश्यकता भी होती हैं, विशेष रूप से जब कार्य भारी हो।
7. इसका प्रबन्धन बहुत कठिन होता है।

पशु शक्ति (Animal Power)

पशु शक्ति का उपयोग मुख्यतः कर्षण कार्यो के लिए किया जाता हैं। एक बैल 0.5 अश्वशक्ति उत्पन्न करता हैं। बैलों के अतिरिक्त ऊँट, हाथी, भैसें, घोड़े, खच्चर आदि का उपयोग भी किया जाता हैं। बैलों का उपयोग सभी प्रकार के कृषि कार्यों हेतु सभी मौसम में किया जा सकता हैं। इन पशुओं का औसत कर्षण बल इनके शारीरिक भार का लगभग 10 प्रतिशत होता हैं।

पशु शक्ति के लाभ एवं हानियाँ निम्नलिखित हैं।

लाभ

1. यह कृषि कर्षण कार्यों हेतु बहुत उपयुक्त होती हैं।
2. यह फार्म पर सरलता से उपलब्ध हो जाती हैं।
3. इसका प्राथमिक मूल्य बहुत कम होता हैं।
4. आक्समिक कृषि शक्ति के आवश्यकता हेतु ये सदैव उपलब्ध रहते हैं।
5. ये फार्म पर भी उत्पन्न किए जा सकते हैं।
6. एक पशु के बीमार होने से कृषि कार्य में रूकावट नहीं आती।
7. इसको विभिन्न कृषि शक्ति की आवश्यकताओं हेतु प्रयोग किया जा सकता हैं।
8. इसकों ढीली या गीली भूमि में भी प्रयोग किया जा सकता हैं।
9. यह मानव शक्ति से सस्ता होता हैं।
10. यह खेत के लिए खाद एवं कृषकों हेतु ईंधन प्रदान करता हैं।
11. यह फार्म पर उत्पन्न खाद्य पदार्थों पर ही निर्वाह करता हैं।

हानियाँ

1. प्रयोग मे न होने पर भी इसकी पूरी देखभाल करनी पड़ती हैं।
2. इसे लम्बे समय तक लगातार प्रयोग नहीं किया जा सकता।
3. स्थिर कृषि कार्यो हेतु यह बहुत दक्ष नहीं होता हैं।
4. यह रहने के लिए अधिक स्थान घेरता हैं।
5. फार्म गृह के निकट गन्दा वातावरण निर्मित करता हैं।
6. अधिक गर्म और ठंडी पड़ने पर इसकी क्षमता कम हो जाती हैं।

7. इसके कार्य की गति धीमी होती हैं।
8. इसकी देखभाल एवं खानपान में अधिक समय नष्ट होता हैं।
9. कार्य के दौरान इसे आराम की आवश्यकता भी होती हैं।

स्थिर अर्न्तदहन इन्जिन (Stationary I.C. Engines)

जहां पर विद्युत ऊर्जा उपलब्ध नहीं हैं वहां पर स्थिर कार्यो हेतु डीज़ल इन्जिन का उपयोग होता हैं। ये ईंधन को उपयोगी कार्य में परिणित कर देते हैं। ये दो प्रकार के होते हैं।

1. डीज़ल इन्जिन
2. पेट्रोल इन्जिन

डीज़ल इन्जिन का उपयोग प्रायः ट्रैंक्टर में किया जाता हैं। स्थिर कार्यों जैसे पानी उठाने, आटा चक्की चलाने, तेल निकालने, चारा काटने रस निकालने, थ्रेशर चलाने आदि में इनका उपयोग होता हैं।

अर्न्तदहन इन्जन के निम्नलिखित लाभ एवं हानियाँ होती हैं।

लाभ

1. मानव एवं पशु शक्ति की तुलना में इसकी दक्षता अधिक होती हैं।
2. इसको रखने के लिए कम स्थान की आवश्यकता होती हैं।
3. प्रयोग में न होने पर देखभाल की आवश्यकता नहीं होती।
4. इसका चालन मूल्य अपेक्षाकृत कम होता हैं।
5. यह लम्बे समय तक कार्य कर सकता हैं।
6. यह विभिन्न आकारों में उपलब्ध हैं।
7. यह गर्म अथवा ठंडे वातावरण से प्रभावित नहीं होता।

हानियाँ

1. इसका प्राथमिक मूल्य अधिक होता हैं।
2. यह कर्षण कार्य के लिए नहीं प्रयोग किया जा सकता हैं।
3. इसके चालन एवं देखभाल हेतु तकनीकी ज्ञान आवश्यक हैं।
4. इसको चलाने के लिए महंगा ईंधन लगता हैं।
5. इसकी मरम्मत एवं देखभाल महंगी होती हैं।
6. इसके ईंधन को संग्रह करना पड़ता हैं।
7. इन्जिन के खराब हो जाने पर कार्य रूक जाता हैं।

ट्रैक्टर एवं पावर टिलर (Tractor and Power Tiller)

कृषि में कर्षण कार्य हेतु ट्रैंक्टर एवं पावर टिलर मुख्य यांत्रिक श्रोत हैं। भारत में मुख्यतः ट्रैंक्टर का प्रयोग प्रचलित हो चुका हैं। अनेको निर्माता ट्रैंक्टरों का निर्माण कर रहे हैं। विदेशी कम्पनियों के सहयोग से अत्याधिक दक्षता वाले ट्रैंक्टरों का निर्माण हो रहा हैं। आजकल लगभग सभी ग्रामों में अनेको ट्रैंक्टर पाए जाते हैं। इनके द्वारा ढुलाई कार्य भी कराया जाता हैं।

इसके लाभ एवं हानियाँ निम्नलिखित हैं :–

लाभ

1. मानव एवं पशु शक्ति की अपेक्षा इसकी दक्षता अधिक होती हैं।
2. इसको संग्रह करने हेतु कम स्थान लगता हैं।
3. प्रयोग मे न होने पर इसकी देखभाल की आवश्यकता नहीं पड़ती।
4. इसका चालन मूल्य बहुत ही कम होता हैं।
5. यह लम्बे समय तक कार्य कर सकता हैं।
6. यह स्थिर कार्यो को भी सम्पन्न कर सकता हैं।
7. इस पर ठंड़े या गर्म वातावरण का प्रभाव नहीं पड़ता।
8. कार्य की गति बदली जा सकती हैं।
9. इसके द्वारा कृषि कार्य समय पर किया जा सकता हैं।

हानियाँ

1. अत्याधिक प्राथमिक मूल्य इसकी सबसे बड़ी हानि हैं।
2. इसे चलाने के लिए दक्ष चालक की आवश्यकता पड़ती हैं।
3. इसका ईंधन महंगा होता हैं।
4. इसकी मरम्मत एवं देखभाल में अधिक खर्च आता हैं।
5. इसका ईंधन संग्रह करना पड़ता हैं।
6. ट्रैंक्टर खराब हो जाने पर कार्य रूक जाता हैं।
7. यह क्षमता से अधिक भार नहीं उठा सकता हैं।

विद्युत शक्ति (Electric Power)

मशीनीकृत फार्म पर यह स्थिर कार्यों का मुख्य श्रोत हैं। वर्तमान में इसका उपयोग कृषि कार्यों में बहुत अधिक बढ़ गया हैं। इसका उपयोग पम्प

चलाने, थ्रेशर चलाने, डेरी की मशीने चलाने, शीतालय चलाने, फसल संसाधन, फल संसाधन आदि में होता हैं। यह विद्युत मोटर को चलाने के काम में आती है जो किसानों के लिए बहुत उपयोगी हैं। विद्युत मोटर एक स्वच्छ शान्त एवं भली भांति चलने वाली मशीन हैं। इसके लाभ एवं हानियाँ निम्नलिखित हैं :–

लाभ

1. यह सबसे सस्ता कृषि शक्ति श्रोत हैं।
2. इसकी क्षमता अधिकतम हैं
3. इसकी मरम्मत एवं देखभाल का व्यय कम आता हैं।
4. यह लम्बे समय तक लगातार काम कर सकता हैं।
5. इसकी स्थापना हेतु कम स्थान की आवश्यकता होती हैं।
6. प्रयोग में न होने पर इसकी देखभाल की आवश्यकता नहीं पड़ती।
7. गर्म और ठंडे वातावरण का इस पर प्रभाव नहीं पड़ता।
8. विभिन्न गतियों पर यह कार्य कर सकता हैं।

हानियाँ

1. इसका प्राथमिक मूल्य अधिक होता हैं।
2. इसकी क्षमता से अधिक, इससे कार्य नहीं लिया जा सकता हैं।
3. इसको प्रयोग करने मे अत्याधिक सावधानी बरतनी पड़ती हैं, अन्यथा जान का खतरा भी हो सकता हैं।

वायु शक्ति (Wind Power)

वायु शक्ति के द्वारा विन्ड मिल चलाई जाती हैं। विन्ड मिल का उपयोग वहां हो सकता हैं जहां वायु पूरे वर्ष अधिकता में उपलब्ध हो। विन्ड मिल को चलाने हेतु 30 किलोमीटर प्रति घंटा से अधिक वायु गति की आवश्यकता पड़ती हैं। भारत में विन्ड मिल का प्रचलन बहुत कम हैं क्योंकि वायु की उपलब्धता निश्चित नहीं हैं। यदि वायु उचित समय पर उपलब्ध भी हो जाए तो भी वह समुचित मात्रा में उपलब्ध नहीं होती। जहां पर इनका उपयोग सफलता पूर्वक किया जा रहा हैं। वहाँ यह पानी उठाने, बिजली बनाने आदि के काम मे आ रही हैं।

वायु शक्ति के निम्नलिखित लाभ एवं हानियाँ हैं :–

लाभ

1. यह सबसे सस्ता कृषि शक्ति स्त्रोत हैं।

हानियाँ

1. इसका उपयोग वहाँ होता हैं जहाँ अधिकाधिक वायु उचित गति पर उपलब्ध होती हैं।
2. वायु गति की अनिश्चितता के कारण आवश्यक कार्यो हेतु यह विश्वसनीय नहीं हैं।
3. इसकी क्षमता बहुत कम हैं।

मशीनरी का भारत में भविष्य (Scope of Mechanisation in India)

कृषि मशीनीकरण से निम्न लाभ प्राप्त होते हैं :–

1. कार्य शीध्र पूरा हो जाता हैं।
2. कृषि कार्य समय पर पूरा हो जाता हैं।
3. प्रति इकाई क्षेत्रफल व्यय मे कमी।
4. कृषि श्रमिक पर थकावट कम हो जाती हैं।

भारत की जनसंख्या प्रति वर्ष बहुत तेजी से बढ़ रही हैं। अतः खाद्य आपूर्ति हेतु मशीनीकरण ही एक हल हैं। कम समय कम लागत में अधिक कार्यक्षमता केवल मशीनीकरण से ही प्राप्त की जा सकती हैं।

यह तो अखण्ड़, सत्य हैं कि भारतीय कृषक को अपने खेतो से कम उपज प्राप्त होने के कारण उनकी प्रति व्यक्ति आय बहुत कम हैं। कृषि उपज बढाने के कुछ साधनों मे से एक इसका मशीनीकरण हैं। भारत में मशीनीकरण को अनेकों स्तरों पर किया जा सकता हैं। मुख्य रूप से इसको तीन विधियों से किया जा सकता हैं।

1. छोटे आकार के खेतों पर बैलों से चलने वाले उन्नत कृषि यंत्रों के प्रयोग द्वारा। इन खेतों का आकार 2 से 3 हैक्टर तक हो सकता हैं।
2. मध्यम आकार के खेतो पर छोटे ट्रैक्टर, पावर टिलर, एवं उनसे चलने वाले कृषि यंत्रों के प्रयोग द्वारा। इन खेतो का आकार 3 से 5 अथवा 6 हैंक्टर तक हो सकता हैं।

3. बड़े आकार के खेतों पर बड़े आकार के ट्रैंक्टर एवं कृषि यंत्रोंके प्रयोग द्वारा।

विभिन्न कृषि शक्ति श्रोतो के उपयोग का मूल्य ज्ञात करना (Cost Analysis)

विभिन्न कृषि शक्ति श्रोतो के उपयोग के व्यय मे दो तरह के मूल्य आते हैं, स्थिर मूल्य एवं चालन मूल्य। स्थिर मूल्य शक्ति श्रोत के प्रयोग पर निर्भर नहीं करते, जबकि चालन मूल्य कार्यकरण पर आए व्यय पर निर्भर करते हैं। प्रयोग का मूल्य निकालने हेतु निम्नलिखित कारकों को ध्यान में रखा जाता हैं।

स्थिर मूल्य

1. घिसाव
2. लागत मूल्य पर ब्याज
3. बीमा एवं टैक्स
4. भवन व्यय

चालन मूल्य

1. ईंधन
2. स्नेहक
3. देखभाल एवं मरम्मत
4. पारिश्रमिक

स्थिर मूल्य

1. घिसाव :– उपयोग के समय के साथ मशीन मूल्य में कमी आती जाती हैं। यह कमी घिसने से, टूट फूट से अथवा वातावरण के प्रभाव से आ जाती हैं। इसको इसलिए लगाया जाता हैं जिससे मशीन के जीवनकाल के समाप्त हो जाने पर कृषक के पास नई मशीन खरीदने हेतु धन उपलब्ध रहें। घिसाव निम्न सूत्र से ज्ञात किया जाता हैं।

$$D = \frac{C - J}{L \times H}$$

D = घिसाव प्रति घंटा

C = उपकरण का प्राथमिक मूल्य

J = कबाड़ी मूल्य

L = उपकरण का जीवनकाल घंटों में

H = प्रति वर्ष कार्य करने के घंटे

कबाड़ी मूल्य वह मूल्य हैं जिस पर वह उपकरण अपना जीवनकाल समाप्त करने के बाद बेचा जा सकता हैं। इसका मान प्राथमिक मूल्य का 10 प्रतिशत होता हैं।

अतः $$D = \frac{0.9\,C}{L \times H}$$

D = Depreciation/hour

C = Capital investment

L = Life in years

H = Annual use in hours.

2. लागत मूल्य पर ब्याज : लागत मूल्य पर ब्याज, मशीन के औसत मूल्य पर लगाया जाता हैं। यह ब्याज हम लगभग 10 प्रतिशत मान सकते हैं।

$$\text{Interest}/\text{Hour} = \frac{(C+S)}{2} \times \frac{I}{H}$$

I = Interest rate = 10% of C

S = Salvage value = 0.1 of C

$$\therefore \text{Interest}/\text{Hour} = \frac{0.55 \times C \times I}{H}$$

3. बीमा एवं टैक्स : ट्रैंक्टर कम्बाइन आदि का बीमा जोखिम उठाने हेतु किया जाता हैं। बीमा एवं टैक्स, प्राथमिक मूल्य के 2 प्रतिशत की दर से प्रति वर्ष लगाथा जाता हैं।

4. भवन व्यय : भवन व्यय मशीन के आकार एवं सुरक्षा की आवश्यकता पर निर्भर करता हैं। कुछ यंत्र, उपकरण एवं मशीने खुले मे ही रखी जा सकती हैं। पर ट्रैंक्टर, कम्बाइन, इन्जिन और थ्रेशर आदि की सुरक्षा आवश्यक होती हैं, अतः उन्हें उपयुक्त गृह में रखा जाता हैं और इसे प्राथमिक मूल्य के 1 प्रतिशत की दर से प्रति वर्ष लगाया जाता हैं।

चालन मूल्य

1. ईंधन की खपत : इसमें ईंधन का वास्तविक व्यय प्रति घंटा ज्ञात किया जाता हैं। ईंधन की खपत ट्रैक्टर की अश्वशक्ति के अनुसार बदलती रहती हैं। अधिक अश्वशक्ति के ट्रैंक्टर की खपत अधिक ही होती हैं। इसको ज्ञात करने हेतु ट्रैक्टर की प्रति घंटा ईंधन की खपत को ईंधन के प्रति लीटर मूल्य से गुणा कर दिया जाता हैं।

2. स्नेहक : स्नेहक व्यय की दर ईंधन खपत के व्यय प्रति घंटा की 30 प्रतिशत होती हैं। अतः इसके लिए ईंधन खपत के व्यय को 0.3 से गुणा क़र दिया जाता हैं, जिससे स्नेहक व्यय प्रति घंटा ज्ञात हो जाता है।

3. देखभाल एवं मरम्मत : मरम्मत एवं देखभाल व्यय प्राथमिक मूल्य का 6 प्रतिशत प्रति घंटा प्रति वर्ष लगाया जाता हैं।

4. पारिश्रमिक : इसमें ट्रैंक्टर चालक का प्रति घंटा पारिश्रमिक ज्ञात किया जाता हैं।

एक 30 अश्वशक्ति वाले महिन्द्रा ट्रैंक्टर का मूल्य 3,40,000/– हैं, इसके साथ एक 9 टाइन वाले कल्टीवेटर का भी उपयोग किया जा रहा हैं जिसका मूल्य 15,000/– हैं। ट्रैक्टर का जीवनकाल 10 वर्ष हैं, तथा इसको 1000 घंटे प्रतिवर्ष प्रयोग किया जाता हैं। उपरोक्त को प्रति घंटा प्रयोग करने का व्यय ज्ञात कीजिए।

Fixed cost

1. $\dfrac{\text{Depreciation}}{\text{Hour (Tractor)}}$

$$= \frac{0.9 \times C}{L \times H}$$

$$= \frac{0.9 \times 3,40,000}{10 \times 1000} = \frac{\text{Rs. } 30.60}{\text{Hour}}$$

$$\frac{\text{Depreciation}}{\text{Hour (Cultivator)}}$$

$$= \frac{0.9 \times 15000}{10 \times 1000} = \frac{\text{Rs. } 1.35}{\text{Hour}}$$

2. $\frac{\text{Interest}}{\text{Hour (Tractor)}}$

$$= \frac{0.55 \times C \times I}{H}$$

$$= \frac{0.55 \times 3,40,000}{1000} \times \frac{10}{100} = \text{Rs. } 18.70$$

$\frac{\text{Interest}}{\text{Hour (Cultivator)}}$

$$= \frac{0.55 \times 15,000}{1000} \times \frac{10}{100} = \text{Rs. } 0.83/\text{ hour}$$

3. $\frac{\text{Insurance}}{\text{Hour (Tractor)}}$

$$= \frac{3,40,000}{1000} \times \frac{2}{100} = 6.80/\text{hour}$$

4. Sheltor (Tractor)

$$\frac{3,40,000}{1000} \times \frac{1}{100} = 3.40/\text{ hour}$$

Operating Cost

1. Cost of fuel/ hour

$$= \frac{\text{Fuel Consumption}}{\text{Hour}} \times \text{Fuel Rate}$$

Assuming fuel consumption of the tractor to be 4 litres/hour
Cost of Fuel/ hour = 4 × 30.40 = Rs. 121.60/hour

2. Cost of Lubrication / hour
= 0.3 × Cost of Fuel/Hour
= 0.3 × 121.60 = Rs. 36.48/hour

3. Rapair & Maintenanee/ hour

$$= \frac{6}{100} \times \frac{3,40,000}{1000} = \text{Rs. } 20.40/\text{hour}$$

4. ¡ges

Asuming wages of tractor operator to be Rs. 2000/month

$$\therefore \text{ wages/hour} = \frac{2000}{30 \times 8} = \text{Rs. } 8.34\text{/hour}$$

Total fixed cost = Rs. 61.68/hour

Total operating cost = Rs. 186.82/hour

Total cost = Rs. 248.50/hour

$$\frac{\text{Cost of Operation}}{\text{BHP hour}}$$

$$= \frac{248.50}{30} = \text{Rs. } 8.28\text{/BHP-hour}$$

प्रश्न : एक 45 अश्वशक्ति वाले ट्रैंक्टर का मूल्य रू. 4,000,00/–है। इसके साथ एक तीन कूँडो (फरों) वाला तवेदार हल उपयोग हल उपयोग किया जा रहा हैं, जिसका मूल्य रू. 42,000/–हैं। इनको प्रति घंटा प्रयोग करने का व्यय ज्ञात कीजिए। अन्य सभी आंकड़े मान लीजिए।

उत्तर : माना ट्रैंक्टर का जीवनकाल 10 वर्ष हैं एवं प्रति वर्ष उसे 1000 घंटे उपयोग मे लाया जाता हैं।

Fixed Cost

1. $$\frac{\text{Depreciation}}{\text{Hour (Tractor)}}$$

$$= \frac{0.9 \times C}{L \times H}$$

$$= \frac{0.9 \times 4,00,000}{10 \times 1000} = \text{Rs. } 36.00\text{/hour}$$

$$\frac{\text{Depreciation}}{\text{Hour (Disc Plough)}}$$

$$= \frac{0.9 \times 42000}{10 \times 1000} = = \text{Rs. } 3.78\text{/hour}$$

2. $\frac{\text{Interest}}{\text{Hour (Tractor)}}$

$$= \frac{0.55 \times 4,00,000}{1000} \times \frac{10}{100}$$

$= $ Rs. 22.00/hour

$\frac{\text{Interest}}{\text{Hour (Disc Plough)}}$

$$= \frac{0.55 \times 42,000}{1000} \times \frac{10}{100}$$

$= $ Rs. 2.31/hour

3. $\frac{\text{Insurance}}{\text{Hour (Tractor)}}$

$$= \frac{4,00,000}{1000} \times \frac{2}{100}$$

$= $ 8.00/hour

4. Sheltor (Tractor)

$$= \frac{4,00,000}{1000} \times \frac{1}{100}$$

$= $ Rs. 4.00/hour

Operating Cost

1. Cost of fuel = Fuel Consumption × Rate of Fuel
   Assuming fuel consumption of the tractor to be 6 litres/hour
   Cost of fuel/hour $= 6 \times 30.40$
   = Rs. 182.40/hour
2. Cost of Lubrication/hour
   $= 0.3 \times 182.40 =$ Rs. 54.72/hour
3. Repair & Maintinance

$$= \frac{6}{100} \times \frac{4,00,000}{1000} = \text{Rs. } 24.00\text{/hour}$$

4. ¡ges

Assuming wages of tractor operator to 2400/month

$$\frac{\text{Wages}}{\text{Hour}} = \frac{2400}{30 \times 8} = \text{Rs. } 10.00/\text{hour}$$

Total operating cost = Rs. 271.12/hour

Total Cost = Rs. 347.21/hour

$$\frac{\text{Cost of Operation}}{\text{BHP Hour}} = \frac{347.21}{45}$$

= Rs. 7.71/BHP-hour

समस्याएँ

1. भारत में कृषि मशीनीकरण के भविष्य की विवेचना कीजिए।
2. विभिन्न कृषि शक्ति श्रोतो के लाभ एवं हानियों पर प्रकाश डालिए।
3. भारतीय कृषि में प्रयुक्त विभिन्न शक्ति श्रोतो का संक्षिप्त वर्णन कीजिए।
4. कृषि मशीनीकरण से प्राप्त लाभों का वर्णन कीजिए।
5. भारत मे कृषि मशीनीकरण किन चरणों मे सम्भव हैं।

2
शक्ति का मापन एवं शक्ति प्रेषण

कार्य करने की दर को पावर कहते हैं। प्रति इकाई समय मे जो कार्य किया जाता हैं उसे पावर या शक्ति कहते हैं। इसकी इकाई मीटर किलोगाम प्रति मिनिट अथवा मीटर–किलोग्राम प्रति सेकेन्ड हैं।

हार्सपावर अथवा अश्वशक्ति

यह शक्ति में मापन की सबसे प्रचलित इकाई हैं। मीटर पद्धति मे एक अश्वशक्ति उस कार्य के बराबर है जो 75 मीटर किलाग्राम प्रति सेकेण्ड अथवा 4500 मीटर किलोग्राम प्रति मिनिट की दर से किया जाता हैं।

सांकेतिक अश्वशक्ति (Indicated Horse Power)

यह वह अश्वशक्ति हैं जो सिलिन्डर मे उत्पन्न होकर पिस्टन के शीर्ष पर उपलब्ध होती हैं। इसे ईंडीकेटर के द्वारा मापा जाता हैं, इसलिए इसे ईंडीकेटेड अश्व शक्ति कहते हैं। चार स्ट्रोक साइकिल इंजिन हेतुः

$$IHP = \frac{PLAN}{4500} \times \frac{n}{2}$$

IHP = Indicated horse power

P = Mean effective pressure in kg/cm^2

A = Cross sectional area of piston in cm^2

N = R.P.M. of engine

n = Numbers of cylinders

ब्रेक अश्वशक्ति (Brake Horse Power)

यह वह अश्वशक्ति हैं जो उपयोगी कार्य हेतु क्रैन्क अथवा बेल्ट पुली पर उपलब्ध होती हैं।

घर्षण अश्वशक्ति (Frictional Horse Power)

यह वह शक्ति हैं जो बिना किसी भार के इन्जिन के चलने में खर्च होती हैं। इसमें घर्षण की हानियाँ एवं चूषण, संपीड़न एवं इग्झास्ट स्ट्रोक को चलाने मे लगी शक्तियाँ आती हैं।

घर्षण अश्वशक्ति = ईंडीकेटेड अश्व शक्ति – ब्रेक अश्वशक्ति

F.H.P. = I.H.P. – B.H.P.

दो स्ट्रोक साइकिल इन्जिन हेतु

$$\text{I.H.P.} = \frac{\text{PLAN}}{4500} \times n$$

ड्रा-बार अश्वशक्ति (Drawbar Horse Power)

यह वह अश्वशक्ति हैं जो ट्रैक्टर के ड्रा–बार पर उपलब्ध होती हैं। इसका प्रयोग खीचने एवं अन्य कर्षण कार्यों हेतु किया जाता हैं।

यांत्रिक क्षमता (Mechanical Efficiency)

ब्रेक अश्वशक्ति एवं ईंडीकेटेड अश्वशक्ति के अनुपात को यांत्रिक क्षमता कहते हैं।

$$\text{यांत्रिक क्षमता} = \frac{\text{ब्रेक अश्वशक्ति}}{\text{सांकेतिक अश्वशक्ति}} \times 100$$

$$\text{Mechanical Efficiency} = \frac{\text{B.H.P.}}{\text{I.H.P.}} \times 100$$

उष्मीय क्षमता (Thermal Efficiency)

यह किसी इन्जिन से प्राप्त लाभदायक बल एवं उपयोग में आने वाली ईंधन के ताप मूल्य का अनुपात हैं। इसको प्रतिशत मे व्यक्त करते हैं।

$$\text{उष्मीय क्षमता} = \frac{\text{उत्पन्न लाभदायक बल}}{\text{ईंधन का ताप मूल्य}} \times 100$$

$$= \frac{\text{उत्पन्न अश्वशक्ति}}{\text{उपयोग की गई अश्वशक्ति}} \times 100$$

$$= \frac{\text{ब्रेक अश्वशक्ति}}{\text{उष्मीय अश्वशक्ति}}$$

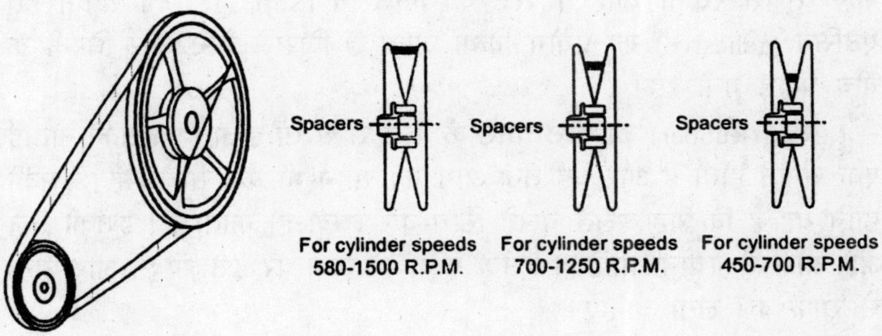

शक्ति प्रेषण की विधियाँ (Methods of Power Transmission)

फार्म पर शक्ति प्रेषण की मुख्यतः तीन विधियाँ हैं।

1. बैल्ट ड्राइव
2. चेन एवं स्प्राकेट ड्राइव
3. गियर ड्राइव

बैल्ट ड्राइव (Belt Drive)

बैल्ट एक लचीला पदार्थ हैं, इसको दो धिरनियो के ऊपर लगा कर, थोड़ा तनाव दिया जाता, जिसके फलस्वरूप शक्ति का प्रेषण एक घिरनी से दूसरी धिरनी तक होने लगता हैं। जब दो समानान्तर धुरे, जो कुछ दूरी पर स्थित होते हैं, एक ही दिशा अथवा विपरीत दिशा में चलाए जाते हैं तब बैल्ट ड्राइव का अनुमोदन किया जाता हैं। बैल्ट और धिरनी के बीज पकड़, उनकी सतहों के बीच पाए जाने वाले घर्षण के कारण प्राप्त की जाती हैं। कृषि मशीनों मे प्रयुक्त बैल्ट साधारणतयः दो प्रकार के होते हैं।

1. फ्लैट बैल्ट (Flat belt)
2. वी–बैल्ट (V-belt)

1. फ्लैट बैल्ट :– ये चमडे, रबर, किरमिच (Convass) या बुने कपड़े (Woven cloth) के बने होते हैं।

चमड़े के बैल्ट बहुत टिकाऊ होते हैं तथा सामान्य कार्यो हेतु विश्वसनीय होते है। इसके लम्बे जीवनकाल हेतु इसे नमी से बचाकर रखना चाहिए। इसको गन्दगी, धूल, आग, ग्रीस, तेल आदि से बचाकर रखना चाहिए। इसको साफ सुथरा रखना चाहिए। बैल्ट की फिसलन (Slippage) को रोकने हेतु एढेसिव (adhesive) का प्रयोग किया जाता हैं जिससे बैल्ट और धिरनी के बीच पकड़ बनी रहे।

रबर (Rubber) का बैल्ट चमड़े के बैल्ट से सस्ता होता हैं। इसकी मोटाई एक समान होती हैं और यह तेज़ आग को सहन भी कर सकता हैं। इसकी हानि यह हैं कि यह चलते चलते खिंच कर लम्बा हो जाता हैं। इसको तेल और ग्रीस से बचाना चाहिए। इसके गन्दा हो जाने पर इसे साबुन और पानी से साफ कर लेना चाहिए।

किरमिच (Convass) बैल्ट, किरमिच की परतों (layers) को सिरे पर एवं पूरी लम्बाई में सिल कर बनाया जाता हैं। इसको सभी मशीनों पर सरलता पूर्वक प्रयोग किया जा सकता हैं। यह भी कार्य के दौरान खिंच कर लम्बा हो सकता हैं जो अवांछनीय हैं। इस पर कच्चा तेल लगाने से यह मुलायम बना रहता हैं।

बुने कपड़े का बैल्ट सस्ता होता हैं। यह भी कार्य के दौरान खिंचकर लम्बा हो जाता हैं।

फ्लैट बैल्ट 25 से 50 सेमी की चौड़ाई (width) में उपलब्ध हैं। इसकी ड्राइव खुली (open), बन्द (closed) या चौथाई मोड़ वाली (Quarter turn) हो सकती हैं। बैल्ट के छोटे–छोटे टुकड़ों को फंसा कर, सिलकर या सीमेन्ट द्वारा जोड़कर एक लम्बा बैल्ट बनाया जा सकता हैं।

2. वी–बैल्ट (V-belt) : वी–बैल्ट का नाम उसके आकार के कारण पड़ गया हैं। ये बैल्ट 'वी' आकार के खांचो वाली धिरनियों पर चलते हैं। वी–बैल्ट मे फ्लैट बैल्ट की अपेक्षा कम फिसलन (slippage) होती हैं। वी–बैल्ट ड्राइव का प्रयोग ऐसे स्थानों मे होता हैं जहां कम स्थान उपलब्ध हैं एवं प्रेषण की लम्बाई कम हैं। साधारणतयः ये नाइलोन कॉर्डस (nylon chords) के बने होते हैं। बैल्ट के तनाव का कोण 40^0 और खांचे का कोण 32^0 से 40^0 के बीच होता हैं। इनकी अनुप्रस्थ काट ट्रेपेजॉयडल (Trapezoidal)

होती हैं। प्रति इकाई बैल्ट की चौड़ाई, इसका सम्पर्क क्षेत्रफल प्लैट बैल्ट की अपेक्षा अधिक होता हैं। निम्न विशेषताओं के कारण यह कृषि मशीनों हेतु अधिक उपयोगी हैं।

(i) सरल गति परिवर्तन प्राप्त होता हैं।

(ii) बैल्ट को क्रास (Cross) करके गति की दिशा बदली जा सकती हैं।

(iii) इसके स्नेहन (Lubrication) की आवश्यकता नहीं पड़ती।

(iv) इसका सिधान (alignment) सरल होता हैं।

(v) यह चलने मे शान्त होता हैं, कोई आवाज नही करता।

(vi) यह सुरक्षा क्लच (safety clutch) का भी काम करता हैं।

घिरनी (Belt Pulley) : यह बैल्ट ड्राइव का एक मुख्य भाग हैं, दो घिरनियों पाई जाती, एक चालक धिरनी कहलाती हैं। दूसरी चलायमान घिरनी कहलाती हैं। फ्लैट बैल्ट के लिए फ्लैट तथा वी–बैल्ट के लिए वी आकार की घिरनी होती हैं, घिरनी ढलवा लोहे, लकड़ी या स्पात की बनी होती हैं। ढलवा लोहे की घिरनियां अधिक प्रचलित हैं, क्योंकि यह जोड़ रहित होती हैं और अधिक मजबूत होती हैं। इनको धुरे पर पेंच (screws), शिंकजे (clamp) या चाभी (key) की सहायता से कस दिया जाता हैं।

लकड़ी की घिरनी दो टुकड़ो मे होती हैं। कभी कभी कागज़ की घिरनी का भी उपयोग होता हैं। इनको विद्युत मोटर और जेनेरेटर में उपयोग किया जाता हैं।

चेन और स्प्राकिट ड्राइव (Chain and Sprocket Drive) : इसका उपयोग ऐसे स्थान पर किया जाता हैं, जहां दो धुरे थोड़ी दूरी पर समानान्तर स्थित होते हैं। इस निकाय में एक अन्तरहित चेन और एक स्प्राकिट की आवश्यकता होती हैं। यह तीन प्रकार की होती हैं :–

(i) रोलर चेन

(ii) हुक लिंक चेन

(iii) पिंटल चेन

रोलर चेन : इसका उपयोग अधिक गति और अधिक भारों (loads) के लिए किया जाता हैं। यह हाई ग्रेड स्पात की बनती हैं।

हुक लिंक चेन : इसका उपयोग बाहरी, खुले, ड्राइव के रूप में किया जाता हैं, जैसे Potato digger और manure spreater में। यह malleable iron

की बनी होती हैं, इसको कम शक्ति और कम गति वाले निकायों हेतु अनुमोदित किया जाता हैं।

पिंटल चेन : इसको अधिक भार एवं कम गति हेतु खुले वातावरण के लिए अनुमोदित किया जाता हैं। यह भी malleable iron की बनी होती हैं और malleable pins से जुड़ी रहती हैं।

गियर ड्राइव (Gear Drive) : गियर का उपयोग एक धुरे से दूसरे धुरे तक एक समान कोणीय गति पर शक्ति प्रेषण हेतु किया जाता हैं। जब दो धुरे एक दूसरे के अत्याधिक निकट होते हैं, तो गियर ड्राइव उपयोग में लाई जाती हैं। इसके प्रयोग के निम्नलिखित उद्देश्य हैं।

(i) घूमने की गति को बदलना

(ii) घूमने की दिशा को बदलना

(iii) धुरों की दिशा को बदलना

(a) Roller chain

(b) Pintle chain

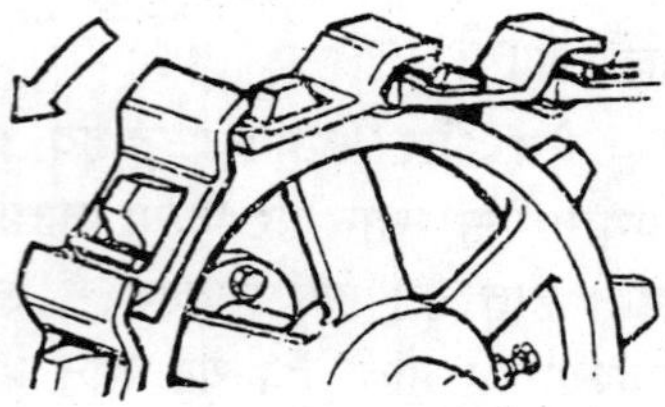

गियर निम्न प्रकार के होते हैं।

1. स्पर गियर (Spur Gear) : इनका उपयोग समानान्तर धुरों के बीच शक्ति प्रेषण हेतु होता हैं। इनमें दांते धुरे के समानान्तर कटे होते हैं। आंतरिक स्पर गियर के दांते अन्दर की ओर तथा बाह्य स्पर गियर के दांते बाहर की ओर कटे होते हैं।

2. वर्म गियर (Worm Gear) : जब दो धुरे एक दूसरे से समकोण पर हो, पर उनके अक्ष (axis) एक दूसरे को न काटते हों, तो वर्म गियर का

उपयोग किया जाता हैं। वर्म एक धुरे पर कटी हुई चूड़ी (thread) के समान होता हैं। यह वर्म वील (Worm wheel) से अपनी चूड़ियों द्वारा जुड़ा रहता हैं। इसका उपयोग वहां होता हैं जहां एक छोटे से स्थान में अधिक गति अनुपात (Velocity ratio) प्राप्त करना हो। जैसे क्रीम सेपरेटर और हस्त चालित चाफ कटर में।

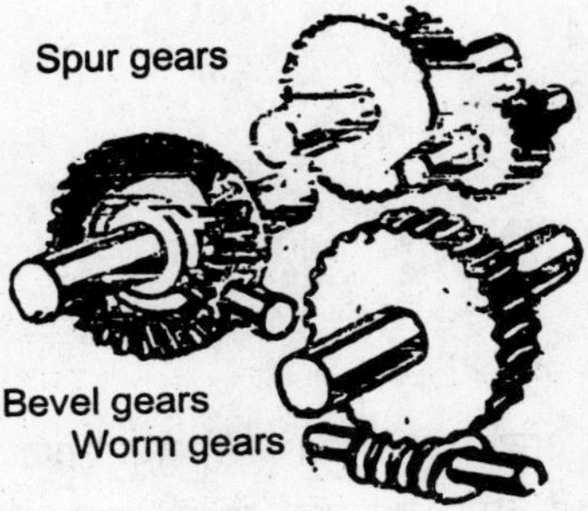

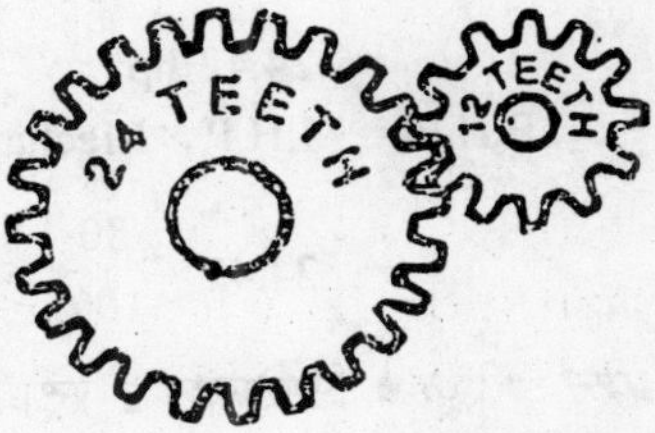

3. बैवेल गियर (Bevel Gear) : जब दो धुरे एक दूसरे से समकोण पर हो और उनके अक्ष एक दूसरे को काटते हो तब बैवेल गियर का उपयोग किया जाता हैं। जब शक्ति को एक कोने से मुड़ना हो तो इस गियर को अनुमोदित किया जाता हैं। Plain Bevel Gear में सीधे दांते होते हैं, जबकि Spiral में मुड़े हुए दांते होते हैं।

4. हैलिकल गियर (Helical Gear) : इनका उपयोग समानान्तर धुरों के बीच शक्ति प्रेषण हेतु होता हैं। इसके दांते अक्ष की ओर झुके होते हैं, जिससे एक समय में दो से अधिक दांते एक दूसरे के सम्पर्क में आ जाते हैं और सीधे दांतो की अपेक्षा अधिक समय तक सम्पर्क में बने रहते हैं।

5. सर्पिलाकार गियर (Spiral Gear) : जब दो धुरे एक दूसरे से कोई भी कोण बनाते हो, उनको जोड़ने हेतु सर्पिलाकार गियर का उपयोग किया जाता हैं। यह विभिन्न नत समतलों (Planes) मे स्थित धुरों को जोड़ने के काम मे भी आता हैं।

प्रश्न : एक सिलिन्डर वाले 4 स्ट्रोक साइकिल अर्न्तदहन इन्जिन की ब्रेक अश्वशक्ति ज्ञात कीजिए, जिसके स्ट्रोक की लम्बाई 12.5 सेमी. हैं और सिलिन्डर का 10 सेमी. हैं। इन्जिन का मध्य प्रभावी दाब 7 किलो प्रति वर्ग

सेमी. हैं तथा गति 800 चक्कर प्रति मिनिट हैं। इन्जिन की यांत्रिक क्षमता 80 प्रतिशत हैं।

उत्तर :–

$$\text{I.H.P.} = \frac{\text{PLAN}}{4500} \times \frac{n}{2}$$

$$= \frac{7 \times 0.125 \times 78.5 \times 800}{4500} \times \frac{4}{2}$$

$$= 24.42 \text{ hp}$$

$$\text{B.H.P.} = \text{I.H.P.} \times \text{Mechanical effievency.}$$

$$= 24.42 \times \frac{80}{100} = 19.94 \text{ hp.}$$

प्रश्न : एक 4 सिलिन्डर 2 स्ट्रोक साइकिल अर्न्तदहन इन्जिन की ब्रेक अश्व शक्ति ज्ञात कीजिए, जिसका आकार 12 15 सेमी. हैं। मध्य प्रभावी दाब 7 किलो प्रति वर्ग सेमी. हैं, एवं प्रति मिनिट इन्जन की गति 600 चक्कर हैं। इन्जिन की यांत्रिक क्षमता 80 प्रतिशत हैं।

उत्तर :–

$$\text{I.H.P.} = \frac{\text{PLAN}}{4500} \times n$$

$$= \frac{7 \times 0.15 \times 3.14 \times (12)^2 \times 600}{4500 \times 4} \times 4$$

$$= 63.30 \text{ hp.}$$

$$\text{B.H.P.} = \text{I.H.P.} \times \text{Mechanical efficiency}$$

$$= 63.30 \times \frac{80}{100} = 50.64 \text{ hp.}$$

प्रश्न : एक अर्न्तदहन इन्जिन का संपीड़न अनुपात (Compression ratio) एवं रिक्त आयतन (Clearance volume) ज्ञात कीजिए, यदि इन्जिन का आकार 100 × 120 मिलीमीटर हैं और रिक्त स्थान (Clearance space) की टी.डी.सी. पर लम्बाई 8 मिलीमीटर हैं।

उत्तर :–

Bare of engine = 100 mm = 10 cm
Stroke of engine = 120 mm = 12cm
Space at TDC = h = 8 mm = 0.8cm
Total length of cylindor = 12 + 0.8 = 12.8 cm

$$\text{Clearance Volume} = \frac{\pi}{4} \times 10^2 \times (0.8) = 62.8 \text{ cubic cm.}$$

$$\text{Compression Ratio} = \frac{\text{Total Volume}}{\text{Clearance Volume}}$$

$$= \frac{1004.8}{62.8} = 16$$

Compression Ratio = 16 : 1
Clearance Volume = 62.8 cubic cm

समस्याएँ

1. निम्न की परिभाषा दीजिए
   अ) यांत्रिक क्षमता
   ब) उष्मीय क्षमता
2. आप अश्वशक्ति से क्या समझते हैं? निम्न की परिभाषा दीजिए।
   अ) सांकेतिक अश्वशक्ति
   ब) ब्रेक अश्वशक्ति
   स) घर्षण अश्वशक्ति
   द) ड्रा बार अश्वशक्ति
3. एक 4 सिलिन्डर वाले 4 स्ट्रोक साइकिल अन्तर्दहन इंजन की ब्रेक अश्वशक्ति ज्ञात कीजिए, यदि उसके आंकड़े निम्नलिखित हैं।
   सिलिन्डर का व्यास = 12.5 सेमी.
   स्ट्रोक की लम्बाई = 15 सेमी.
   क्रैन्क शाफट की गति = 1000 चक्कर प्रति मिनिट
   मध्य प्रभावी दाब = 7 किलो प्रति वर्ग सेमी.
   घर्षण अश्वशक्ति = 7

4. शक्ति प्रेषण की विभिन्न विधियों का संक्षिप्त वर्णन कीजिए।
5. फ्लैट बैल्ट की अपेक्षा वी–बैल्ट के क्या लाभ हैं? घिरनी कितने प्रकार की होती हैं?
6. चेन के प्रकारों का सचित्र वर्णन कीजिए। अधिक गति और अधिक भार हेतु कौन सी चेन उपयुक्त हैं?
7. गियर ड्राइव के क्या लाभ हैं? विभिन्न गियरों का सचित्र वर्णन कीजिए। क्रीम सेपरेटर और चॉफ कटर में कौन से गियर का उपयोग होता हैं?
8. एक अर्न्तदहन इन्जिन का संपीडन अनुपात एवं रिक्त आयतन ज्ञात कीजिए। यदि इन्जिन का आकार 120 × 150 मिलीमीटर हैं और रिक्त स्थान की टी.डी.सी पर लम्बाई 10 मिलीमीटर हैं।

3

अर्न्तदहन इंजिन

अर्न्तदहन इंजिन में अपने नाम के अनुरूप दहन किया भीतर ही सम्पन्न होती हैं। इसकी संरचना इस प्रकार की होती हैं कि दहन क्रिया के फलस्वरूप फैलने वाली गैसें जो दबाव उत्पन्न करती हैं वह गतिफलक चक्र पर चक्रीय गति मे बदल जाता हैं। इससे ये तात्पर्य है कि अर्न्तदहन इन्जिन उष्मीय ऊर्जा को यांत्रिक ऊर्जा मे बदल देता हैं।

इन्जिन के भाग

1. सिलिन्डर (Cylinder) - यह ढलवे लोहे या ढलवे एलमीनियम का बना होता हैं सिलिन्डर के भीतर ही पिस्टन चलता है और चारों क्रियाओं को पूरा करता हैं, जैसे इंजिन मिश्रण का चूषण, संपीडन, शक्ति का उत्पादन एवं जली गैसो का निष्पादन। सिलिन्डर की कीमत भी कम होती हैं और ये बिना किसी हानि के दबाव और तापक्रम को सह सकते है।

आधुनिक इंजिनों में बदलने योग्य सिलिन्डर के लाइनर भी पाए जाते हैं।

2. सिलिन्डर हेड (Cylinder Head) - यह सिलिन्डर के शीर्ष पर पाया जाता हैं तथा सिलिन्डर को ढके रहता है। इसको अलग भी किया जा सकता हैं। दहन कक्ष, कल्व एवं स्पार्क प्लग लगाने का स्थान इसी सिलिन्डर हेड मे पाया जाता हैं।

3. लाइनर (Liner) - ये सिलिन्डर ब्लाक के भीतर लगाए जाते है तथा इनको बदला भी जा सकता हैं। ये पिस्टन के चलने के लिए स्थान प्रदान करता हैं। पिस्टन की रगड़ से केवल लाइनर घिसता है और बदल दिया जाता हैं। पूरा सिलिन्डर नही बदलना पडता हैं। यह दो प्रकार के होते हैं।

(1) शुष्क लाइनर (2) गीला लाइनर

शुष्क लाइनर का सम्पर्क शीतलन पानी से नहीं होता जबकि गीला लाइनर पानी के सम्पर्क मे सदैव रहता हैं।

4. पिस्टन (Piston) - ये ढलवा लोहा या एल्युमीनियम मिश्र धातु के बने होते है। ये आकार मे बेलनाकार होते है, ऊपर की ओर बंद रहते है तथा नीचे की ओर खुले रहते हैं। ये विस्फोट की शक्ति को प्राप्त करके पिस्टन राड तक पहुंचाते है पिस्टन के ऊपरी सिरे के थोडा नीचे संपीडन रिंगों के लिए खांचे कटे रहते है, एवं निचले सिरे मे थोडा ऊपर तेल रिंगो के लिए खाँचे कटे रहते है।

5. पिस्टन रिंग (Piston Ring) - ये ढलवा लोहे के बने होते और ये पिस्टन पर बने खांचो मे लगे होते हैं। ये सिलिन्डर की दीवार से सटकर चलते है एवं इनका न्यास सिलिन्डर न्यास से कुछ अधिक होता है। ये दो प्रकार के होते हैं।

(i) सम्पीडन रिंग (Compression Ring) - ये पिस्टन के ऊपरी भाग मे परिधि पर लगे होते हैं। ये सिलिन्डर के भीतर गैसों के दबाव को रोकते या सील करते हैं।

(ii) तेल रिंग (Oil Ring) - इनमें बनी छिद्र या नालियों से तेल का वितरण होता है एवं पिस्टन और सिलिन्डर का स्नेहन होता हैं।

6. पिस्टन पिन (Piston Pin) - ये पिस्टन एवं पिस्टन राड को जोडती हैं। यह खोखली होती है एवं केस हार्डनिंग वाले लोहे की बनी होती हैं। यह बहुत परिशुद्वता से बनाई जाती हैं। यह कब्जे की तरह का लचीला जोड प्रदान करती हैं।

7. कनेकिटरां राड अथवा पिस्टन राड (Connecting Road or Piston Rod) - यह ड्राप फोर्न्ड स्टील या कास्ट स्टील का बना होता हैं। न यह टूटता है न ही फैलता हैं यह अनुप्रस्थ काट मे आई बीम आकर का होता हैं। इनका ऊपरी सिरा पिस्टन से सम्बन्धित रहता है तथा निचला सिरा क्रैक से सम्बन्धित रहता हैं। ऊपरी सिरा आगे पीछे की गति करता है जबकि निचला सिरा चक्रीय गति करता हैं। अत: इसका डिजाइन जटिल होता हैं। यह पिस्टन से गति प्राप्त करता हैं। यह पिस्टन से प्राप्त गति को क्रैन्क तक पहुँचाता हैं। पिस्टन की ओर के छोटे सिरे मे काँसे की बुशिंग (bushing) लगी होती है जबकि क्रैन्क की ओर के बडे सिरे मे प्रिसीशन बियरिंग लगी होती हैं। छोटे सिरे का सम्बन्ध पिस्टन पिन के द्वारा पिस्टन से होता है, जबभी बडे सिरे का सम्बन्ध क्रैन्क से होता हैं।

8. क्रैन्कशाफ्ट (Crank Shaft) - यह ड्राप फोर्ड स्टील या कास्ट स्टील की बनी होती हैं। इसमें क्रैन्क जरनल एवं मेन जरनल पाए जाते हैं, कनेक्टिंग राड तो क्रैन्क जरनल से जुड़ी रहती है। जबकि मेन जरनल क्रैन्क शाफ्ट को आधार

प्रदान करते हैं। क्रैन्क पिन की विपरीत दिशा मे संतुलन भार पाए जाते हैं जो कनेक्टिंग राड और पिस्टन के भार को संतुलित करके क्रैन्क शाफट को स्थिर गति प्रदान करते हैं। यह पिस्टन की आगे पीछे की गति को चक्रीय गति मे बदल देती हैं।

9. गतिपालक चक्र (Fly Wheel) - यह साधारणतय: ढलवा लोहे का बना होता हैं। यह इन्जिन की गति को समान बनाए रखता हैं और निष्क्रिय स्ट्रोकों को चलाने हेतु ऊर्जा प्रदान करता हैं। इसका आकार सिलिन्डर की संख्या और इन्जिन के प्रकार पर निर्भर करता है। इसके ऊपर रिंग गियर लगी होती हैं जो स्टार्टर पिनियन से मिली रहती हैं। इसकी पिछली सतह कलच प्लेट के लिए प्रेशर प्लेट का काम करती हैं। इस पर इन्जिन टाईपिंग भी लिखी रहती हैं।

10. क्रैन्क केस (Crank Case) - यह ढलवा लोहा या ढलवा एल्युमिनियम का बना होता हैं। अधिकतर क्रैन्क केस दो भागों मे विभाजित रहते हैं, ऊपरी भाग और निचला भाग ये दोनो भाग आपस मे नट बोल्ट की सहायता से जुडे रहते हैं। इनके बीच गास्केट लगाई जाती हैं। ऊपरी आधा भाग सिलिन्डरों के लिए आधार प्रदान करता है और दोनो सिरों पर मुख्य बियरिंग को थामे रहता हैं। निचला भाग गतिंशील भागों को धूल से बचाता है और तेल को संग्रह करने का काम करता है। कुछ इन्जिनो मे यह बन्द रहता है, कुछ मे खुला रहता हैं।

11. वाल्व तंत्र (Valve System) - बल्व तंत्र मे कैस शाफ्ट, कैम शाफट गियर टैपेट, पुश राड, राकर श्रार्म और वाल्व आते हैं। यह पिस्टन गति के तारतम्य से वाल्व के खुलने और बन्द होने का एक निश्चित समय प्रदान करता हैं। कैम शाफट गियर, क्रैन्क शाफट गियर की अपेक्षा दो गुने आकार का होता है, जिससे क्रैन्क शाफट के दो चक्कर पर कैम शाफट केवल एक चक्कर लगाए जिससे चार स्ट्रोको मे वाल्व केवल एक ही बार खुले। वाल्व क्रैन्क शाफट से गति प्राप्त करते है और साधारणतय: ढलवा लोहे के बने होते हैं।

कैमशाफ्ट पर अनेको कैम पाई जाती हैं। ये आकार मे गोलाकार होती हैं। पर इनका कुछ भाग बाहर की और उभरा रहता हैं। यह उभार वाल्व के खुलने के समय एवं अवधि पर निर्भर करते हैं। ये अपनी गति कैमशाफट गियर से प्राप्त करते हैं एवं गति को टैपेट तक पहुँचाते हैं। ये क्रैन्क केस मे क्रैंकशाफट के समानान्तर लगे होते हैं। ये फोर्ज्ड स्टील या कास्ट स्टील के बने होते हैं।

टैपेट हाईन्ड स्टील (Hardened Steel) के बने होते हैं। और पुश राड को गति प्रदान करते है जो स्टील की बनी होती हैं। यह राकर आर्म को गति देती हैं। राकर

आर्म वाल्व स्प्रिंग की सहायता से वाल्व को खोलती, बन्द करती हैं जो कि स्वयं स्प्रिंग स्टील की बनी होती हैं।

प्रवेश एवं निकासी छिद्रों को खोलने एवं बन्द करने हेतु पौपेट वाल्व का प्रयोग किया जाता है वाल्व का हेड स्पाती मिश्रधातु का बना होता है क्योंकि इसको अत्याधिक दहन तापक्रम एवं दबाव को सहन करना पडता हैं। वाल्व का स्टेम स्पात का बना होता हैं।

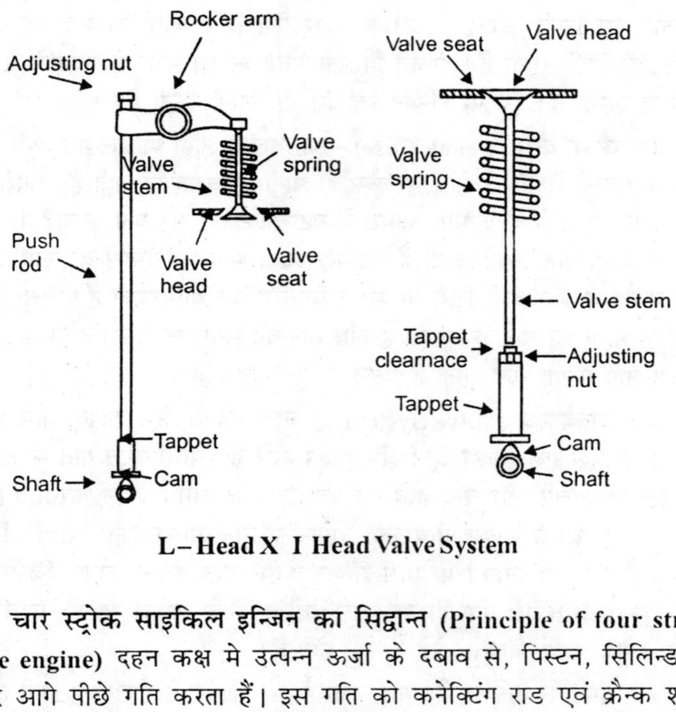

L–Head X I Head Valve System

चार स्ट्रोक साइकिल इन्जिन का सिद्धान्त (Principle of four stroke cycle engine) दहन कक्ष मे उत्पन्न ऊर्जा के दबाव से, पिस्टन, सिलिन्डर के भीतर आगे पीछे गति करता हैं। इस गति को कनेक्टिंग राड एवं क्रैन्क शाफट मिलकर चक्रीय गति में बदल देते हैं। जो कि फलाई वील को प्राप्त होती हैं।

पिस्टन का विस्थापन सिलिन्डर के शीर्ष से सिलिन्डर के निचले सिरे के बीच ही होता हैं। सिलिन्डर शीर्ष के निकट पिस्टन के विस्थापन की अन्तिम स्थिति को टाप.डेड.सेन्टर. (टी.डी.सी.) कहते है, जबकि सिलिन्डर के निचले भाग अथवा क्रैन्क शाफट की ओर पिस्टन विस्थापन की अन्तिम स्थिति को बाटम. डेड.सेन्टर. (बी.डी.सी.) कहते है।

बी.डी.सी. से टी.डी.सी. तक के पिस्टन विस्थापन को स्ट्रोक कहते हैं। एक स्ट्रोक के चालन मे क्रैन्क शाफट आधा चक्कर घूमता हैं। अतः चार स्ट्रोको के पूरे

होने तक क्रैन्क शाफट दो चक्कर लगा चुकी होती हैं। अर्न्तदहन इन्जिन का विकास शक्ति उत्पन्न करने के लिए किया गया हैं और इस शक्ति का उत्पादन, सिलिन्डर के भीतर अत्याधिक दबाव पर ईधन के दहन के फलस्वरूप होता हैं। शक्ति के पुनः उत्पादन हेतु यह आवश्यक हैं कि जली हुई गैसो को बाहर निकाल दिया जाय।

अतः पूरे साइकिल को चलाने हेतु आवश्यक चरण हैं।

(क) ईंधन को सिलिन्डर के भीतर लेना।

(ख) ईंधन को संपीडित करना।

(ग) ईंधन में चिन्गारी लगाना।

(घ) जली गैसों को निकालना।

उपरोक्त क्रियाओं को सम्पन्न करने हेतु चार स्ट्रोकों की आवश्यकता होती हैं।

1. चूषण स्ट्रोक (Suction stroke)
2. संपीडन स्ट्रोक (Compression stroke)
3. शक्ति स्ट्रोक (Power stroke)
4. रेचक स्ट्रोक (Exhaust stroke)

1. चूषण स्ट्रोक

इस स्ट्रोक मे पिस्टन सिलिन्डर के भीतर टी.डी.सी. से बी.डी.सी. की ओर नीचे आता है तो पिस्टन के ऊपर सिलिन्डर मे आंशिक निर्वात (vaccum) उत्पन्न हो जाता हैं। ठीक इसी समय इनलेट वाल्व खुल जाता हैं। यदि पेट्रोल इंजन है तो पेट्रोल और हवा का मिश्रण और यदि डीजल इंजन है तो केवल हवा भीतर सिलिन्डर मे आ जाती हैं। निकासी वाल्व इस समय बन्द रहता हैं।

2. संपीडन स्ट्रोक

इस स्ट्रोक मे पिस्टन बी.डी.सी. से टी.डी.सी. की ओर ऊपर को जाता हैं। इस स्ट्रोक मे भीतर आया चार्ज पूर्व तरह दबा दिया जाता हैं। इस स्ट्रोक के दौरान दोनो वाल्व बन्द रहते हैं। इसी स्ट्रोक के अन्तिम क्षणों में यदि पेट्रोल इंजिन है तो स्पार्क प्लग के द्वारा चिन्गारी उत्पन्न की जाती हैं। पर यदि डीजल इन्जिन है तो डीजल ईंधन की फुहार छोडी जाती हैं। जिसके फलस्वरूप चार्ज मे विस्फोट हो जाता है क्योंकि दहन कक्ष मे तापक्रम और दबाव अत्याधिक बढ़ जाते हैं।

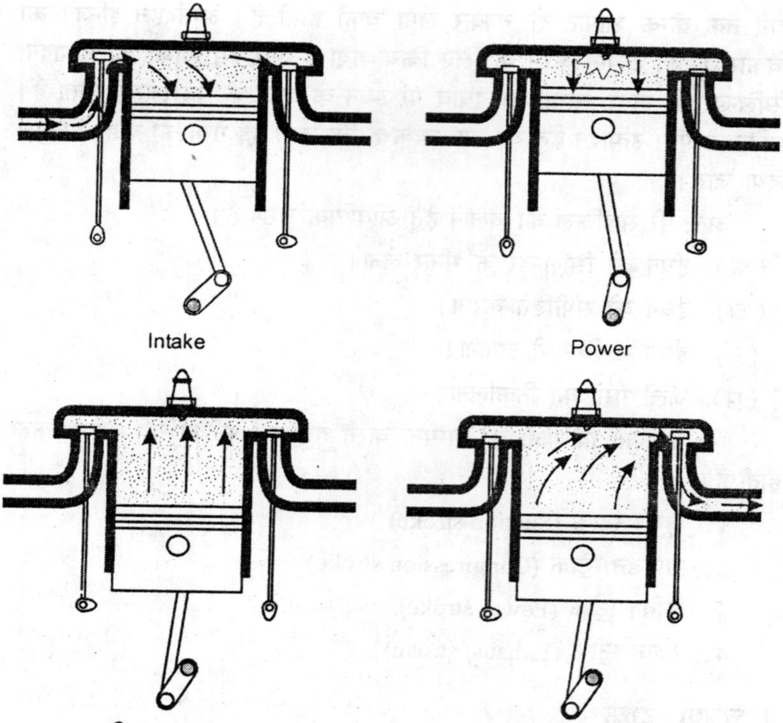

4-stroke Cycle Engine

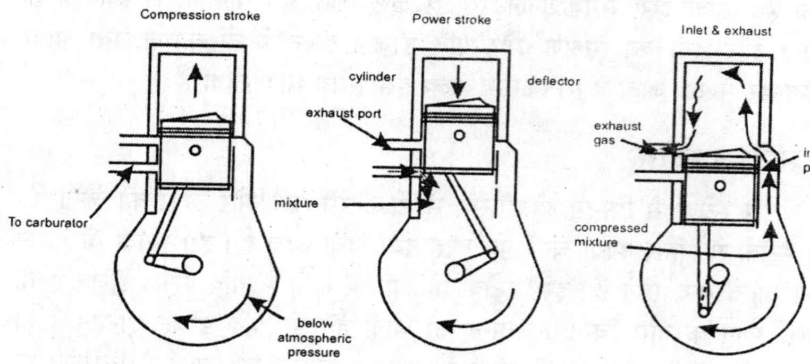

2-stroke Cycle Engine

3. शक्ति स्ट्रोक

अब दहन कक्ष में विस्फोट होता है। दहन कक्ष मे विस्फोट के फलस्वरूप अत्याधिक दबाव पिस्टन के शीर्ष पर उत्पन्न होता हैं, जिसके कारण बडी तेजी से एक एक झटके के साथ पिस्टन टी.डी.सी. से बी.डी.सी. की ओर ढकेल दिया जाता हैं। यह ऊर्जा गति पालक चक्र को भी प्राप्त होती है एवं क्रैन्क शाफट पर उपयोगी कार्य हेतु भी उपलब्ध होती हैं। गतिपालक चक्र इसी ऊर्जा को तीनों निष्क्रीय स्ट्रोको को चलाने हेतु उपलब्ध कराता हैं। इस स्ट्रोक के दौरान भी दोनो वाल्व बन्द रहते हैं।

4. रेचक स्ट्रोक

अब पिस्टन बी.डी.सी. से टी.डी.सी. की और ऊपर को जाता हैं, इसी समय निकासी वाल्व खुल जाता है तथा जली हुई गैसे बाहर निकाल दी जाती हैं। इस समय प्रवेशी वाल्व बन्द रहता हैं।इस प्रकार उपरोक्त क्रियाओं के सम्पन्न होने पर इन्जिन अपना एक साइकिल पूरा करता हैं। यह क्रियाएँ लगातार एक के बाद एक होती रहती है अर्थात् चूषण स्ट्रोक से प्रारम्भ होकर रेचक स्ट्रोक तक। चूंकि क्रैन्क के दो चक्करो में केवल एक शक्ति स्ट्रोक होता हैं अत: एक सिलिन्डर वाले इन्जिनों के लिए बहुत भारी फलाई वील गतिपालक चक्र की आवश्यकता होती हैं।

विस्फोट क्रम (Firing Order)

अनेको सिलिन्डरों वाले इन्जिन में जिस क्रम मे ज्वलन क्रिया सम्पन्न होती है, उसे उस इन्जिन का फायरिंग आर्डर कहते हैं। चार सिलिन्डर इंन्जिन के प्रचलित विस्फोट क्रम हैं, 1-2-4-3, एवं 1-3-4-2 हैं, इससे यह तात्पर्य है कि सबसे पहले सिलिन्डर न. 1 मे विस्फोट अथवा शक्ति स्ट्रोक सम्पन्न होगा, फिर सिलिन्डर न. 3 मे, फिर न. 4 मे और अन्त मे सिलिन्डर न. 2 मे विस्फोट होगा। यह क्रम सिलिन्डरों की व्यवस्था एवं कैम शाफट के डिजाइन प्र निर्भर करता है और वाल्व के खुलने के क्रम को बतलाता हैं। छ: सिलिन्डर वाले इन्जिन मे यह क्रम 1-5-3-6-2-4 होता है।

वाल्व टाइपिंक अथवा वाल्व समय सारिणी (Valve Timing)

इन्जिन के सफल कार्यकरण हेतु सही वाल्व टाइपिंग अतिआवश्यक हैं। वाल्व के खुलने और बन्द होने के समय में थोडी सी हेर फेर हो जाने पर पूरा चक्र ही गड़बड़ हो जाता हैं। उदाहरण के लिए यदि संपीडन स्ट्रोक के दौरान कोई वाल्व

खुला रह जाता हैं। तो ईधन मिश्रण खुले वाल्व से होकर बाहर फेक दिया जाएगा और सिलिन्डर के भीतर संपीडन हेतु कुछ भी न रह जाएगा।

सिलिन्डरों की स्थिति एवं क्रैन्क घुमाव की डिगरी की प्रति सम्बन्धित वाल्वों के खुलने, बन्द होने और समयकाल की स्थिति को वाल्व टाइपिंग कहते हैं।

इनलेट वाल्व, टी.डी.सी.पर खुलता है और क्रैन्क घुमाव के 210° तक खुला रहता हैं। शेष चक्र मे यह बन्द रहता हैं। इसके बाद संपीडन और शक्ति स्ट्रोक के दौरान दोनो ही वाल्व बन्द रहते हैं। रेचक वाल्व बी.डी.सी. से 40° पहले खुलता है और टी.डी.सी. से 5° बाद बन्द हो जाता हैं। वाल्व टाइपिंग चित्र में वाल्वों के खुलने और बन्द होने के समय एवं खुलने की समयावधि दिखाई गई हैं।

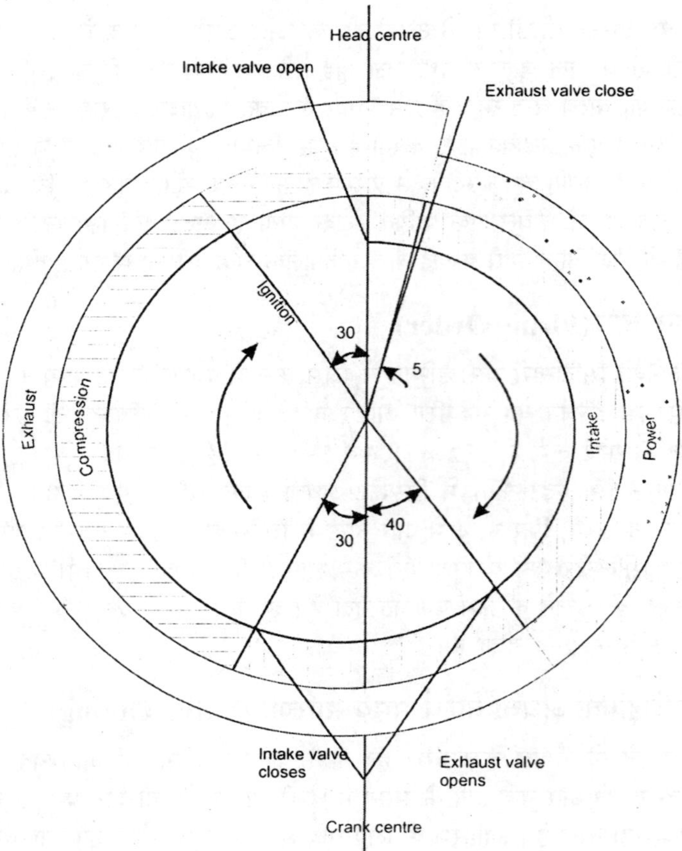

Valve Timing Diagram

दो स्ट्रोक साइकिल इन्जिन (Two Stroke Cycle Engine)

दो स्ट्रोक साइकिल इन्जिन मे चारों क्रियाएं, चूषण, संपीडन, विस्फोट एवं रेचन केवल दो ही स्ट्रोक मे अर्थात् क्रैन्क शाफट के एक ही चक्कर मे पूरी होती हैं।

सर्वप्रथम ईधन मिश्रण क्रैन्क केस के भीतर खींचा जाता हैं, जिसका सम्बन्ध कारबुरेटर से एक चेक वाल्व के द्वारा होता हैं। क्रैन्क केस वायुरोधक होता हैं।

चूंकि चारों क्रियाएं केवल दो ही स्ट्रोक मे पूरी होती है अतः दो क्रियाए एक साथ सम्पन्न होती हैं और एक ही स्ट्रोक मे सम्पन्न होती हैं। इस इन्जिन में वाल्व के स्थान पर छिद्र पए जाते हैं जिन्हें पोर्ट कहते हैं। यह पोर्ट सिलिन्डर की दीवार एवं क्रैन्क केस मे पाए जाते हैं। यह पोर्ट तीन प्रकार के होते हैं, इनलेट पोर्ट, ट्रान्सफर पोर्ट एवं एग्जास्ट पोर्ट।

प्रथम स्ट्रोक

पहले स्ट्रोक मे पिस्टन बी.डी.सी. से टी.डी.सी. की ओर ऊपर को जाता हैं इसमे, इससे पहले वाले चक्र में सिलिन्डर के भीतर आया हुआ चार्ज दूबाया जाता हैं। और अन्तिम क्षणो मे चिन्गारी द्वारा आग भी लगाई जाती है। इधर पिस्टन के ऊपर जाने से क्रैन्क केस के भीतर का आयतन बढ जाता है तथा दबाव कम हो जाता हैं इसी समय इनलेट पोर्ट से नया चार्ज क्रैन्क केस के भीतर आ जाता है। इस स्ट्रोक मे ट्रासफर पोर्ट एवं एग्जास्ट पोर्ट बन्द रहते हैं।

द्वितीय स्ट्रोक

इस स्ट्रोक के दौरान सिलिन्डर के दहनल कक्ष मे विस्फोट होता है जिसके फलस्वरूप पिस्टन एक झटके के साथ टी.डी.सी. से बी.डी.सी. की और नीचे आता हैं। इस समय इनलेट पोर्ट बन्द रहता है और ट्रान्सफर तथा एग्जास्ट पोर्ट खुले रहते हैं। पिस्टन के नीचे आने से क्रैन्क केस के भीतर का आयतन कम हो जाता हैं। तथा दबाव बढ जाता है, अतः इससे पहले वाले चक्रमे आया हुआ चार्ज ट्रान्सफर पोर्ट से होता हुआ सिलिन्डर मे चला जाता हैं तथा ऐसा करते हुए सिलिन्डर के भीतर उपस्थित जली हुई गैसो को भी धक्का देकर एग्जास्ट पोर्ट से बाहर निकाल देता हैं। पिस्टन के शीर्ष का डिजाइन इस प्रकार का होता है, जो जली गैसो को बाहर निकालने मे सहायता करता है। इसी स्ट्रोक में शक्ति उत्पन्न होती है और फलाईवील तक भी पहुँचती हैं।

उपरोक्त चक्र पिस्टन को दो स्ट्राको के बाद पुनः दोहराया जाता हैं।

दो स्ट्रोक इन्जिन हल्के एवं साधारण होते हैं। ये दोनो कोणीय दिशाओं मे चल सकते हैं तथा इनके द्वारा कम समय मे अधिक शक्ति प्राप्त की जा सकती हैं। ये

साधारणतय: हवा द्वारा शीतलित किए जाते हैं। इसमें यांत्रिक भाग भी कम होते हैं। इसकी कमी यह हैं कि इसमे एग्जास्ट पोर्ट द्वारा मिश्रण का नुकसान होता हैं, जली हुई गैसे पूरी तरह बाहर नही निकल पाती और इसकी क्षमता भी कम होती है इसके स्नेहन मे कठिनाई होती है और यह कम गति पर अच्छी तरह कार्य नही कर पाता।

डीजल एवं पेट्रोल इंजन में अंतर

डीजल इन्जिन	पेट्रोल इन्जिन
1. इनका संपीडन अनुपात 14–22:1 होता है।	इसका संपीडन अनुपात 5–8:1 होता है।
2. चूषण स्ट्रोक में केवल वायु अन्दर जाती है।	चूषण स्ट्रोक में ईंधन मिश्रण अन्दर जाता है।
3. संपीडन स्ट्रोक में केवल वायु दबाई जाती है।	संपीडन स्ट्रोक में मिश्रण दबाया जाता है।
4. इसका भार प्रति अश्व शक्ति अधिक होता है।	ये हल्के होते हैं।
5. इनमें संपीडन तापक्रम 850–1000°F होता है।	इनमें संपीडन तापक्रमप 400–500°F होता है।
6. इनमें संपीडन दाब 30–40 kg/cm² होता है।	इनमें संपीडन दाब 5–9 kg/cm² होता है।
7. इनमें इन्जिन गति 600–2500 RPM होती है।	इनमें इन्जिन गति 400–600 RPM होती है।
8. इनका प्राथमिक मूल्य अधिक होता है।	इनका प्राथमिक मूल्य कम होता है।
9. इनका चालन मूल्य कम होता है।	इनका चालन मूल्य अधिक होता है।
10. इनमें Compression ignition होता है।	इनमें Spark ignition होता है।
11. इनमें Injector पाया जाता है।	इनमें Spark plug पाया जाता है।
12. इनमें Engine starting कठिन होती है।	इनमें Enginge starting सरल होती है।

चार स्ट्रोक एवं दो स्ट्रोक साइकिल इन्जिन में अन्तर

	4 स्ट्रोक इन्जिन	2 स्ट्रोक इन्जिन
1.	इसमें क्रैन्क शाफ्ट के प्रत्येक दो चक्र के लिए एक शक्ति स्ट्रोक होता है।	इसमें एक चक्र के लिए एक शक्ति स्ट्रोक होता है।
2.	इसमें विस्फोट के फलस्वरूप कम धुआं और गैस निकलती है।	इसमें अधिक धुआं और गैस निकलती है।
3.	इसमें कम torque उत्पन्न होती है।	इसमें अधिक torque उत्पन्न होती है।
4.	प्रति अश्व शक्ति इसका भार अधिक होता है।	इसका भार कम होता है।
5.	समान भार पर यह कम शक्ति उत्पन्न करता है।	यह अधिक शक्ति उत्पन्न करता है।
6.	इसमें वाल्व पाए जाते हैं।	इसमें छिद्र (Port) पाए जाते हैं।
7.	इसको दोनों दिशाओं में नहीं चलाया जा सकता।	इसको दोनों दिशाओं में चलाया जा सकता है।
8.	इसमें उच्च गति इन्जिन उपलब्ध नहीं होते हैं।	इसमें उच्च गति वाले इन्जिन उपलब्ध होते हैं।
9.	इसमें Crank case खुला रहता है।	इसमें यह ढका और बन्द (Sealed) रहता है।
10.	इसमें ईंधन का पूर्ण ज्वलन होता है।	इसमें पूर्ण ज्वलन नहीं होता है।

समस्याएँ

1. एक चार स्ट्राक साइकिल इन्जिन का सचित्र वर्णन कीजिए। यह दो स्ट्राक साइकिल से किस प्रकार भिन्न हैं।
2. डीजल इन्जिन और पेट्रोल इन्जिन में क्या अन्तर है, स्पष्ट कीजिए।
3. निम्न पर संक्षिप्त टिप्पणी लिखिए
   (क) पिस्टन रिंग
   (ख) सांकेतिक अश्वशक्ति
   (ग) पिस्टन पिन
   (घ) ब्रेक अश्वशक्ति

4. चार स्ट्रोक साइकिल एवं दो स्ट्रोक साइकिल इन्जिन की तुलना कीजिए।
5. एक चार स्ट्रोक साइकिल इन्जिन मे फलाई वील क्या काम करता है। विस्फोट क्रम से आप क्या समझते हैं?
6. निम्न के कार्य लिखिए
   (क) क्रैंक शाफट
   (ख) कैम शाफट
   (ग) कनेक्टिंग राड
   (घ) लाइनर
7. अन्तर्दहन इंजिन का कार्यकरण समझाइए। इसका फार्म पर क्या महत्व हैं?
8. चार स्ट्रोक साइकिल का चित्र बनाकर उसके महत्व को समझाइए।

4

ईंधन पूर्ति एवं कार्बन भारित की विधि

ऑटो इन्जिन में ईंधन और हवा का मिश्रण प्रयोग किया जाता हैं जबकि डीजल इन्जिन में केवल हवा का चूषण किया जाता हैं।

पेट्रोल इन्जिन मे निम्न भाग ईंधन पूर्ति तंत्र मे आते हैं-

(क) ईंधन की टंकी

(ख) ईंधन छन्ना

(ग) ईंधन नलिका

(घ) कारबुरेटर

(च) पम्प

(छ) अर्न्तग्रहण नलिका

ईंधन टंकी साधारणतय: ऊचाईं पर रखी जाती है तथा ईंधन का बहाव गुरूत्वाकर्षण से होता हैं। इसको ग्रेविटी फीड निकाय कहते हैं।

ईंधन टंकी को ठीक इन्जिन के ऊपर न रखकर पिछले धुरे के निकट ऊँचाईं पर रखा जाता हैं जिससे इन्जिन मे उत्पन्न गर्मी से ईंधन टंकी मे आग न लग जाय।

यदि ईंधन टंकी कारबुरेटर से नीची होती हैं तब ईंधन पम्प की सहायता से भेजा जाता हैं, अथवा चूषण स्ट्रोक के दौरान खींच कर कारबुरेटर तक पहुँचाया जाता है। चूषण स्ट्रोक मे सिलिन्डर के भीतर आंशिक निर्वात उत्पन्न हो जाता हैं, अत: भीतर दबाव कम होने से ईंधन स्वत: ही खिंचा चला आता हैं। इन निकायों को क्रमश: फोर्स फीट एवं सक्शन फीड कहते हैं।

कारबुरीशन का सिद्वान्त

1. हवा और ईंधन को मापना तथा उनके अनुपात को ठीक रखना।

2. द्रव ईंधन को फव्वारें के रूप मे बदलना जो गर्मी के द्वारा वाष्पीकृत हो सके।
3. हवा और ईंधन को अच्छी तरह मिलाना, इस प्रकार इसे सिलिन्डर के भीतर संतुलित कर देना।
4. मिश्रण की मात्रा को नियंत्रित करना, इस प्रकार उत्पन्न शक्ति और गति पर नियंत्रण रखना।

कारबुरीशन तंत्र

सिलिन्डर के भीतर तीव्र दहन हेतु केवल आक्सीजन की उपस्थिति ही अनिवार्य नही हैं पर ईंधन का वाष्पीकृत रूप मे होना भी बहुत आवश्यक होता हैं। इसके अतिरिक्त अच्छे परिणाम हेतु ईंधन का हवा के साथ भली भाँति मिश्रित हो जाना भी आवश्यक हैं।

इन्जिन को विभिन्न भार एवं गतियों पर चलाया जाता हैं, अतः हमें एक ऐसे उपकरण की आवश्यकता होती हैं, जो विभिन्न गति एवं भारों पर विभिन्न मिश्रण स्वतः ही उपलब्धा करा दें। सभी कार्य सम्मिलित रूप से कारबुरीशन कहलाते हैं, और इन कार्यो को सम्पन्न करने हेतु उचित उपकरण कारबुरेटर कहलाते हैं।

कारबुरेटर के कार्य

कारबुरेटर के कार्य निम्नलिखित हैं-

1. हवा और ईंधन को मिलाना
2. ईंधन को वाष्पीकृत करना
3. विभिन्न गति एवं भारों पर हवा और ईंधन के अनुपात को नियंत्रित करना।
4. विभिन्न गति एवं भारों पर सही मात्रा मे मिश्रण उपलब्ध कराना।

ईंधन पूर्ति की विधियाँ

ईंधन पूर्ति की तीन विधियाँ होती हैं।

1. चूषण विधि
2. शक्ति पूर्ति विधि
3. गुरूत्वाकर्षण विधि

1. चूषण विधि

इसका प्रयोग एक सिलिन्डर वाले इन्जिन मे होता हैं जो एक समान गति से चलते हैं। इन्जिन की गति या भार मे किसी भी प्रकार के परिवर्तन के लिए नीडिल वाल्व को संमजित करना पडता हैं।

इस विधि में ईंधन की टंकी कारबुरेटर के नीचे होती हैं। चूषण स्ट्रोक के समय सिलिन्डर में आंशिक निर्वात बन जाता है। जिसके फलस्वरूप ईंधन टंकी से खिंचकर ट्यूब के द्वारा कारबुरेटर मे आ जाता हैं और हवा अपने रास्ते से भीतर आ जाती हैं। यहाँ ईंधन और हवा आपस में मिल जाते हैं और नीडिल वाल्व द्वारा समुचिम समायोजित होने पर उपयुक्त मिश्रण प्राप्त हो जाता हैं। नीडिल वाल्व ईंधन की मात्रा भी नियंत्रित करता हैं।

इस विधि मे कारबुरेटर के नोजल मे ईंधन की एक निश्चित सतह रखनी पडती हैं जिसे ईंधन की लाइन में एक चेक वाल्व लगा कर प्राप्त किया जाता हैं। चेक वाल्व चूषण स्ट्रोक के समाप्त हो जाने पर भी ईंधन को वापस टंकी मे जाने से रोक देता हैं। एवं इससे दूसरे स्ट्रोक के लिए ईंधन सरलता से मिल जाता हैं।

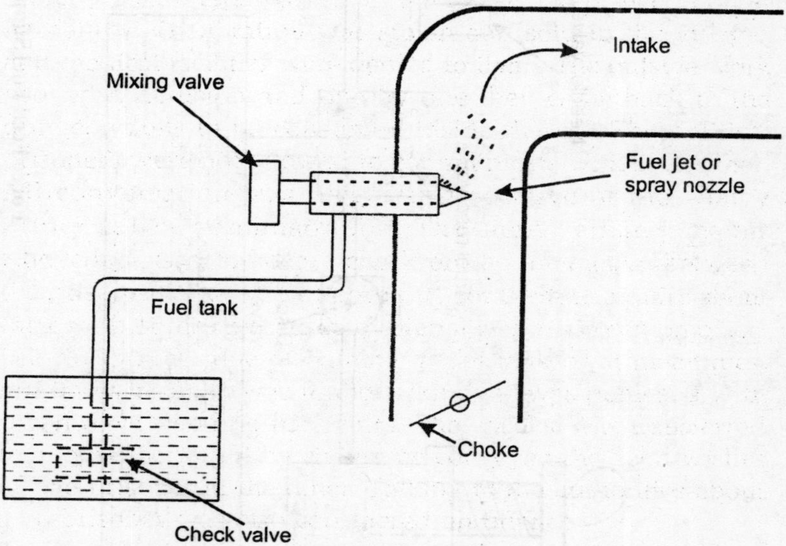

Suction Feed Fuel Supply System

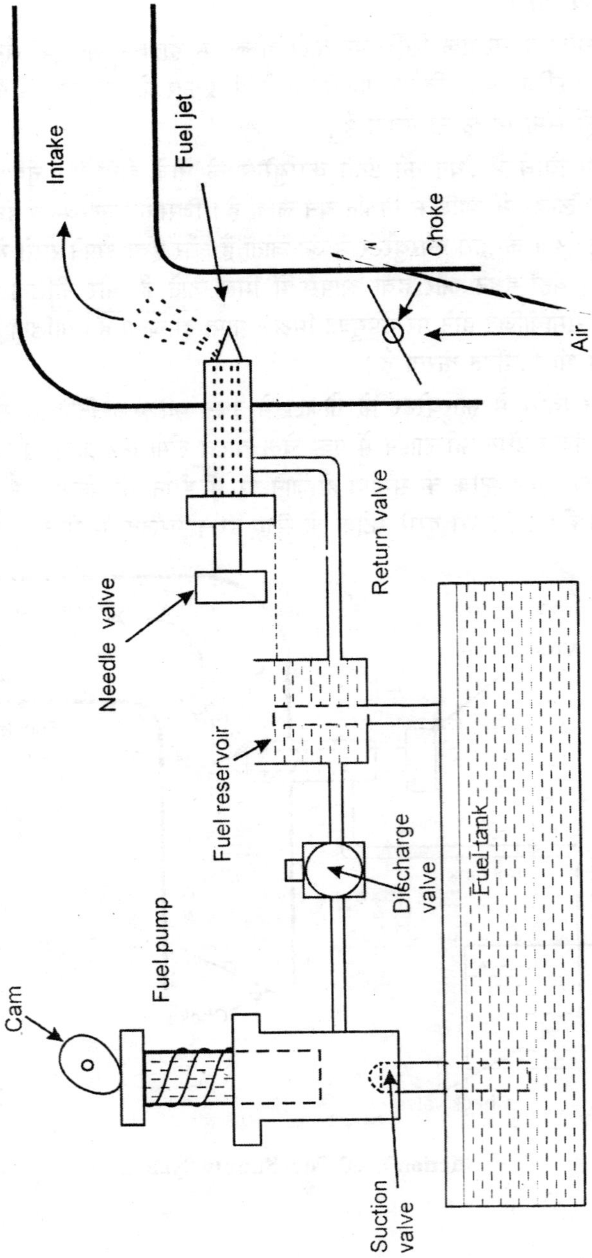

Force Feed Fuel Supply System

2. शक्तिपूर्ति विधि

इस विधि मे ईंधन की टंकी कारबुरेटर के नीचे होती हैं। एक पम्प लगा होता हैं जो ईंधन को टंकी से कारबुरेटर में भेजने का काम करता हैं। ओवर फलो लाइन का प्रावधान भी होता हैं जो आवश्यकता से अधिक आए हुए ईंधन को वापस टंकी मे भेज देती हैं। यह विधि एक सिलिन्डर वाले स्थिर इन्जिन में प्रयोग की जाती है। इससे लाभ यह है कि ईंधन की एक निश्चित सतह कारबुरेटर मे बनी रहती हैं।

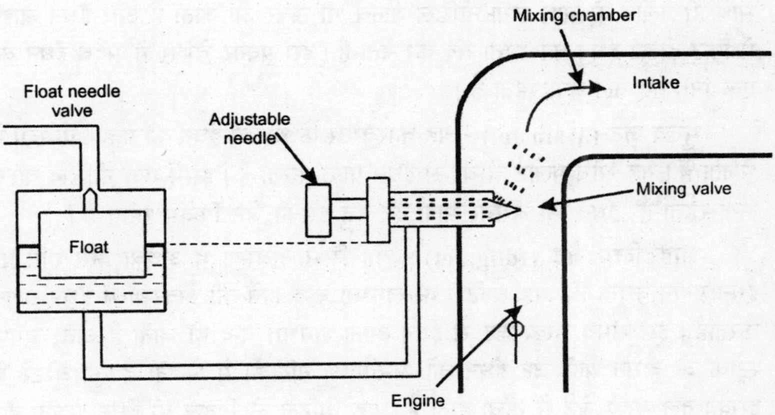

Gravity Feed Fuel Supply System

3. गुरूत्वाकर्षण विधि

इस विधि में ईंधन की टंकी कारबुरेटर के ऊपर होती हैं और ईंधन गुरूत्वाकर्षण द्वारा ईंधन की लाइन से होता हुआ कारबुरेटर में आ जाता हैं। ईंधन की मात्रा एक-एक फ्लोट के द्वारा नियंत्रित की जाती है जो फ्लोट चेम्बर मे लगा होता रहता है और उसके ऊपर एक नीडिल वाल्व भी पाया जाता हैं। इस फ्लोट के द्वारा ईंधन की उतनी ही मात्रा भीतर आती है जितनी इन्जिन के द्वारा उपभोग की जानी हैं। इस विधि मे उपयोग आने वाला कारबुरेटर अन्य विधियों के कारबुरेटरों से अपेक्षाकृत जटिल होता हैं।

कारबुरेटर की बनावट (Construction of a Carburettor)

इसके निम्नलिखित भाग होते हैं।

फ्लोट चेम्बर (Float Chamber) - यह कारबुरेटर मे ईंधन की एक निश्चित सतह बनाए रखता हैं। इसमें ईंधन की टंकी से ईंधन आता हैं। इसमें भीतर एक खोखला फ्लोट पाया जाता हैं। जिसमें एक नीडिल वाल्व लगा होता हैं। जो इनलेट पाइप में फिट हो जाता हैं। जब ईंधन की सतह फ्लोट चेम्बर मे कम हो जाती है, तो फ्लोट जो ईंधन की सतह पर तैरता रहता है, नीचे आ जाता हैं जिससे नीडिल वाल्व भी ईंधन की लाइन से अलग हो जाता हैं और ईंधन का रास्ता खोल देता है एवं ईंधन फ्लोट चेम्बर मे भर जाता हैं, जब ईंधन की सतह फ्लोट चेम्बर में ऊपर आ जाती हैं साथ ही फ्लोट के साथ लगा नीडिल वाल्व भी ऊपर आ जाता है और ईंधन लाइन मे फिट होकर ईंधन का रास्ता बंद कर देता हैं। इस प्रकार चेम्बर मे सदैव ईंधन का एक निश्चित तल बना रहता हैं।

मुख्य ज़ेट (Main Jet) - यह कारबुरेटर के थ्रोट में ईंधन को फुहार के रूप मे भेजता हैं। यह सीधे फ्लोट चेम्बर से ईंधन प्राप्त करता है। इसमें एक नीडिल वाल्व लगा रहता हैं, ईंधन की बराबर मात्रा देने हेतु इसका जेट फिक्स रहता हैं।

आइडलिंग जेट (Idlig Jet) - यह स्थिर अवस्था मे अथवा कम गति पर ईंधन प्रदान करता हैं। यह थ्राटिल के लगभग बन्द होने की अवस्था में ईंधन प्रदान करताहैं। इस समय मुख्य जेट से ईंधन आना लगभग बन्द हो जाता हैं अतः चूंषण स्ट्रोक के दौरान यही जैट ईंधन को अर्न्तग्रहण नलिका में भेजता है कारबुरेटर में इसका तल मुख्य जेट से ऊँचा होता हैं। यह थ्राटिल के निकट ही ईंधन भेजता हैं।

थ्राटिल के खुलने पर इस जेट पर चूषण कम हो जाता हैं, तथा मुख्य जेट पर पूरा चूषण पडने लगता हैं। तब यह जेट ईंधन देना बन्द कर देता हैं।

कम्पनसेटिंग जेट (Compensating Jet) - जब अधिक गति पर मुख्य जेट गाढा मिश्रण प्रदान करता हैं तब मिश्रण के अनुपात को सही करने हेतु यह जेट पतला मिश्रण प्रदान करता हैं, जिसमें ईंधन की मात्रा कम होती हैं। इस प्रकार ये जेट मिश्रण के अनुपात का समायोजन करता है तथा विभिन्न भार एवं गति की अवस्था मे कारबुरेटर को सही मिश्रण प्रदान करनमे मे सहायता देता है।

इन्जिन की गति बढने पर हवा की गति बढती हैं जिसके कारण घर्षण से हवा के घनत्व की अधिकतम हानि होती हैं। यद्यपि हवा और ईंधन के अनुपात मे कोईं अन्तर नहीं पडता, पर हवा का भार कम हो जाता है अतः मिश्रण गाढा हो जाता हैं। इस समय यह जेट पतला मिश्रण प्रदान करके समायोजन करता है। यह ऐक्सेलेरेटिग वैल से ईंधन प्राप्त करता हैं तथा वेन्चुरी से बहने वाली हवा के सम्पर्क में रहता हैं।

वेन्चुरी (Venturi) - यह अर्न्तग्रहण नलिका का सकरा भाग है जो हवा की गति को बढा देता है और दबाव को कम कर देता हैं। यह मुख्य जेट के चूषण को

प्रभावित करता है जो वेन्चुरी के बीच में स्थित होता है, जहाँ गति अधिकतम होती हैं और दबाव न्यूनतम होता हैं।

थ्राटिल (Throttle) - यह एक बटर फ्लाईं वाल्व है जो सिलिन्डर के भीतर जाने वाले मिश्रण को नियंत्रित करता हैं। ट्रैक्टर मे यह एक हाथ के लीवर या पैर के लीवर से चलाया जाता हैं और गर्वनर के द्वारा नियंत्रित किया जाता हैं।

चोक (Choke) - यह भी एक बटरफ्लाईं वाल्व है जो कारबुरेटर के भीतर जाने वाली हवा को नियंत्रित करता हैं। यह इन्जिन को चालू करते समय विशेष रूप से प्रयोग होता हैं। उस समय यह हवा के मार्ग को अवरूद्ध करके गाढा मिश्रण इन्जिन मे भेजता है जिससे इन्जिन सरलता से चालू हो जाता हैं।

हवा ईंधन अनुपात (Air Fuel Ratio) - पेट्रोल इन्जिन हेतु सबसे उचित हवा ईंधन अनुपात 15:1 है, जो हवा और ईंधन के भार के अनुसार हैं। 15 भाग हवा तथा एक भाग ईंधन। विभिन्न गतियों पर दूसरे अनुपात नीचे की सारिणी में दिए गए हैं।

	इन्जिन गति	हवा का भार	ईंधन का भार
1.	चालू करते समय	9–11	1
2.	स्थिर अवस्था में	10–13.5	1
3.	सामान्य गति में	15–16.5	1
4.	तेज गति मे	12.5–15	1

समस्याएँ

1. सही ईंधन मिश्रण का क्या महत्व हैं? कारबुरीशन का सिद्धान्त समझाइए।
2. ईंधन पूर्ति की गुरूत्वाकर्षण विधि को चित्र की सहायता लेकर विस्तार से समझाइए।
3. कारबुरेटर क्या हैं? इसकी बनावट संक्षेप मे समझाइए।
4. निम्न पर संक्षिप्त टिप्पणी लिखित।
   1. वेन्चुरी 2. थ्राटिल 3. आइडलिंग जेट 4. कम्पनसेटिंग जेट
   5. मेन जेट 6. चोक 7. हवा ईंधन अनुपात
5. कारबुरेटर का एक स्वच्छ स्पष्ट एवं नामांकित चित्र बनाकर, उसके कार्यकरण को समझाइए।

5
ज्वलन तंत्र

इस तंत्र में सिलिन्डर के भीतर भेजे गए चार्ज में आग लगाईं जाती हैं। संपीडन स्ट्रोक के अंतिम क्षणों में यह आग लगाईं जाती हैं। विभिन्न अर्न्तदहन इन्जिनों में निम्न मे से किसी एक के द्वारा दहन कक्ष में आग लगाईं जाती हैं।

1. खुली लपट द्वारा (Open flame method)
2. गर्म ट्यूब और गर्म बल्ब द्वारा (Hot tube and hot bulb method)
3. संपीडन ज्वलन विधि (Compression ignition method)
4. विद्युत चिन्गारी द्वारा (Electric spark method)

1. खुली लपट द्वारा

यह एक बहुत पुरानी विधि हैं जिसका उपयोग अब नहीं किया जाता हैं। इस विधि मे दो गैस जैट काम मे लाईं जाती हैं एक सिलिन्डर के बाहर हमेशा जलती रहती हैं तथा दूसरी दहन कक्ष में रहती हैं, तथा यह पहली जेट से बारी बारी सम्पर्क मे रहती हैं। हर बार दहन कक्ष मे विस्फोट से भीतर वाली गैस जेट बुझ जाती है तो बाहर वाली से सम्पर्क कर यह पुनः जल जाती हैं।

यह घूमते हुए वाल्व के खाली स्थान में रख दी जाती हैं पहले वाल्व का सम्बन्ध एक छिद्र या पोर्ट द्वारा प्रथम गैस जेट से होता है, इसके बाद वाल्व का सम्बन्ध एक दूसरे छिद्र द्वारा दहन कक्ष से हो जाता हैं, तब वहाँ स्थित दूसरी गैस जेट जल जाती हैं और चार्ज के सम्पर्क मे आने पर उसमें आग लगा देती हैं।

2. गर्म ट्यूब और गर्म बल्ब द्वारा

इस विधि मे एक ट्यूब का प्रयोग किया जाता है, जिसका बाहरी सिरा बन्द रहता हैं और एक बल्ब के आकार का होता है, जबकि दूसरा सिरा खुला रहता है,

और सिलिन्डर के भीतर स्थित होता हैं। इस बाहरी सिरे को फ्लेम या टार्च द्वारा गर्म किया जाता हैं। जब चार्ज या ईंधन मिश्रण दबाया जाता हैं तो कुछ मिश्रण इस ट्यूब के भीतर आ जाता हैं और गर्म बल्ब के सम्पर्क मे आते ही जल उठता है और पूरे मिश्रण में आग लगा देता हैं, जिससे दहन कक्ष से विस्फोट हो जाता हैं। कुछ स्थितियों मे ये फ्लेम तब तक जलती रहती हैं जब तक इन्जिन चलता रहता हैं पर दूसरी स्थितियों मे ये फ्लेम बुझा दी जाती हैं। प्रत्येक विस्फोट के समय कुछ जली हुईं गैसे ट्यूब के भीतर चली जाती हैं और उसको गर्म किए रहती हैं।

यह भी एक पुरातन काल की विधि है और अब इसका उपयोग नहीं किया जाता।

3. संपीडन ज्वलन विधि

इसका उपयोग डीजल इन्जिन मे किया जाता हैं, इसीलिए इसको संपीडन ज्वलन इन्जिन कहते हैं। जब सिलिन्डर के भीतर चूषित हवा को बहुत अधिक अनुपात मे दबाया जाता हैं तो भीतर अत्यधिक ऊष्मा उत्पन्न होती हैं। 15:1 से लेकर 17:1 तक संपीडन अनुपात पर 30-35 किलो प्रति वर्ग सेमी. दबाव उत्पन्न होता हैं तथा तापक्रम 425 से 550 डिग्री तक पहुँच जाता हैं। जो विस्फोट हेतु काफी होता हैं। जैसे ही डीजल तेल की महीन फुहार संपीडित हवा पर पडती हैं, स्वत: ही दहन कक्ष में विस्फोट हो जाता हैं।

4. विद्युत चिन्गारी द्वारा

यह सिलिन्डर के भीतर उत्पन्न विद्युत चिन्गारी को ज्वलन हेतु उपयोग करता हैं। अधिकांश पेट्रोल इन्जिनों में इसका उपयोग किया जाता है। यह दो प्रकार का होता हैं।

1. मेक एण्ड ब्रेक अथवा लो टेन्शन विधि
   (Make and Break/Low tention method)
2. जम्प स्पार्क अथवा हाईटेन्शन विधि
   (Jump Spark / High tention method)

विद्युत शक्ति श्रोत के अनुसार यह दो प्रकार का होती हैं।

1. बैटरी ज्वलन (Battery Ignition)

इसका उपयोग मुख्यत: ट्रक, बस एवं ट्रैक्टरों मे होता हैं। दो 6 वोल्टव की बैटरियों को सीरिज मे जोडकर 12 वोल्ट की विद्युत सप्लाईं प्राप्त हो जाती है, जिसे और ऊपर इतने वोल्ट तक उठाया जा सके कि विद्युत चिन्गारी उत्पन्न हो सके।

2. मैगनेटो ज्वलन (Magneto Ignition)

इस विधि में जब मुलायम लोहे के कोर (core) चुम्बकीय क्षेत्र में घुमाया जाता हैं तो विद्युत ऊर्जा उत्पन्न हो जाती हैं। यह उत्पन्न विद्युत ज्वलन तंत्र को प्रदाय की जाती हैं जिससे चिन्गारी उत्पन्न की जा सके।

मेक एण्ड ब्रेक विधि

इस विधि मे एक बैटरी या मैगनेटो, स्विच, इन्डक्शन क्वायल और इगनाइटर आदि प्रयोग होते हैं। यह उस सिद्धान्त पर आधारित है कि जब विद्युत परिपथ के दो बिन्दु अलग किए जाते है तो विद्युत चिन्गारी उत्पन्न हो जाती हैं।

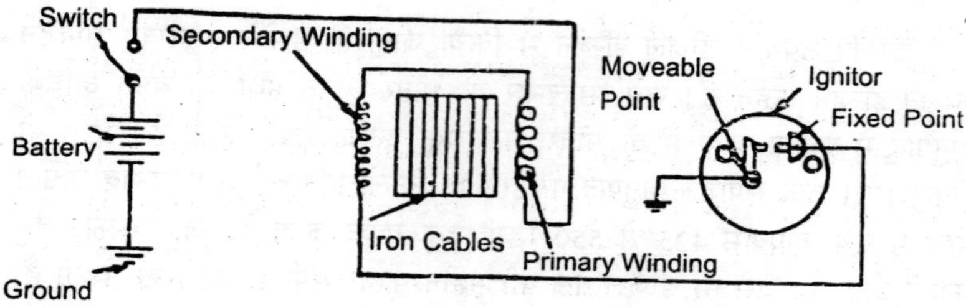

Make and Break Ignition System

साधारणतय: एक 12 वोल्ट की बैटरी उपयोग मे लाईं जाती हैं। चूकि ज्वलन हेतु एक मोटी चिन्गारी की आवश्यकता होती हैं। इसलिए 12 वोल्ट की विद्युत सप्लाईं को इन्डक्शन कवाएल की सहायता से 250 से 300 वोल्ट तक पहुँचा दिया जाता हैं। इगनाइटर मे एक स्थिर बिन्दु होता हैं। दूसरा चलायमान बिन्दु होता हैं। चलायमान बिन्दु मे एक स्प्रिग लगा होता हैं जो जल्दी से दोनो बिन्दुओं को अलग कर देता हैं। यह सभी भाग सीरीज मे जुड़े होते हैं।

जब स्विच को चालू किया जाता हैं तब विद्युत परिपथ पूरा हो जाता हैं। ज्वलन के समय इग्नाइटर के चलायमान बिन्दु को जल्दी से अलग कर दिया जाता हैं जिससे एक मोटी चमकदार चिन्गारी उत्पन्न हो जाती है, जो शक्तिशाली विस्फोट कराने हेतु सक्षम होती हैं। चूकि यह बिन्दु सिलिन्डर हेड मे दहन कक्ष के ठीक ऊपर स्थित होते है अत: उपरोक्त चिन्गारी से विस्फोट हो जाता हैं।

हाईटेन्शन अथवा जम्प स्पार्क विधि

जब विद्युत धारा विद्युत परिपथ मे स्थित एक रिक्त स्थान अथवा गैप को पार करती है तो चिन्गारी उत्पन्न होती हैं। इस निकाय में स्पार्क प्लग मे स्थित स्थयी गैप या रिक्त स्थान से होकर विद्युत धारा गुजारी जाती है जो सिलिन्डर के भीतर स्थित होता हैं। अच्छी मोटी चिन्गारी हेतु यह गैप 0.5 से 0.8 मिमि. के बीच होता हैं। इस पूरे निकाय में एक बैटरी, अमीटर, स्विच, प्राइमरी एवं सेकेन्डरी बाइन्डिंग इन्डक्शन कौएल, कन्डेंसर, ब्रेकर पाँइन्ट, डिस्ट्रीब्यूटर और स्पार्क प्लग आते हैं।

अमीटर और स्विच से होकर बैटरी प्राइमरी वाइन्डिंग से जुडी रहती हैं। प्राइमरी वाइन्डिंग में इन्सुलेशन वाले तांबे के तार के कुछ सौ घुमाव पाए जाते जबकि सेकेन्डरी वाइन्डिंग में हजारों की संख्या मे बहुत पतले तांबे के तार के घुमाव पाए जाते हैं। इन दोनो वाइन्डिंग के बीच मुलायम लोहे के कोर की उपस्थिति से म्यूचुअल (mutual) इन्डक्शन हो जाता हैं सेकेन्डरी वाइन्डिंग में वोल्टेज की वृद्धि दोनो वाइन्डिंग के घुमाव की संख्या के अनुपात पर निर्भर करती हैं। संपीडित ईंधन मिश्रण में आग लगाने हेतु चिन्गारी उत्पन्न करने के लिए 12,000 से 20,000 वोल्ट की आवश्यकता होती हैं।

कन्डेन्सर में सुचालक पंत्तियाँ पाईं जाती हैं जिनके बीच एक छोड एक कुचालक लगे होते हैं। इनके द्वारा स्पार्क प्लग पर अधिक वोल्टेज उत्पन्न किया जाता हैं। यह ब्रेकर पॉइन्ट को जलने से भी बचाता हैं क्योंकि यह उत्पन्न अत्याधिक विद्युत धारा को अपने भीतर संग्रहित कर लेता है, और ब्रेकर पॉइन्ट से होकर उसे जाने नहीं देता!

ब्रेकर उपकरण मे एक स्थिर तथा दूसरा चलायमान बिन्दु होता हैं। कैम के द्वारा चलायमान बिन्दु को थोडा पीछे हटा कर विद्युत परिपथ को थोडी देर के लिए तोड़ दिया जाता है। यही अस्थायी विद्युत धारा की रूकावट ज्वलन के समय अधिक वोल्टेज उत्पन्न करने में सहायक होती है।

डिस्ट्रीब्यूटर में एक धूमने वाली भुजा होती है, जिसका सम्बन्ध स्प्रिंग (spring) के द्वारा परिपथ से होता है इसमें एक कवर या ढक्कन पाया जाता हैं, जिसमे सभी स्पार्क प्लेगा को जाने वाले तारों के सम्पर्क बिन्दु होते हैं। यह प्रत्येक सिलिन्डर के विस्फोट क्रम के अनुसार उन्हें विद्युत करन्ट बांट देता हैं।

स्पार्क प्लग मे एक स्थिर रिक्त स्थान या गैप होता हैं जिसके ऊपर हाईटेन्शन चिन्गारी उत्पन्न होती हैं। इसमें मुख्यत: दो इलेक्ट्रोड और कुचालक पाए जाते हैं। केन्द्रीय इलेक्ट्रोड कुचालकों से घिरा रहता हैं और धनात्मक करन्ट ले जाता हैं जबकि ऋणात्मक इलेक्ट्रोड बाडी के सम्पर्क मे रहता है और प्लग के बगल से बाहर निकला रहता हैं। स्पार्क प्लग का गैप 0.4 से 1 मिमि. के बीच होता हैं।

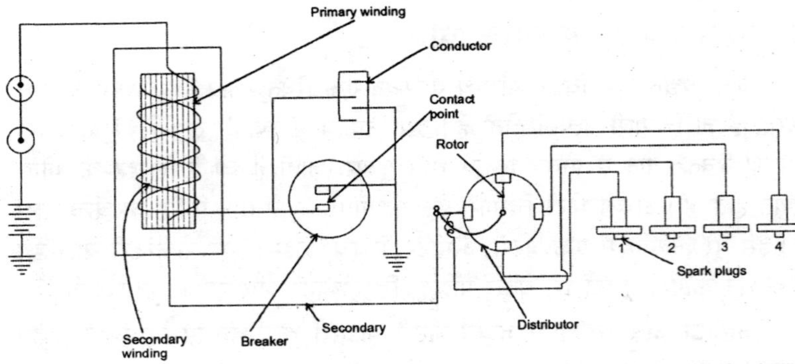

Jump Spark Ignition System

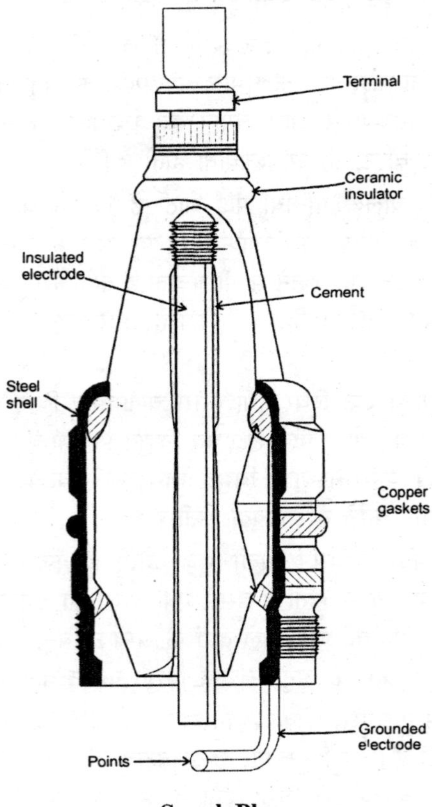

Spark Plug

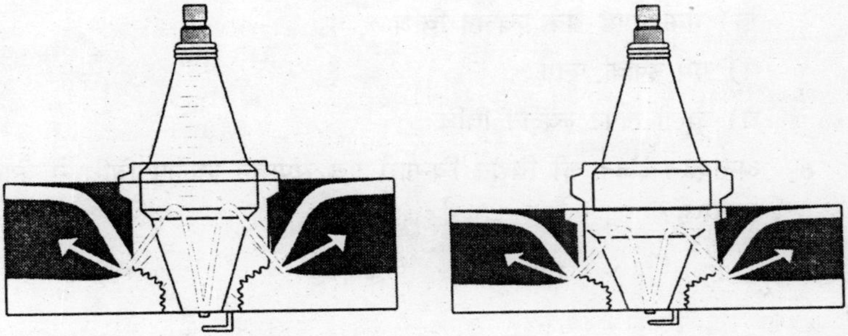

स्पार्क प्लग दो प्रकार के होते हैं।

1. ठंडा प्लग (Cold plug)

2. गर्म प्लग (Hot plug)

स्पार्क प्लग इलेक्ट्रोडों को ठंडा करना अति आवश्यक होता है जिससे प्रीइग्नीशन न होने पर यह प्लग के द्वारा ऊष्मा निस्सारण पर निर्भर करता हैं। सिलिन्डर और इलेक्ट्रोड के बीच में कुचालकों की उपस्थिति के कारण ऊष्मा को शीतलन प्रणाली तक पहुँचने मे बहुत समय लग जाता हैं।

यदि कुचालको की परत लम्बी हैं तो ऊष्मा को विक्षेपित होने के लिए लम्बी दूरी तय करनी पडेगी जिससे प्लग जल्दी ठंडा नही होगा और प्लग गर्म रहेगा। इसी को गर्म प्लग कहते हैं। इनका उपयोग कम गति वाले कम संपीडन इन्जिनों में होता हैं।

यदि कुचालक की परत छोटी होगी, तो प्लग जल्दी ठंडा होगा। इसको ठंडा प्लग कहते हैं, इसका उपयोग अधिक गति वाले अधिक संपीडन इन्जिनों मे होता हैं।

समस्यायें

1. ज्वलन तंत्र से आप क्या समझते हैं? संपीडन ज्वलन विधि को समझाइए।
2. विद्युत चिन्गारी ज्वलन विधि को सचित्र समझाइए।
3. जम्प स्पार्क ज्वलन विधि के सभी भागो के नाम लिखकर सचित्र समझाइए।
4. स्पार्क प्लग क्या काम करता है। यह कितने प्रकार के होते हैं, समझाइए।
5. निम्न पर संक्षिप्त टिप्पणी लिखिए–

क) संपीडन ज्वलन विधि

ख) मेक एण्ड ब्रेक ज्वलन विधि

ग) गर्म स्पार्क प्लग

घ) खुली लपट ज्वलन विधि

6. अर्न्तदहन इंजन की विद्युत चिन्गारी एवं संपीडन ज्वलन विधि मे क्या अन्तर हैं?

6
शीतलन तंत्र (Cooling System)

सभी अर्न्तदहन इन्जिन एक विशिष्ट तापक्रम पर चलने के लिए बने हैं, इन्जिन के भीतर ज्वलन क्रिया के फलस्वरूप 2,000 से 3,000 डिग्री फेरनहीट तक तापक्रम पहुॅच जाता हैं, जिसके फलस्वरूप–

1. पिस्टन और सिलिन्डर फैलकर आपस मे चिपक जाते है जिससे इन्जिन काम करना बन्द कर देता हैं।
2. पिस्टन और सिलिन्डर के बीच स्नेहन करने वाला तेल अधिक गर्मी के कारण अपने गुणों को खो देता हैं।
3. अधिक गर्मी के कारण प्रीइग्नीशन हो जाता है। अतः समय से पहले गैसें इंजिन के अन्दर जल जाती हैं जिससे शक्ति का ह्यास होता हैं एवं क्षमता मे कमी आ जाती हैं।
4. स्नेहक के जल जाने की सम्भावना रहती हैं।

अतः इन्जिन के भीतर उपयुक्त तापक्रम सदैव बना रहना चाहिए। विशेष रूप से इन्जिन के वो भाग जो अत्याधिक तापक्रम के सामने खुले रहते हैं जैसे सिलिन्डर हेड, सिलिन्डर की दीवार, पिस्टन आदि को अधिक शीतलन की आवश्यकता पडती हैं। यह देखा गया हैं कि उत्पन्न ऊष्मा का केवल 1/4 भाग ही उपयोगी कार्य करने हेतु प्रयोग किया जाता हैं। लगभग 1/3 भाग जली गैसों और धुएॅ के साथ बाहर निकलकर नष्ट हो जाता है। 1/3 भाग शीतलन प्रणाली द्वारा सोख लिया जाता हैं शेष घर्षण और विकीरण द्वारा नष्ट हो जाता है। शीतलन प्रणाली द्वारा अवशोषित 33 प्रतिशत ऊष्मा पर विशेष ध्यान देना चाहिए। सिलिन्डर और पिस्टन की अच्छी सुचालक धातु के द्वारा यह हानि कम की जा सकती हैं। इन्जिन की बाहरी सतह से ऊष्मा

की हानि को न्यूनतम करने हेतु शीतलन पदार्थ का फेरा (circulation) शीघ्रातिशीघ्र सिलिन्डर की दीवार पर करना चाहिए।

साधारणतयः पानी ही शीतलन माध्यम के रूप मे प्रयोग किया जाता हैं क्योंकि

1. यह प्रकृति में बिना मोल के उपलब्ध हैं।
2. प्रकृति में इसकी असीमित मात्रा उपलब्ध हैं।
3. यह बहुत कम चिपकता हैं।
4. यह बहुत देर मे उबलता हैं।

चाहे जो भी शीतलन पदार्थ सिलिन्डर के चारों ओर प्रयोग किया जाय, अन्तिम शीतलन पदार्थ हवा ही होती है, अर्थात अन्त में ऊष्मा वातावरण मे ही छोड दी जाती हैं।

शीतलन के आधार पर शीतलन प्रणालिया निम्न प्रकार की होती हैं।

1. वायु शीतलन प्रणाली
2. जल शीतलन प्रणाली
3. जल एवं वायु के द्वारा

1. वायु शीतलन

छोटे इन्जिनों, जैसे छोटे ट्रैक्टर, मोटर साइकिल, स्कूटर, मोपेड आदि के इन्जिनों को हवा के द्वारा ठंडा करते हैं। यह 30 अश्वशक्ति तक के फार्म इन्जिनों के लिए उपयुक्त हैं। अधिक सिलिन्डरों वाले इन्जिनों को इस विधि के द्वारा अच्छी तरह ठण्डा नहीं किया जा सकता। इसको एक या दो सिलिन्डरों वाले इन्जिनों तक ही सीमित रखते हैं। जहॉ भार में कमी और स्थान की कमी विशिष्ट कारक है, वहॉ इसका उपयोग वांछित है।

वायु शीतलन हेतु सिलिन्डर की दीवार की बाहरी सतह पर पतले उभार पाए जाते हैं जिन्हें फिन्स (Fins) कहते हैं। ये सिलिन्डर के चारों तरफ शीतलन हेतु वायु घेरा प्रदान करती हैं और शीतलन सतह का क्षेत्रफल बहुत बढः देती है। एक पंखा लगा होता हैं जो सिलिन्डर के चारों ओर हवा को तीव्र गति से प्रवाहित करता हैं जिसके फलस्वरूप संवहन विधि से ऊष्मा सिलिन्डर से बाहर निकलकर, वातावरण में विलीन हो जाती हैं। इस प्रकार इन्जिन ठंडा हो जाता हैं।

चूंकि वायु का विशिष्ट ताप एवं घनत्व कम होता हैं इसलिए यह पानी की अपेक्षा आयतन में 3,000 गुना, इन्जिन ठंडा करती है।

हवा के द्वारा इन्जिन को भली भॉति ठंडा करना कठिन होता हैं, इसलिए सिलिन्डर के तापक्रम को उचित नहीं बनाए रखा जा सकता हैं। इस तरह के इन्जिनों में स्नेहन तेल बहुत गाढा प्रयोग किया जाता हैं क्योंकि यह इन्जिन अपेक्षाकृत ऊँचे तापक्रम पर चलते हैं। इस विधि की लाभ और हानियॉ निम्नलिखित हैं।

लाभ

1. इसका डिजाइन साधारण होता हैं।
2. इसमें जेकेट, रेंडीएटर, पम्प आदि की आवश्यकता नहीं होती।
3. इसका भार प्रति अश्व शक्ति कम होता हैं।
4. यह रेडीएटर के न होने के कारण ठोस होता हैं।
5. ठसमें ठंडे मौसम मे हवा कें जमने का डर नही रहता।
6. इसका भार कम होता हैं।
7. यह कम स्थान घेरता हैं।

हानियॉ

1. यह एक समान ठंडा नही करता।
2. इस विधि मे इन्जिन सदैव उपयुक्त से ऊँचे तापक्रम पर चलते हैं।
3. यह विधि इन्जिनों की कार्यक्षमता को कम कर देती हैं।
4. यह विधि अधिक अश्वशक्ति के इन्जिनों को ठंडा करने हेतु प्रयोग नहीं की जा सकती।

2. जल शीतलन

जल शीतलन में इंजिन के सिलिन्डर को, पानी का जैकेट पूरी तरह घेरे रहता हैं। सभी ट्रक, ट्रेक्टर, कारों आदि मे यह विधि प्रयोग की जाती हैं।

इस विधि मे सिलिन्डर खोखला बनाया जाता हैं, जिससे होकर पानी प्रवाहित होता हैं और दहन ऊष्मा के सीधे सम्पर्क में आ जाता हैं।

जल शीतलन मे पानी का उपयोग इसलिए वांछित हैं, क्योंकि–

1. ठसका विशिष्ट ताप अधिक होता हैं।
2. कार्य करते समय यह कम चिपकता हैं।

3. इसका उबलने का तापक्रम अधिक होता हैं।
4. प्रकृति में यह बिना मूल्य के और अधिकता मे उपलब्ध हैं।
5. यह जलता नहीं हैं।
6. यह धातु और रबड के बने भागों को खराब नहीं करता।

जल शीतलन की विधियाँ

अ) खुले जैकेट या हापर द्वारा

ब) वेस्ट शीतलन प्रणाली

स) थरमोसाइकन विधि

द) दबाव परिचालन विधि

इ) हवा और पानी का मिश्रित शीतलन

खुले जैकेट या हापर द्वारा

इन्जिन ठंडा करने की यह सबसे ससती और सरल विधि हैं। इसमें एक ढलवा लोहे का बना हापर होता हैं जो सिलिन्डर के जैकेट से जुडा रहता हैं। हापर मे पानी भरा रहता हैं। सिलिन्डर और सिलिन्डर हेड के चारो ओर बनी जगह भी हापर से सम्बन्धित होती हैं, और पानी यहॉ भी भरा रहता हैं।

इन्जिन का ठंडा होना पानी के द्वारा गर्मी की मात्रा लेने पर आधारित हैं। पानी सिलिन्डर की दीवारों और हेड से ऊष्मा अवशोषित करके उबलने लगता हैं। चूंकि ऊष्मा का गमन पानी को उबाल कर होता हैं इसलिए हापर काफी बड़ा और ऊपर से खुला होना चाहिए। इससे यह कई घंटे बिना पानी बदले काम करता रहेगा। इसमें नीचे पानी निकालने हेतु एक प्लग भी होना चाहिए। पानी के उबल जाने के बाद यह आवश्यक हैं कि उसे निकाल दिया जाए। प्रतिदिन पानी बदलना आवश्यक हैं कि उसे निकाल दिया जाए। प्रतिदिन पानी बदलना आवश्यक हैं। चलायमान इन्जिनों मे इसका उपयोग सम्भव नहीं हैं। इसका उपयोग एक सिलिन्डर वाले स्थिर इन्जिनों में होता हैं। इसके निम्नलिखित लाभ और हानियॉ हैं।

लाभ

1. इसकी बनावट साधारण होती हैं।
2. इसको बनाने में तकनीकी ज्ञान की आवश्यकता नहीं होती।
3. इसका मूल्य दूसरी जल शीतलन विधियों से कम होता हैं।

हानियाँ

1. इसमें शीतलन अपेक्षाकृत कम होता हैं।
2. इस विधि का प्रयोग चलायमान इन्जिनों पर नही हों सकता।
3. इसमें पानी को प्रतिदिन बदलना पड़ता हैं।

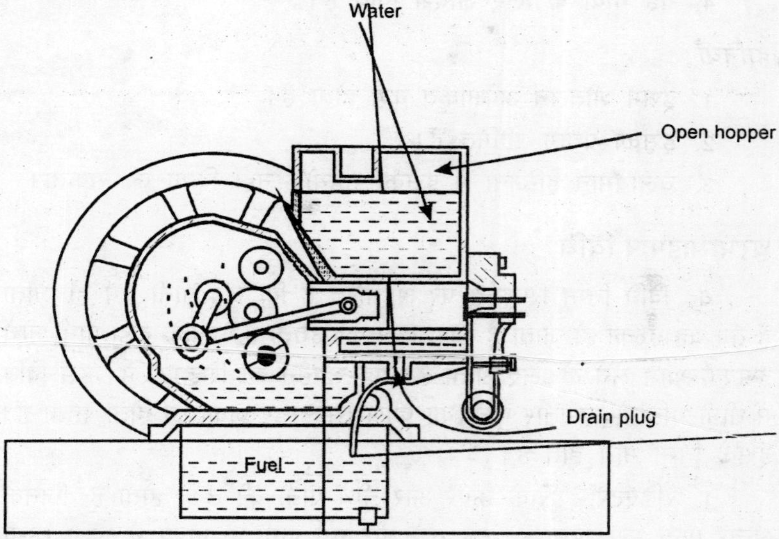

Hopper Cooling System

3. वेस्ट शीतलन विधि

इसका उपयोग समुद्री इन्जिनों पर किया जाता है इसको नदी, तालाब, पोखरो के निकट ही स्थापित किया जाता हैं इसमें एक पम्प एवं पाइप पाए जाते हैं जो पानी को विभिन्न भागों तक पहुँचाने के लिए होते हैं पम्प को नदी, तालाब, पोखरों से पानी प्राप्त होता है, जिसको यह सिलिन्डर के चारों ओर स्थित जैकेट मे भेज देता हैं। पानी सिलिन्डर हेड और सिलिन्डर की दीवारों से ऊष्मा अवशोषित करके गर्म हो जाता हैं, फिर इसे पानी के थ्रोत मे भेज देते हैं। अब पम्प नया ठंडा पानी अवशोषित कर पुनः उसको पानी के जैकेट में भेज देता हैं।

इसके निम्नलिखित लाभ और हानियॉ हैं।

लाभ

1. यह अपेक्षाकृत सस्ती विधि हैं।
2. यह एक साधारण विधि हैं।
3. इसमें महंगी देखभाल और मरम्मत की आवश्यकता नही पड़ती।
4. यह गांवों के लिए आदर्श विधि हैं।

हानियाँ

1. इसमें शीतलन अपेक्षाकृत कम होता हैं।
2. इसका प्रयोग सीमित हैं।
3. चलायमान इन्जिनों में इसका उपयोग नहीं किया जा सकता।

थरमोसाइफन विधि

यह विधि निम्न सिद्धान्त पर आधारित हैं कि जब पानी गर्म हो जाता हैं तब यह हल्का हो जाता हैं और ऊपर को उठता है, जबकि ठंडा पानी नीचे इसका स्थान लेने के लिए आता हैं। यह संवहन का सिद्धान्त हैं। इस विधि में धीमी गति से लगातार पानी का प्रेषण सिलिन्डर जैकेट मे होता रहता हैं। इसके निम्न भाग होते हैं।

1. रेडिएटर– इसके ऊपर और नीचे पानी की टंकी होती है, जिनके अन्दर पानी भरा रहता हैं। यह ठंडे और गर्म पानी के पाइप से जुड़ा रहता हैं। ऊपर वाली टंक गर्म पानी के लिए होती हैं, जबकि नीचे वाली ठंडे पानी के लिए होती हैं। ऊपर से पानी अनेकों बहुत कम व्यास की महीन ट्यूब से होकर गुजरता है, जो कि बहुत सारी महीन उभारों या फिन्स से जुड़ी रहती है जिससे शीतलन सतह का क्षेत्रफल बहुत बढ़ जाता हैं। पंखे द्वारा फेंकी गई हवा बड़ी तेजी से पूरे रेडिएटर पर फैल जाती हैं और पानी को तीव्र गति से ठंडा करती हैं। फिन्स देखने मे मधुमक्खी के छत्ते की तरह होते हैं।

2. ठंडे पानी का पाइप : इसके द्वारा ठंडा पानी जैकेट मे आता हैं।

3. गर्म पानी का पाइप : इससे गर्म पानी रेडिएटर मे आता हैं। जहॉ इसे ठंडा किया जाता हैं।

4. पंखा : यह बाहर से हवा को खींचता हैं, गर्म पानी को ठंडा करने के लिए रेडिएटर पर फेकता हैं।

5. पानी का जैकेट : यह सिलिन्डर के चारों ओर पाया जाता हैं। इसमें शीतलन हेतु पानी भरा जाता हैं।

ठण्डे पानी को रेडिएटर कैप से भरते है जो ऊपरी टंकी में आता हैं। इसके भरने के बाद यह नीचे वाली टंकी मे पाइप के द्वारा पहुँचता हैं। नीचे वाली टंकी एक पाइप के द्वारा पानी के जैकेट से जुड़ी रहती हैं।

जब रेडिएटर में पानी भरा जाता हैं तब यह ठंडे पानी के ट्यूब के द्वारा पानी के जैकेट में पहुँचता हैं। जब यह गर्म सिलिन्डर की दीवार के सम्पर्क में आता हैं, तब गर्म हो जाता हैं और हल्का होकर ऊपर को उठता हैं जो कि संवहन के नियम के अनुसार हैं। एक मुड़ा हुआ होज पाइप ऊपर लगा होता हैं जो गर्म एवं वाष्पित पानी को रेडिएटर की ऊपरी टंकी मे पहुँचा देता हैं। यहाँ से पानी नीचे की ओर महीन पतली ट्यूब में आता हैं जो कि ऊष्मा को वातावण में प्रेषित कर देती है और इस प्रकार ठंडा किया हुआ पानी नीचे की टंकी मे आ गिरता हैं।

इस प्रकार लगातार सिलिन्डर जैकेट को ठंडे पानी की आपूर्ति प्रचालन द्वारा होती रहती है, जो इन्जिन के तापक्रम को प्रभावी ढंग से सुरक्षित सीमा मे रखता हैं। यह क्रिया बार बार दोहराई जाती हैं।

पानी का परिचालन निम्न बातों पर आधारित हैं।

1. जैकेट मे पानी होना।
2. रेडिएटर मे पानी का ठण्डा होना।
3. सिलिन्डर और रेडिएटर के बाहरी छोटे पर होज पाइप की नाप।
4. रेडिएटर में पानी जाने वाले मार्ग का आकार।

इस विधि मे पानी हमेशा भरा होना चाहिए अर्थात् थमोसाइकन परिपथ हमेशा पूरा होना चाहिए, अन्यथा पानी का परिचालन बन्द हो जायेगा। गर्म पानी वाले पाइप में जो जैकेट से रेडिएटर की ऊपरी टंकी की ओर जाता हैं, ढाल होना चाहिए जिससे उसमें हवा या वाष्प का पॉकेट न बनने पाए। चूंकि इससे पानी का परिचालन बहुत धीमा होता हैं। अतः दबाव परिचालन की अपेक्षा इसे अधिक पानी की आवश्यकता होती हैं। इसके निम्नलिखित लाभ और हानियॉ हैं।

लाभ

1. इसकी बनावट साधारण होती हैं।
2. इसकी मरम्मत में अधिक तकनीकी ज्ञान की आवश्यकता नहीं पड़ती ।
3. इसका मूल्य दबाव परिचालन विधि की अपेक्षा कम होता हैं।
4. इसका कोई भी भाग जमने के कारण पानी का प्रवाह रूकता नहीं है।

हानियाँ

1. एक से अधिक सिलिन्डरों वाले इन्जिन में शीतलन समान रूप से नहीं होता।
2. जब पानी की सतह नीची हो जाती हैं, तब यह ठीक से काम नहीं करता।
3. पानी में खनिज पदार्थ होने पर उसका ठोस आकार पानी का प्रवाह अवरूद्ध कर सकता हैं।

दबाव परिचालन विधि

यह विधि थर्मोसाइफन विधि की तरह होती हैं, अन्तर केवल इतना हैं कि थर्मोसाइकन विधि में पानी का परिचालन संवहन के सिद्धान्त पर होता हैं जबकि इस विधि में इसके लिए पानी के पम्प का उपयोग किया जाता हैं। यह पम्प रेडिएटर की नीचे वाली टंकी के निकास वाले मार्ग मे लगा होता हैं और ठंडे पानी को बलपूर्वक सिलिन्डर जैकेट की ओर भेजता हैं। पानी का परिचालन दबाव से बलपूर्वक होने के कारण बहुत तेजी से होता हैं। और सब स्थानों पर इन्जिन को एक समान ठंडा कर देता हैं। इस विधि को इसी कारण एक से अधिक सिलिन्डर वाले इन्जिनो में सफलतापूर्वक प्रयोग किया जा सकता हैं। इस विधि में पानी का बहाव एक समान रहता हैं, इसलिए पूरे इन्जिन का तापक्रम एक समान रहता हैं। इस प्रकार दबाव परिचालन विधि शीतलन की एक बहुत प्रभावी विधि हैं और यह सभी प्रकार के इन्जिनों में, यहाँ तक कि ट्रकों मे भी सफलता पूर्वक प्रयोग की जा रही हैं। इसके निम्नलिखित लाभ एवं हानियाँ हैं।

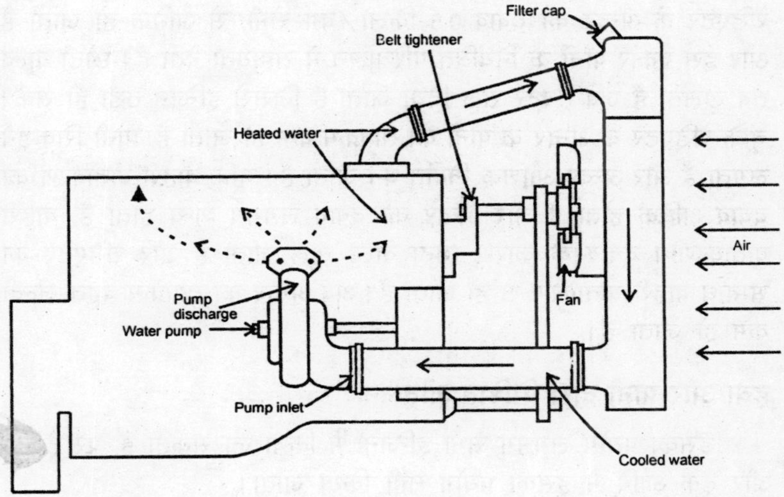

Force Feed Cooling System

लाभ

1. यह इन्जिन के सभी सिलिन्डरों को एक समान ठंडा करता हैं।
2. यह इन्जिन को तेज़ी से ठंडा करता है जिससे उसकी क्षमता बढ़ जाती हैं।
3. इन्जिन के ठंडे चलने से स्नेहन तेल के गुणों पर विपरीत प्रभाव नहीं पड़ता।
4. इसके द्वारा इन्जिन का जीवनकाल भी बढ़ जाता हैं।

हानियाँ

इसके प्रयोग से इन्जिन का मूल्य बढ़ जाता हैं।

इसका मुख्य भाग रेडिएटर कैंप होता हैं।

रेडिएटर कैंप

रेडिएटर कैंप को पानी के तापक्रम को नियंत्रित करने हेतु डिज़ाइन किया गया हैं। इसमें दो वाल्व होते हैं एक बड़ा और दूसरा छोटा वाल्व ये दोनों विपरीत दिशा में खुलते हैं। बड़ा वाला वाल्व तब खुलता हैं जब

रेडिएटर के अन्दर का दबाव 0.5 किलो/वर्ग सेमी. से अधिक हो जाता हैं और इस प्रकार पानी के नियंत्रित परिचालन मे सहायता देता हैं। छोटा वाल्व तब खुलता हैं जब ट्रैक्टर रोक दिया जाता हैं जिससे इन्जिन ठंडा हो सकें। चूंकि रेडिएटर के अन्दर के पानी का तापक्रम कम हो जाता हैं, पानी सिकुड़ने लगता हैं और अन्दर आंशिक निर्वात बन जाता हैं। चूंकि बाहरी वातावरण का दबाव अधिक होता हैं और अन्दर का दबाव लगभग शून्य होता हैं, बाहरी वातावरणीय दबाव के कारण छोटा वाल्व खुल जाता हैं और रेडिएटर का सम्बन्ध बाहरी वातावरण से हो जाता हैं। अब अन्दर का तापक्रम बहुत जल्दी कम हो जाता हैं।

हवा और पानी द्वारा मिश्रित शीतलन

इसका प्रयोग लगभग सभी इन्जिनों में किया जा सकता हैं, पर ट्रैक्टर और ट्रक आदि मे इसका प्रयोग नहीं किया जाता।

इस विधि में एक ही धुरे पर पानी का पम्प एवं पंखा लगा होता हैं। यह क्रैन्क शाफट द्वारा वी–बोल्ट की सहायता से चलाया जाता हैं। पंखा रेडिएटर से होते हुए हवा को अपनी और खींचता हैं, जिससे रेडिएटर का पानी भी ठंडा होता हैं और कुछ हवा सिलिन्डर पर भी फैंकता हैं जो इन्जिन की गर्मी को अवशोषित करके, उसे ठंडा करती हैं।

रेडिएटर

यह पानी का परिचालन करते हुए उसे ठंडा करने का काम करता हैं। गर्म पानी ऊपर वाली टंकी में एवं ठंडा पानी नीचे वाली टंकी मे रहता हैं। अन्य भाग पूर्व में वर्णित रेडिएटर की ही भॉति हैं, पानी का ठंडा होना, पानी की गति, ट्यूब की चिकनाहट और हवा के तापक्रम के अन्तर पर निर्भर करता हैं।

रेडिएटर दो प्रकार के होते हैं।

1. ट्यूबलर रेडिएटर
2. सेल्यूलर रेडिएटर

ट्यूबलर रेडिएटर मे ट्यूब शोलाकार, कम चौड़ा और लम्बा, चपटा होता हैं। ये रांगे द्वारा जुड़े रहते हैं। इन ट्यूबों के बीच में फिन्स लगी होती हैं, जो ट्यूब को जोड़ती भी हैं और विकीरण धरातल को भी बढ़ाती हैं। इसमें ट्यूब के अन्दर पानी वहता हैं।

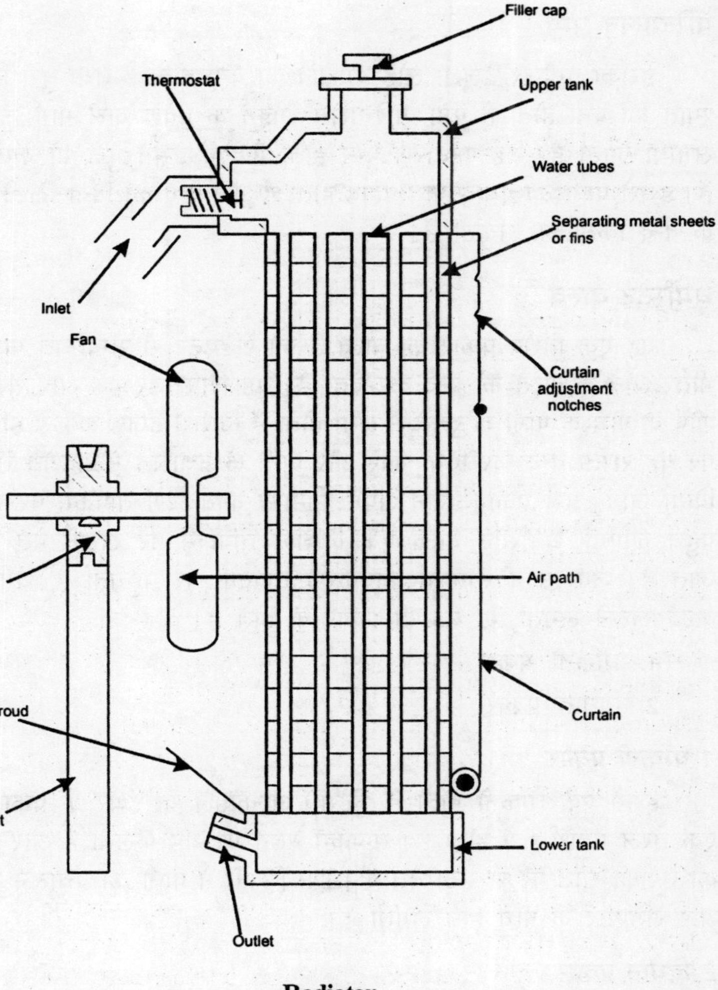

Radiator

सेल्यूलर टाइप लोहे की बनी होती हैं। इसमें सैल के बीच मे हवा रहती हैं और पानी इसके चारों ओर बहता हैं।

ट्यूबलर टाइप में ट्यूब लम्ब रूप में होते हैं जबकि सेल्यूलर मे ट्यूब छोटे और समानान्तर होते हैं।

परिचालन पम्प

इसका इम्पैलर ढलुआ लोहे या तांबे का बना होता हैं तथा धुरा मिश्रित स्पात का बना होता हैं पम्प, परिचालन लाइन के प्रवेश वाले मार्ग के बीच लगाया जाता हैं। यह साधारण पम्प होता है, एवं इसमें पुर्जे भी कम होते हैं। इससे पानी का एक समान बहाव होता हैं और पम्प को बिना किसी हानि के बन्द किया जा सकता हैं।

थर्मोस्टेट वाल्व

यह एक विशेष प्रकार का वाल्व हैं जो रेडिएटर से सम्बन्धित पानी के भीतर आने के रास्ते को बन्द कर देता हैं। यह सिलिन्डर हेड और रेडिएटर शीर्ष के बीच के पानी के रास्ते में लगा होता हैं जिससे इंजन के ठंडे हो जाने पर यह रास्ता बन्द कर दिया जाए और पानी के प्रचालन में अवरोध उत्पन्न किया जाय। इस प्रकार इंजन अपने सामान्य कार्यकरण तापक्रम पर जल्दी पहुॅच जाएगा, थर्मोस्टेट वाल्व एक विशिष्ट तापक्रम पर खुलने हेतु बनाए जाते हैं। जब इंजन सामान्य कार्यकरण तापक्रम पर पहुॅचता हैं, थर्मोस्टेट वाल्व खुलने लगता हैं। यह दो प्रकार के होते हैं।

1. घौकनी प्रकार
2. द्विधात प्रकार

1 घौकनी प्रकार

इसमें एक घौकनी होती है, जिसमें अल्कोहल या ईथर के प्रकार का एक तरल पदार्थ भरा होता हैं। तापक्रम बढ़ने पर यह फैलता हैं और वाल्व को उसकी सीट पर से उठा देता हैं। इस स्थिति मे पानी का प्रचालन इंजन और रेडिएटर के बीच होने लगता हैं।

2 द्विघात प्रकार

इसमें द्विघात की बनी एक पत्ती होती हैं। तापक्रम के बढ़ने पर इन दोनो धातुकी पत्तियों का असमान, प्रसार ही वाल्व को खोल देता हैं और पानी को रेडिएटर की और बहने देता हैं।

इन्जिन मे तापक्रम नियंत्रण

इन्जिन का चालन तापक्रम उचित होना चाहिए। तापक्रम कम रहने से मिश्रण ठीक रूप से वन नही पाता। वाष्पीकरण अच्छा नहीं होता। फलतः

मिश्रण ठीक से जल नहीं पाता। यदि तापक्रम अधिक होता हैं तो इन्जिन का स्नेहन ठीक नहीं हो पाता और वाल्व भी जल जाते हैं। इन सभी कारणों से इन्जिन के खराब होने की सम्भावना बनी रहती हैं।

इन्जिन ताप नियेत्रण हेतु आवश्यक हैं कि जैकेट के अन्दर पानी को नियंत्रित किया जाय। इसके अतिरिक्त यदि जैकेट से रेडिएटर को जाने वाले पानी के बहाव को नियंत्रित किया जाए तो जैकेट का तापक्रम नियंत्रित हो सकता हैं। यह क्रिया थर्मोस्टेट जो एक वाल्व हैं की सहायता से सम्पन्न की जा सकती हैं। इसकी दो विधियां हैं।

पहली विधि में एक थर्मोस्टेट वाल्व रेडिएटर के प्रवेश द्वार में उस जगह लगा देते हैं जिस रास्ते से इन्जिन से गर्म पानी रेडिएटर में आता हैं।

थर्मोस्टेट वाल्व लगाने से यह रास्ता बन्द हो जाता हैं और जब इन्जिन गर्म हो जाता हैं तो थर्मोस्टेट फैलता है जिससे रास्ता खुल जाता हैं और इन्जिन से गर्म पानी ठंडा होने के लिए रेडिएटर मे आने लगता हैं और यहीं ठंडा पानी रेडिएटर की नीचे की टंकी से पुनः इन्जिन को ठंडा करने हेतु सिलिन्डर जैकेट में प्रवाहित होने लगता हैं। जब इन्जिन की गर्मी कम होकर एक निश्चित तापक्रम तक आती हैं तो यह थर्मोस्टेट वाल्व पुनः रेडिएटर के प्रवेश द्वार को बन्द कर देता हैं। इस प्रकार उपरोक्त क्रिया बार बार दो हराई जाती हैं।

दूसरी विधि मे इन्जिन के ठंडा होने पर रेडिएटर के प्रवेश द्वार को एक थर्मोस्टेट, वाल्व बन्द किए रहता हैं और चेक वाल्व में से पनी पम्प में आता रहता हैं यह क्रिया तब तक चलती रहती हैं जब तक इन्जिन की गर्मी बढ़कर एक निश्चित तापक्रम तक नहीं आ जाती। तापक्रम के बढ़ने पर थर्मोस्टेट फैलता हैं ओर कई बाई पास वाल्वों को खोल देता हैं तथा चेक वाल्व अपने आप बन्द हो जाता हैं। इस प्रकार पानी का परिचालन पुनः रेडिएटर में होने लगता हैं, और इन्जिन ठंडा होने लगता हैं। एक निश्चित तापक्रम पर आकर थर्मोस्टेट वाल्व पुनः रेडिएटर के प्रवेश द्वार को बन्द कर देता हैं तथा चेक वाल्व से पानी पुनः पम्प में आने लगता हैं। यह क्रिया बार बार दोहराई जाती हैं।

समस्यायें

1. अर्न्तदहन इंजिन में शीतलन का क्या उद्देश्य है?
2. अर्न्तदहन इंजिन में शीतलन की कौन–कौन सी विधियॉ प्रयोग की जाती हैं?

3. वायु द्वारा शीतलित इंजन के लाभ और हानियॉ लिखिए।
4. जल शीतलन से आप क्या समझते हैं। किसी एक जल शीतलन विधि को समझाइए।
5. थर्मोसाइफन शीतलन विधि का सचित्र वर्णन कीजिए।
6. दबाव परिचालन शीतलन विधि का विस्तृत वर्णन कीजिए। उसके भागों के कार्य भी लिखिए।
7. थर्मोस्टेट वाल्व क्या काम करते हैं? ट्रैक्टर इंजन में कितने प्रकार के थर्मोस्टेट वाल्व प्रयोग किए जाते हैं?

7

स्नेहन तंत्र
(Lubrication System)

अर्न्तदहन इन्जिन के गतिशील भागों के बीच घर्षण सबसे बड़ी बाधा हैं, जो न केवल गति को कम करती है, पर भागों के धिसाव को बढ़ाती हैं। वे सभी भाग जिनकी सतह दूसरे के ऊपर रगड़ती हुई चलती हैं, वे चाहे कितनी ही अच्छी तरह चिकने बनाए जाएं इनके ऊपर छोटे छोटे भाग रह जाते हैं, जो चलते समय एक दूसरे को रोकते हैं। इसके कारण इन भागों मे ऊष्मा उत्पन्न होती हैं एवं शक्ति का ह्रास होता हैं। अतः मशीन के सुचारू रूप से कार्य करने हेतु स्नेंहन किया जाता है।

गतिशील भागों मे घर्षण कम करने हेतु दो रगडने वाली गतिशील सतहों के बीच स्नेहक की एक पतली परत रख दी जाती हैं, जिससे दोनो पूरी तरह से अलग अलग गति करें, उनका सम्पर्क क्षेत्रफल नगन्य हो जाए। ये परत भागो के बीच फिसलन को उत्पन्न करती हैं, अतः गतिशील भाग एक दूसरे पर फिसलते रहते हैं और घर्षण न्यूनतम हो जाता हैं।

जिन इन्जनों भागों में स्नेहन की आवश्यकता होती हैं, उनके नाम हैः–

1. सिलिन्डर
2. पिस्टन
3. पिस्टन पिन
4. कनेक्टिंग राड बियरिंग
5. क्रैन्क शाफट
6. कैम शाफट
7. वाल्व एवं वाल्व चालन तंत्र

8. पंखा
9. पम्प
10. ज्वलन तंत्र, इत्यादि।

अच्छे स्नेहक के कार्य

1. गतिशील एवं सहायक भागों के बीच घर्षण कम करना एवं धिसाव तथा शक्ति के हवास को समाप्त करना।
2. घर्षण न्यूनतम करके पुर्जों के भागों को टूटने से बचाना।
3. शीतलन माध्यम का भी कार्य करना, ऊष्मा को शोषित करके, बाहर के वातावरण में निष्कासित कर देना।
4. गतिशील भागों में उत्पन्न ध्वनि को न्यूनतम करना।
5. सिलिन्डर और पिस्टन के बीच में एक सील का काम करना जिससे दहन कक्ष में दबाव बना रहें।
6. इन्जन के कल पुर्जों की टूट फूट के कारण जो धातुओं की महीन धूल उत्पन्न होती हैं, उसे अपने साथ बहाकर इन्जन को साफ कर देना, जिससे यह महीन धूल, टूट फूट एवं धर्षण को और भी न बढ़ा दें।

घर्षण

जब दो भागों की सतहें एक दूसरें के विरूद्ध चलती हैं, तो एक प्रकार की हानिकारक शक्ति उत्पन्न होती हैं, जो गति के विरोध में कार्य करती हैं, उसे रगड़ या घर्षण कहते हैं।

ये एक दूसरे की चाल को रोकती हैं। उदाहरण के लिए एक पानी के पाइप एवं बहने वाले पानी के बीच जो घर्षण होता हैं वह पानी की गति को कम कर देता हैं जो अवांछित हैं किन्तु पट्टे और घिरनी के बीच का घर्षण वांछित है जो पट्टे को घिरनी पर फिसलने से रोकता हैं। ऐसी स्थिति मे उचित घर्षण न होने पर शक्ति ह्रास होता हैं।

स्नेहक का चुनाव

इन्जिन के विभिन्न भागों की आवश्यकता के अनुसार स्नेहक का चुनाव किया जाता हैं।

1. बियरिंग के दबाव मे चलने वाले पूर्जों की गति एवं तापमान के अनुसार एक तरल स्नेहक की आवश्यकता होती हैं जो धातु के पिसे महीन कण, धूल, गर्द आदि साफ करता रहें।
2. पिस्टन के लिए एक ऐसे स्नेहक की आवश्यकता हैं, जो अधिक तापक्रम पर अपने गुणों को बनाए रखें और दहन कक्ष मे उत्पन्न शक्ति को सील कर दें।
3. स्थानान्तरण प्रणाली जैसे गियर आदि के लिए एक ऐसे स्नेहक की आवश्यकता है, जो भागों की आपसी टूट फूट को कम कर सके। इसमें गाढ़ापन अधिक होना चाहिए।
4. पहिए की बियरिंग हेतु इसे अर्धतरल होना चाहिए, जैसे–ग्रीस।

स्नेहक के गुण

इसमें ऐसे गुण होने चाहिए, जो हर दशा मे उत्तम कार्य करें।

1. इसमें आवश्यकतानुसार गाढ़ापन या विस्कैसिटी होनी चाहिए जिससे यह मशीन की इच्छित गति, दबाव एवं तापक्रम पर कार्य कर सकें।
2. यह प्रयुक्त स्नेहन विधि में प्रयोग के लिए उपयुक्त होना चाहिए।
3. इसकों हवा, पानी एव गैसों से संयोग के फलस्वरूप किसी प्रकार का अवशेष नहीं छोड़ना चाहिए।
4. इसको उचित मूल्य पर सरलता पूर्वक उपलब्ध होना चाहिएं
5. इसको निम्न तापक्रम पर जमना नहीं चाहिए।
6. तापक्रम के अधिक होने पर भी इसका विघटन नहीं होना चाहिए और घर्षण सतहों को ठंडा रखना चाहिए।?
7. इसमें उचित गाढ़ापन होना चाहिए, ताकि यह घर्षण सतहों को अलग अलग रख सकें।
8. इसकों बदलते तापक्रम पर स्थिर रहना चाहिए।
9. इसको इंजन के भागों को साफ रखना चाहिए।
10. इसको धातु की सतह पर रसायनिक क्रिया (corrosion) नहीं करना चाहिए।

स्नेहक के प्रकार

स्नेहको का वर्गीकरण प्राप्ति के श्रोत एवं भौतिक गुणों के आधार पर होता हैं।

श्रोत के आधार पर

1. पशुओं से प्राप्त स्नेहक– ये बहुत कम प्रयोग किए जाते हैं। मुख्यतः ये चर्बी या मछली आदि से प्राप्त किए जाते हैं, जैसे मछली का तेल। इनमें दुर्गुण यह हैं कि ये गर्मी सहन नहीं कर सकते और शीध्र ही ऑक्सीजन से संयोग करके ये आक्सीकृत हो जाते हैं और ऊष्मा उत्पन्न करते हैं।

2. वनस्पति स्नेहक– यह पौधों, फल और बीजों से प्राप्त किया जाता हैं। इसका प्रयोग भी बहुत कम होता हैं, क्योंकि ये ऊष्मा सहन नहीं कर सकते। यह मुख्यत रेंडीं, कपास एवं अलसी से प्राप्त होता हैं। इन्जन में एक सीमा तक ही रेडीं का तेल प्रयोग होता हैं।

3. खनिज स्नेंहक– इनका प्रयोग बहुत अधिक मात्रा में अर्न्तदहन इन्जन मे होता हैं। ये अधिक तापक्रम पर भी अच्छी तरह काम करते हैं। यही कारण हैं कि इनका प्रयोग लगभग शत प्रतिशत किया जाता हैं।

बहाव के आधार पर

1. तरल स्नेहक जैसे खनिज तेल
2. अर्धतरल स्नेहक जैसे ग्रीस या भारी तेल
3. ठोस स्नेहक जैसे ग्रेफाइड, माइका आदि

स्नेहक तेल का परीक्षण

स्नेहक के गुणों को जानने हेतु भौतिक और रसायनिक परीक्षण किए जाते हैं। भौतिक परीक्षण अपेक्षाकृत अधिक किये जाते हैं। यह उसके चारित्रिक लक्षण पर आधारित होता हैं। जबकि रसायनिक परीक्षण उसकी अशुद्धता एवं अवांछित तत्वों का ज्ञान करता है। तेल के गुणों को मापने हेतु निम्न परीक्षण किए जाते हैं।

1. विस्कौसिटी या गाढ़ापन (Viscosity test)– किसी भी तेल की विस्कौसिटी उसके बहने की शक्ति की द्योतक हैं। इसकों विस्को मीटर द्वारा मापा जाता हैं। विस्कौसिटी उस समय को बताती हैं जो एक निश्चित दशा में स्नेहक तेल को बहने में लगता हैं। यह समय सेकेण्ड में मापा जाता हैं। यह तापक्रम के अनुसार बदलती भी रहती हैं।

2. बहाव बिन्दु या पोर पॉइन्ट (Pore Point test)– यह वह न्यूनतम तापक्रम होता हैं जिस पर स्नेहक तेल एक निर्धारित दशा के अन्त तक बिना किसी बाधा के बहता हैं। पोर पॉइन्ट से यह पता चलता हैं कि

वह कौन सा न्यूनतम तापक्रम हैं जिस पर यह इन्जिन में प्रयोग किया जा सकता हैं जहॉ इसको पम्प के द्वारा भेजा जाना हैं। इस से यह भी ज्ञात होता हैं कि इससे कम तापक्रम पर इसका उपयोग सम्भव नहीं हैं।

3. चमक और अग्नि परीक्षण (Flash Fire test)– वह तापक्रम जिस पर वाष्प अच्छी तरह निकलने लगे चमक या फ्लैश पॉइन्ट कहलाता हैं, जबकि जिस तापक्रम पर लपट आने लगती हैं वह अग्नि या फायर पॉइन्ट कहलाता हैं।

स्नेहन के प्रकार

1. स्प्लैश या छिड़काव विधि (Splash System)
2. दबाव परिचालन विधि (Forced Feed System)
3. मिश्रित दबाव एवं छिड़काव विधि (Combination of Splash and Forced Feed)

स्प्लैश या छिड़काव विधि

छिड़काव से तात्पर्य यह हैं कि स्नेहन तेल को विभिन्न भागों पर छलका कर छिड़का जाए। यह विधि एक सिलिन्डर वाले इन्जनों में प्रयोग की जाती हैं। जिनके क्रैन्क केस बन्द होते हैं। इस विधि में पम्प का उपयोग नहीं होता, अतः विभिन्न भागो को स्नेहन हेतु छलकाव एवं फुहार पर निर्भर रहना पड़ता हैं।

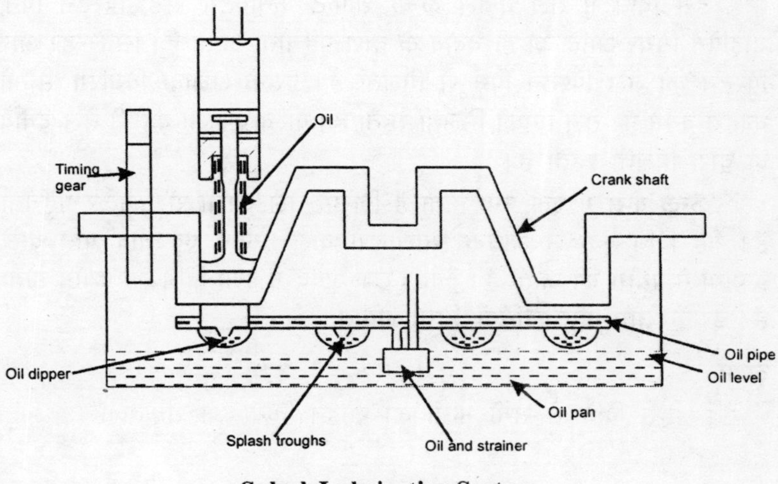

Splash Lubrication System

इसमे क्रैन्क शाफट के नीचे प्रत्येक सिलिन्डर हेतु एक प्याला पाया जाता हैं जो स्नेहल तेल से भरा रहता हैं, इसी प्याले में कनेक्टिंग राड प्रवेश करता हैं और तेल को छलका कर पिस्टन सिलिन्डर आदि का स्नेहन करता हैं। यह छिड़काव लगातार भली भॉति होता रहता हैं।

इस क्रिया को भली भॉति सम्पन्न करने हेतु एक गियर पम्प होता है, जो कैम शाफट के द्वारा चलाया जाता है, और तेल को टंकी में पहुॅचाता हैं। इसके सूचक द्वारा यह पता चल जाता हैं कि पम्प काम कर रहा है, कि नहीं, पम्प मे जाने वाले तेल को छानने हेतु एक जाली भी पम्प के चारों ओर लगी रहती हैं। इस विधि के निम्नलिखित लाभ एवं हानियॉ हैं।

लाभ

1. यह विधि बहुत साधारण एवं सरल हैं।
2. इस विधि में तेल कम खर्च होता हैं।

हानियॉ

1. इस विधि मे क्रैन्क केस का तेल पतला हो जाता हैं।
2. इस विधि में धूल, गर्द, टूटे हुए धातु के टुकड़े एवं दूसरें अवशेष, तेल के साथ विभिन्न भागों तक पहुॅच कर हानि पहॅचाते हैं।
3. इसमें असमान छिड़काव होता हैं।

दबाव परिचालन विधि

इस विधि में तेल केवल क्रैन्क शाफट कनेक्टिंग राड, पिस्टन पिन, टाइपिंग गियर आदि को ही दबाव के द्वारा पहुॅचाया जाता हैं। सिलिन्डर और पिस्टन को तेल पिस्टन पिन से मिलता हैं। इसके अलावा बियरिंग से भी कोहरा बनने पर तेल इनको मिलता रहता हैं। वाल्व प्रणाली को भी तेल दबाव के द्वारा मिलता रहता हैं।

क्रैन्क केस में एक पम्प होता हैं जिसमें तेल जाली से छनकर पहुॅचता हैं। यह विधि एक से अधिक सिलिन्ड़रों वाल इन्जन एवं तीव्र गति वाले इन्जनों मे प्रयोग की जाती हैं। ट्रैक्टर ट्रक आदि में इसी विधि का प्रयोग होता हैं। इसके लाभ और हानियॉ निम्नलिखित हैं–

लाभ

1. इस विधि से सभी भागों का स्नेहन किया जा सकता हैं।

2. साफ तेल आने से टूट फूट की आशंका नहीं रहती।

हानियाँ

1. यह एक महंगी विधि हैं।

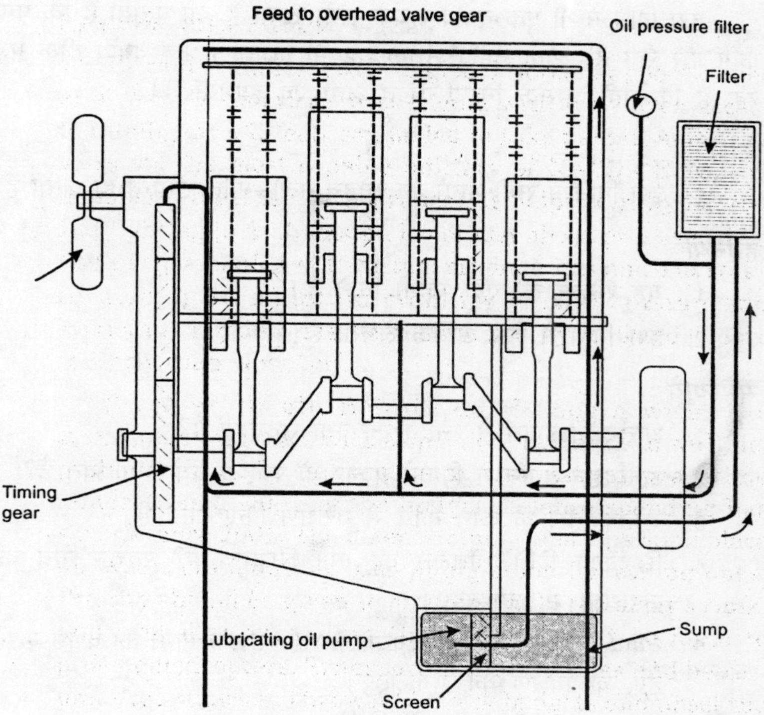

Forced Feed Lubrication System

मिश्रित दबाव एवं छिड़काव विधि

इस विधि मे तेल, पम्प, छनना, गियर पम्प, सभी भागों को तेल पहुँचाने हेतु छिद्रित मार्ग एवं एक दबाव सूचक पाया जाता है, जो तेल का दबाव एवं निकाय का प्रभावी कार्यकरण प्रदर्शित करता हैं।

इस विधि में तेल दबाव के द्वारा तेल पम्प की सहायता से क्रैन्क शाफट बियरिंग को छिद्रित भागों सें पहुँचाया जाता हैं। यह तेल मुख्य बियरिंग से

होता हुआ कनेक्टिंग राड बियरिंग तक भी पहुॅंचता हैं। तेल फुहार के रूप में सिलिंन्डर की दीवार, पिस्टन और पिस्टन पिन पर पड़ता हैं, जिससे इन भागों का स्नेहन हो जाता हैं। कैम शाफट, वाल्व प्रणाली तक स्नेहन तेल पहुंचा देती हैं।

इस विधि मे भी एक दबाव सूचक लगा रहता है, जो बताता हैं कि पम्प काम कर रहा हैं अथवा नहीं। सूचक यह भी बताता हैं कि दबाव ठीक पड़ रहा हैं कि नहीं। इसके निम्नलिखित लाभ एवं हानियॉं हैं।

लाभ

1. इस विधि में सभी भागों का स्नेहन भली–भॉंति सम्पन्न हो जाता हैं।

हानियॉं

1. यह स्नेहन की एक महंगी विधि हैं।
2. इस विधि में तेल अधिक लगता हैं।

समस्यायें

1. अर्न्तदहन इंजन मे स्नेहन का क्या उद्देश्य हैं?
2. अर्न्तदहन इंजन मे कितने प्रकार के स्नेहक प्रयोग में आते हैं?
3. स्नेहक तेल के कौन कौन से परीक्षण किए जाते हैं।
4. छिड़काव विधि शीतलन का क्या सिद्धान्त हैं? स्वच्छ चित्र की सहायता से समझाइए।
5. दबाव परिचालन विधि के क्या लाभ हैं? इसके भागों का वर्णन करते हुए, कार्यकरण को समझाइए।
6. निम्न पर संक्षिप्त टिप्पणी लिखिए।
   अ) खनिज स्नेहक
   ब) स्नेहक के गुण
   स) स्नेहक का चुनाव
   द) घर्षण
   इ) अच्छे स्नेहक के कार्य
   य) वनस्पति स्नेहक

8

वायु शुद्ध कारक
(Air Cleaner)

यह विदित हैं कि पेट्रोल इंजन मे हवा और ईंधन का मिश्रण एवं डीजल इन्जन केवल हवा का प्रयोग चार्ज के रूप में होता है। इसके अनुसार यह स्पष्ट हैं कि हवा का एक बहुत ही महत्वपूर्ण स्थान हैं। यह बहुत ही आवंश्यक हैं कि दहन क्रिया में प्रयुक्त वायु पूर्ण रूपेण शुद्ध हो, उसमें किसी प्रकार की गन्दगी न हो। धूल के कण जो हवा मे इतने अभिन्न रूप से मिले रहते हैं कि आसानी से उनको अलग करना अत्यन्त कठिन होता हैं। ये सिलिन्डर के भीतर पहुँचकर बहुत हानि पहुँचाते हैं। ये सिलिन्डर और पिस्टन पर खरोंच डाल देते हैं जिससे शक्ति स्ट्रोक के दौरान सिलिन्डर में शक्ति का ह्यास होता हैं और इंजन सही अश्वशक्ति नहीं उत्पन्न कर पाता। इसके अतिरिक्त सिलिन्डर, पिस्टन, रिंग आदि का जीवन काल काफी कम हो जाता हैं। ऐसा अनुभव से देखा गया हैं कि कृषक एवं बड़े कृषि व्यवसायी भी इस बात पर ध्यान नहीं देते और सदैव कम्प्रेशन ह्यास के कारण परेशान रहते हैं। अनुभव से पता चलता हैं कि वायु शुद्ध कारको का उचित प्रबन्धन करने से इन्जन का जीवनकाल लगभग दोगुना हो जाता हैं। यदि वायु शुद्ध कारक मे डालने वाला तेल बहुत अधिक दिनों तक बदला न गया तो हवा के साथ सिलिन्डर के भीतर पहुँचने वाले धूल कणों को रोकने मे यह असमर्थ हो जाता हैं और अन्दर जाकर यह धूल कण बहुत हानि पहुँचाते हैं। कृषि वैज्ञानिकों के अनुसार इन धूल कणों मे बालू के कण भी बड़ी मात्रा में पाए जाते हैं जो काटने में इतने पैने होते हैं जैसे कि रेतभार कागज पर चिपके एमरी कण जो टैंक्टर, धूल मिट्‌टी के बीच चलते हैं वहाँ तो हानि बहुत ही अधिक होती हैं।

अतः वायु को शुद्ध करने के लिए ट्रैक्टर आदि में भिन्न भिन्न तरीके अपनाए जाते हैं।

वायु शुद्ध कारक के गुण

1. वायु से धूल गर्द एवं अशुद्धियों को शीघ्रता से निकालने में सक्षम होना चाहिए।
2. वायु शुद्ध कारक की शुद्धिकरण क्षमता अधिक होनी चाहिए।
3. इसको देखभाल एवं मरम्मत की कम से कम आवश्यकता पड़नी चाहिए।
4. इसको वायु के प्रवाह में किसी भी प्रकार की बाधा नही डालनी चाहिए।
5. इसकी बनावट साधारण होनी चाहिए।

वायु शुद्ध कारक का सिद्धान्त

सिद्धान्त रूप मे वायु शुद्ध कारकों मे धूल या गर्द अलग करने हेतु सर्वप्रथम विक्रेन्द्रिय क्रिया द्वारा इसको सम्पन्न कर लिया जाता हैं। फिर किसी विधि में सूखे कपड़े या रेशेदार वस्तु के छनने द्वारा अथवा तेल या तेल से भीगे कपड़े के द्वारा आगे की शुद्धिकरण क्रिया पूरी की जाती हैं। किसी विधि मे पानी या तेल के भीतर बबलिंग क्रिया द्वारा अथवा तेल या पानी के कोहरे में हवा को मिश्रित करके बेसिन में केन्द्रित करते हैं जिससे धूल नीचें बैठ जाती हैं।

वायु शुद्ध कारक के प्रकार

1. सूखा कपड़ें का छनना
2. सूखा फाइबर छनना
3. विकेन्द्रीय बल छनना
4. तेल कप जाली छनना

सूखा कपड़ें का छनना – इस विधि मे कपड़े का एक बैग फ्रेम पर इस प्रकार लगा रहता हैं जिससे हवा को निश्चित रूप से उससे होकर गुजरना पड़ता हैं। इससे हवा भली भांति साफ हो जाती हैं, परन्तु अधिक धूल, गर्द वाले स्थानों में यह अच्छा काम नहीं करता, क्योंकि इसकी क्षमता भी कम होती हैं, और यह हवा के बहाव में बाधा भी ड़ालने लगता हैं।

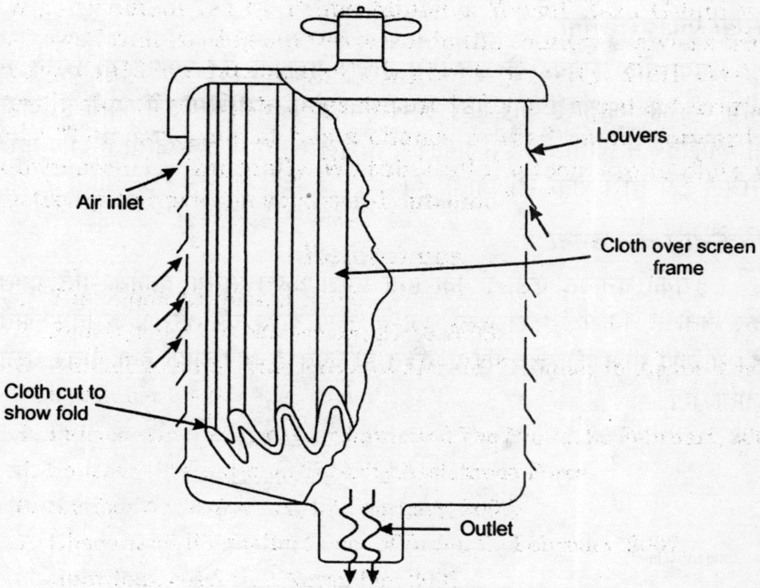

सूखा कपड़ा छनना

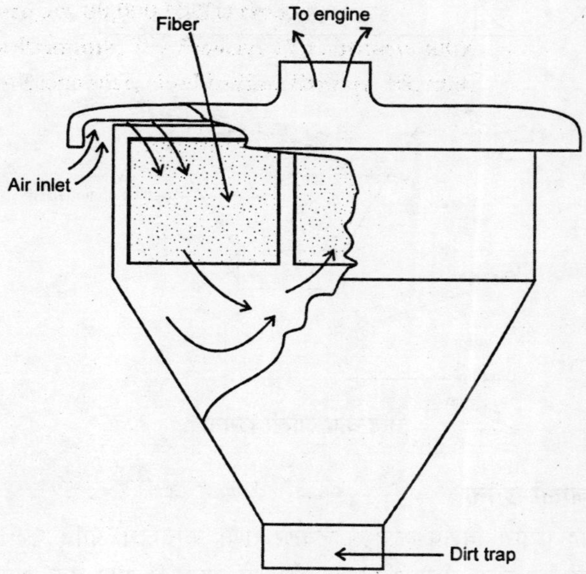

सूखा फाईबर छनना

सूखा फाइबर छनना

हवा एक फाइबर के छनने से होकर गुजरती हैं। पहले हवा छनने से नीचे की ओर आती हैं और फिर ऊपर हवा के निचले चैम्बर में आती हैं, जहॉ से काबुरेटर में जाती हैं। इस प्रकार कुछ धूल छनने में छन जाती हैं और कुछ निचले ट्रैप द्वारा रोक ली जाती हैं।

विकेन्द्रीय बल छनना

इसकी बनावट ऐसी है कि हवा प्रवेश करते समय चक्रीय गति प्राप्त कर लेती हैं, जिसके फलस्वरूप धूल के कण बाहर की ओर फेंक दिए जाते हैं। ये कण ग्रीस की प्लेट पर एकत्रित हो जाते हैं और साफ हवा भीतर चली जाती हैं।

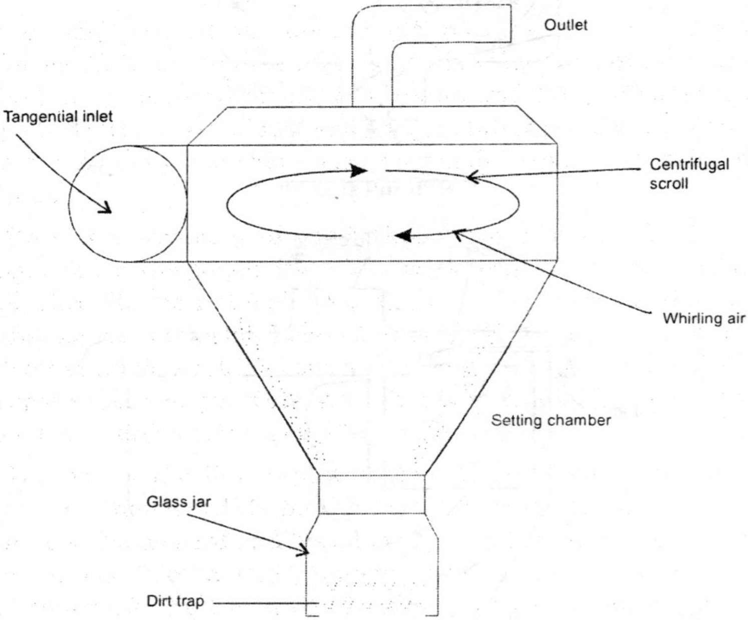

तेल कप जाली छनना

तेल कप जाली छनना

इसका प्रयोग विशेष रूप से ट्रैक्टर तथा कम्बाइन आदि पर होता हैं। हवा बीच के ट्यूब से नीचे की ओर तेजी से आती हैं और एक कप के तेल

से संतृप्त छनने से होकर ऊपर की ओर आती हैं। इस प्रकार धूल के कण कप के तेल द्वारा सोख लिये जाते हैं और शेष कण इस तेल जाली द्वारा रोक लिये जाते हैं। अब साफ हवा भीतर चली जाती हैं।

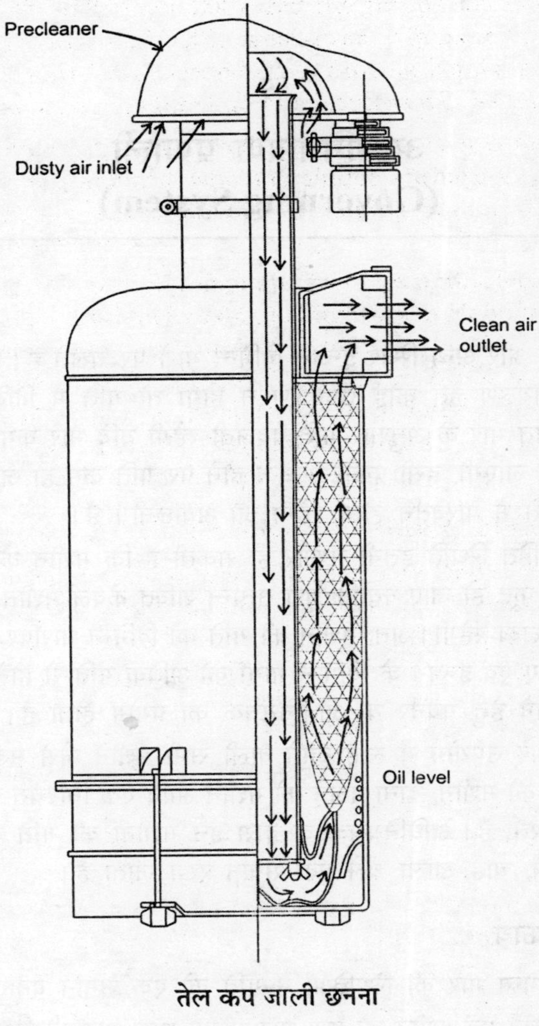

तेल कप जाली छनना

समस्याऐं

1. एक ऑयल बाथ टाईप वायु शुद्ध कारक का सचित्र वर्णन कीजिए।

9

अधिनियन्त्रण प्रणाली
(Governing System)

ट्रैक्टर और अन्य स्थिर इन्जन विभिन्न भारों पर चलते हैं। यदि उनकी गति पर नियंत्रण हेतु कोई उपकरण न होगा तो गति मे विविधता आती रहेगी। अर्थात् भार के अनुसार गति बदलती रहेगी यदि भार कम हो जाएगा तो गति बढ जाएगी, इसी प्रकार अधिक होने पर गति कम हो जाएगी। अतः हर क्षण गति में परिवर्तन होता रहेगा जो अवांछनीय हैं।

भार रहित स्थिति इतनी गम्भीर हो सकती हैं कि मशीन के कल पुर्जों मे भारी टूट फूट हो जाए क्योंकि पूरी उत्पन्न शक्ति केवल मशीन को चलाने के लिए उपलब्ध रहेगी। अतः मशीन की गति को विभिन्न भारोंपर एक समान रखने के लिए एवं इन्जन के विभिन्न भागों को अधिक गति से होने वाली टूट फूट से बचाने हेतु गवर्नर या अधिनियंत्रक का प्रयोग होता हैं।

कार्य पर उपयोग में लाई जाने वाली सभी मशीनें जैसे मड़ाई मशीन, चारा काटने की मशीन, दाना दलने की मशीन आदि एक निश्चित समान गति पर कार्य करती हैं। अधिनियत्रक के द्वारा इन मशीनों की गति को चाहे वे भरी हुई चलें, चाहे खाली चलें एक समान रखा जाता हैं।

गवर्नर के कार्य

1. विभिन्न भार की स्थितिओं मे गति को एक समान बनाए रखना।?
2. इन्जन एवं मशीन को कम भार अथवा शून्य भार की स्थिति में तीव्र गति के खतरे से बचाना

अच्छे गवर्नर के गुण

1. यह बनावट में साधारण और मजबूत होना चाहिए?
2. गति के परिवर्तन होने पर तुरन्त कार्य करने वाला होना चाहिए।
3. इन्जन को नियंत्रित करने में सक्षम होना चाहिए।
4. कम मरम्मत एवं देखभाल की आवश्यकता वाला होना चाहिए।

अधिनियंत्रण प्रणालियाँ

अर्न्तदहन इन्जनों मे दो प्रकार की अधिनियंत्रण प्रणालियाँ प्रयोग की जाती हैं।

1. हिट एण्ड मिस प्रणाली
2. थ्राटिल प्रणाली

हिट एण्ड मिस प्रणाली

इस प्रणाली का उपयोग मन्द गति से चलने वाले एक सिलिन्डर इन्जनों मे होता हैं। यह बहुत ही कम काम में लाया जाता हैं।

इस प्रणाली में विस्फोट का परिमाण तो समान रहता हैं परन्तु प्रति इकाई समय में विस्फोट की संख्या बदलती रहती हैं।

हिट एवं मिस से तात्पर्य हैं विस्फोट होना और न होना। इससे यह पता चलता हैं कि यह प्रणाली गति को नियंत्रित करने हेतु शून्य विस्फोट की स्थिति को उतपन्न करती हैं। शून्य विस्फोट से तात्पर्य हैं कि शक्ति स्ट्रोक में शक्ति का उत्पन्न न होना।

यदि एक मशीन पूर्ण शक्ति पर कार्य कर रही है और अचानक भार हटा लिया जाता हैं तो इन्जिन की गति तुरन्त बहुत बढने की कोशिश करेगी इस समय गवर्नर रेंचक वाल्व को खोल देगा, और यह तब तक खुला रहेगा जब तक गति सामान्य नहीं हो जाती। शक्ति उत्पन्न न होने के कारण गति सामान्य होने लगती हैं। अतः इस प्रकार विस्फोटो की बारम्बारता नियंत्रित करने से, विभिन्न भारों पर गति को सामान्य रखा जा सकता हैं। अतः इस प्रणाली में विस्फोटो की संख्या बदलती रहती हैं, पर किसी भी गति एवं भार पर सिलिन्डर के भीतर प्रत्येक विस्फोट के लिए आने वाले ईंधन की मात्रा समान बनी रहती हैं।

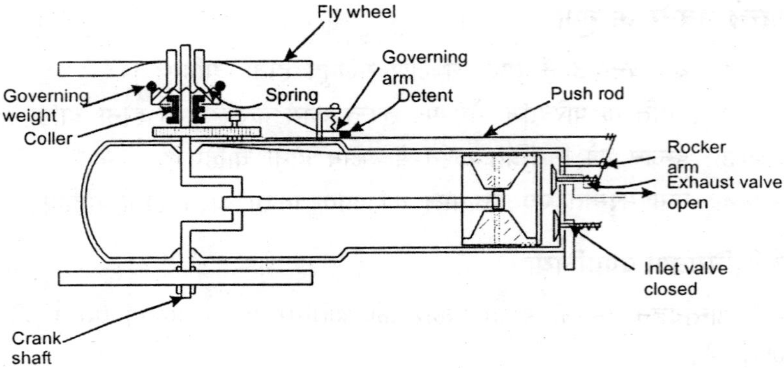

Hit & Miss Governer

हिट एण्ड प्रणाली अधिनियंत्रण यंत्र की बनावट एवं कार्य

इस यंत्र मे निम्नलिखित पुर्जे होते हैं

1. भार
2. फिसलने वाला कालर
3. डिटेन्ट आर्म
4. खांचा

भार या वेट क्रैन्क शाफट पर लगे होते है, जो कि आपस में स्प्रिग से जुड़े रहते हैं। जब इन्जन चलता हैं तो विकेन्द्रीय बल के कारण ये स्प्रिग तनाव के विरूद्ध एक दूसरे से दूर होते जाते हैं, एवं जालीदार स्लाइडिंग कालर भी इनके साथ ऊपर सरकता जाता हैं। इस कालर के खांचे में डिजेन्ट आर्म का एक किनारा फंस जाता है, जिसके कारण दूसरा किनारा भी खिंचने लगता हैं। अतः दूसरे किनारे से सम्बन्धित पुश राड, रॉकर आर्म को संचालित कर रेंचक या एग्जास्ट वाल्व खोल देती हैं। अतः आगे के साइकिलों मे नया चार्ज सिलिन्डर के भीतर शक्ति नहीं उत्पन्न कर पाता। अतः इन्जन की गति कम होने लगती हैं तथा भारों की गति भी कम होने लगती हैं गति कम होने पर, विकेन्द्रयी बल भी कम हो जाता है और यह भार या वेट एक दूसरे के निकट आ जाते हैं और कालर को सरकाकर नीचे ले आते हैं। इस स्थिति में डिजेन्ट आर्म खांचे से बाहर निकल आता हैं एवं रेचक वाल्व बन्द हो जाता है। अब विस्फोट पुनः प्रारम्भ हो जाते हैं। इस प्रकार गति पर नियंत्रण प्राप्त

हो जाता हैं और वह एक समान बनी रहती हैं। इसके निम्नलिखित लाभ और हानियाँ हैं।

लाभ

1. इसकी बनावट साधारण होती हैं।

हानियाँ

1. यह केवल एक सिलिन्डर वाले इन्जन में प्रयोग किया जा सकता हैं।
2. इसका फ्लाई वील बहुत भारी होता हैं।
3. विस्फोटो को रोके जाने पर इन्जन ठंडा हो सकता हैं।
4. इसमें ईंधन की खपत अधिक होती हैं।

थ्राटिल प्रणाली

इस प्रणाली में प्रत्येक चार स्ट्रोकों में एक बार शक्ति स्ट्रोक नियमित रूप से होता हैं। यह विस्फोटो को रोकने की अपेक्षा, चूषण स्ट्रोक मे जाने वाले मिश्रण की मात्रा को नियोजित करता हैं।

थ्राटिल, अर्न्तग्रहण नलिका मे स्थित एक बटरलाई वाल्व हैं, जो सिलिन्डर के भीतर जाने वाले मिश्रण की मात्रा को नियन्त्रित करता हैं। इस प्रणाली में गवर्नर या अधिनियंत्रण थ्राटिल (Throttle) को नियन्त्रित करता हैं जिससे विभिन्न भारों पर इन्जन की गति एक समान बनी रहती हैं।

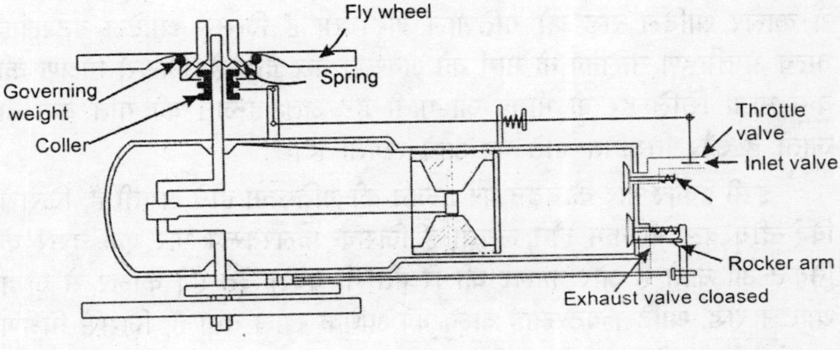

Throttle Governer

यदि अधिक भार के कारण इन्जन की गति कम हो जाती हैं, तब गवर्नर बटरलाई वाल्व को पूरा खोल देता हैं जिससे अधिक मिश्रण भीतर जाकर अधिक शक्ति उत्पन्न करें जिससे भार अधिक होने पर भी पूर्व गति को बनाए रखा जा सकें। इसी प्रकार से भार हटने की स्थिति में गति बढने लगती हैं। तब गवर्नर बटरलाई वाल्व को लगभग बन्द की स्थिति में कर देता हैं जिससे सिलिन्डर मे न्यूनतम मिश्रण प्रवेश करता हैं, और न्यूनतम शक्ति उत्पन्न होती हैं, जिससे गति कम होकर नियमित हो जाती हैं। यह सबसे प्रभावी विधि हैं और विश्व में इसका उपयोग, मोटर साइकिल, स्कूटर, ट्रक, टैक्टरो और स्थिर इन्जनों मे किया जाता हैं।

थ्राटिल प्रणालियां अधिनियंत्रण यंत्र की बनावट

जैसे पूर्व में बताया जा चुका हैं कि इस प्रणाली में भार के साथ ईंधन या मिश्रण की मात्रा बदलती जाती हैं, अर्थात् कम भार पर ईंधन की मात्रा कम और अधिक भार पर ईंधन की मात्रा अधिक होती जाती हैं।

इस यंत्र में निम्नलिखित पुर्जे होते हैं।

1. भार
2. स्लाइडिंग कालर
3. थ्राटिल से जुड़ी हुई राड़
4. थ्राटिल बटरलाई वाल्व

जैसे ही इन्जन की गति बढ़ती हैं वैसे ही विकेन्द्रीय बल के कारण भार एक दूसरे से दूर हटते जाते है और कालर को अपने स्थान से सरका देते हैं। ये कालर थ्राटिल राड़ को गतिशील कर देता हैं जिससे थ्राटिल बटरलाई वाल्व अर्न्तग्रहण नलिका के मार्ग को अवरूद्ध कर देता है, जिससे मिश्रण की कम मात्रा सिलिन्डर के भीतर जा पाती हैं? अतः इन्जन की गति कम हो जाती हैं और नियमित गति पर आने लगती हैं।

इसी प्रकार भार के बढ़ने पर इन्जन की गति कम होने लगती हैं, जिससे विकेन्द्रीय बल भी कम होने लगता हैं जिसके फलस्वरूप भार एक दूसरे के निकट आ जाते हैं और कालर की स्थिति भी बदल देते हैं। कालर से जुड़ा थ्राटिल राड, थ्राटिल बटरलाई वाल्व को अधिक खोल देता हैं, जिससे मिश्रण या .ईंधन की भीतर जाने वाली मात्रा बढ़ जाती हैं। अतः इन्जन की गति बढ़कर नियमित होने लगती हैं। इसके निम्नलिखित लाभ एवं हानियाँ हैं।

लाभ

1. यह अनेकों सिलिन्डर वाले इन्जनों हेतु उपयुक्त हैं।
2. इस प्रणाली में ईंधन की बचत होती है।
3. यह बिना किसी अवरोध के सफलता पूर्वक कार्य करता हैं।

हानियाँ

1. यह बनावट में थोड़ा जटिल होता हैं।

समस्यायें

1. अन्तर्दहन इन्जन मे अधिनियंत्रक का क्या महत्त्व हैं? किसी एक प्रकार के अधिनियंत्रक का वर्णन कीजिए।
2. डीजल इन्जन मे अधिनियंत्रक का वर्णन कीजिए।
3. थ्राटिल अधिनियंत्रक प्रणाली का सचित्र, विस्तार पूर्वक वर्णन कीजिए।
4. हिट एण्ड मिस प्रणाली एवं थ्राटिल प्रणाली में क्या मूलभूत अन्तर हैं?

10

डीजल इन्जिन
(Diesel Engine)

डीजल इन्जिन का नाम इसके अविष्कारक रूडाल्फ डीजल के नाम पर पड़ा हैं। इसे इन्जिन में संपीडन ऊष्मा का प्रयोग दहन क्रिया के लिए किया जाता हैं। चूषण स्ट्रोक के दौरान केवल हवा अन्दर ली जाती हैं और सिलिन्डर के भीतर एक बड़े संपीडन अनुपात (16:1) से दबाई जाती हैं। संपीडन स्ट्रोक के अन्तिम क्षणों मे डीजल तेल की फुहार छोड़ी जाती हैं जिसके फलस्वरूप दहन कक्ष में विस्फोट हो जाता हैं। संपीड़ित वायु का दबाव 30–35 किलो/सेमी.^{2} होता हैं एवं तापक्रम 425°–550° सेल्सियस होता हैं जो ड़ीजल तेल में आग लगाने हेतु सक्षम होता हैं।

कार्य करने का सिद्धान्त

1. चूषण स्ट्रोक के दौरान केवल हवा ही सिलिन्डर के भीतर ली जाती हैं, तथा संपीड़न स्ट्रोक के अन्तिम क्षणों में डीज़ल ईंधन की बहुत ही महीन फुहार सिलिन्डर में प्रवाहित कर दी जाती हैं।
2. इसके ज्वलन मे किसी ज्वलन तंत्र का उपयोग नहीं किया जाता। इसमें ज्वलन अधिकतम संपीड़न के कारण होता हैं। यह सिद्धान्त दो स्ट्रोक एवं चार स्ट्रोक दोनो प्रकार के इन्जनों में प्रभावी हैं।

दो स्ट्रोक साइकिल डीजल इन्जिन (Two Stroke Cycle Diesel Engine)

डीजल इन्जिन में दो स्ट्रोक साइकिल इन्जिन अधिक सफलता के साथ काम करता हैं। इसके कारण निम्नलिखित हैं :–

1. जली हुई गैसों को बाहर निकालने हेतु ली गई हवा का उपयोग किया जा सकता हैं।
2. क्रैन्क केस दबाव के बावजूद घौकनी या ब्लोअर का उपयोग किया जा सकता हैं।
3. इन्जेकशन द्वारा ईंधन को ठीक प्रकार से नियंत्रित किया जा सकता हैं।
4. हवा और ईंधन के इन्डक्शन से स्नेहन पर कोई विपरीत प्रभाव नहीं पड़ता।

चार स्ट्रोक साइकिल डीज़ल इन्जिन (Four Stroke Cycle Diesel Engine)

इसमें चारों क्रियाएं पेट्रोल इन्जिन की तरह ही होती हैं, अन्तर केवल इतना है कि चूषण स्ट्रोक में केवल हवा ही अन्दर ली जाती हैं तथा द्रव ईंधन तेल की महीन फुआर संपीड़न स्ट्रोक के अन्तिम क्षणों मे प्रवाहित की जाती हैं।

ईंधन का इन्जेंक्शन

ईंधन का इन्जेंक्शन या तेल की फुहार दहन कक्ष मे छोड़ना सबसे मुख्य घटना हैं। यदि विभिन्न सिलिन्ड़रोंके दहन कक्ष में ठीक समय पर तेल न पहुँचे तो दहन क्रिया भली भाँति सम्पन्न न होगी, इस तेल अथवा ईंधन को अत्याधिक दबाव पर भेजा जाता है। अतः इस क्रिया को करने हेतु निम्न बिन्दु ध्यान में रखने चाहिए।

1. डीज़ल तेल को बहुत महीन कणों मे तोड़कर फुहार के रूप में इन्जेक्ट करना होता हैं, जिससे पूरा तेल भली भांति जलकर ऊर्जा उत्पन्न कर सके।
2. प्रत्येक सिलिन्डर में डीजल ईंधन सही समय पर इन्जेक्ट किया जाए।
3. तेल प्रत्येक सिलिन्ड़र में इन्जिन के भार व गति के अनुसार उचित मात्रा में भेजा जाए।
4. डीज़ल तेल की महीन फुहार बनाने वाला यंत्र अर्थात् यूल इन्जेक्शन पम्प की सेटिंग बहुत परिशुद्ध होनी चाहिए, जिससे यह तेल का

एटोमाइजेशन या फुहारीकरण परिशुद्धता से कर सकें और इसे बार बार सर्विसिंग हेतु न भेजना पड़े।

डीज़ल तेल के इन्जेक्शन हेतु मुख्य रूप से दो विधियां काम में लाई जाती हैं।

1. वायु द्वारा इन्जेक्शन (Air Injection)
2. वायुहीन अथवा ठोस इन्जेक्शन (Solid Injection)

1. वायु द्वारा इन्जेक्शन

इस विधि मे दबाई हुई हवा का बल ईंधन को सिलिन्ड़र में इन्जेक्ट करने हेतु प्रयोग होता हैं। ईंधन को टंकी से इन्जेक्टर मे भेजने हेतु 35 किलों प्रति वर्ग सेमी. दबाव रखा जाता है, जबकि एक दूसरे ट्यूब के द्वारा 65 किलो प्रति वर्ग सेमी. दबाव पर हवा प्रवाहित की जाती हैं, जिसके लिए एक कम्प्रेसर का उपयोग होता हैं, जो कि ईंधन को दबाव के साथ इनलेट वाल्व के खुलने पर संपीड़न स्ट्रोक के अन्तिम क्षणों में भेजता हैं। ईंधन के इन्जेक्शन का कार्य इन्जेक्टर के द्वारा किया जाता हैं। इन्जेक्टर के मुख्य भाग निम्नलिखित होते हैं।

(क) इन्जेक्टर प्लग – यह सिलिन्डर हेड मे फिट किया जाता हैं।

(ख) स्प्रिग चालित वाल्व – यह छिद्र अथवा ओरीफाइस को ढ़के रहता हैं।

(ग) यांत्रिक उपकरण – यह वाल्व को नियंत्रित करता हैं।

यद्यपि यह बहुत ही बड़ा उपकरण होता हैं जो ट्रेक्टरों और ट्रकों पर नहीं लगाया जा सकता, पर यह फुहारीकरण एवं मिश्रण बनाने का कार्य बहुत दक्षता के साथ करता हैं।

2. वायुहीन अथवा ठोस इन्जेक्शन

यह विधि ट्रकों, ट्रैक्टरों आदि छोटे इन्जनों में प्रयोग की जाती हैं। इसमें एक अत्याधिक दबाव वाला पम्प और एक इन्जेक्शन नाजिल होता हैं। इस विधि मे पहले ईंधन मुख्य तेल की टंकी से एक ट्रान्सफर पम्प के द्वारा सहायक कक्ष मे भेजा जाती हैं। वहाँ से ईंधन उचित मात्रा में इन्जेक्टरको भेजा जाता हैं।

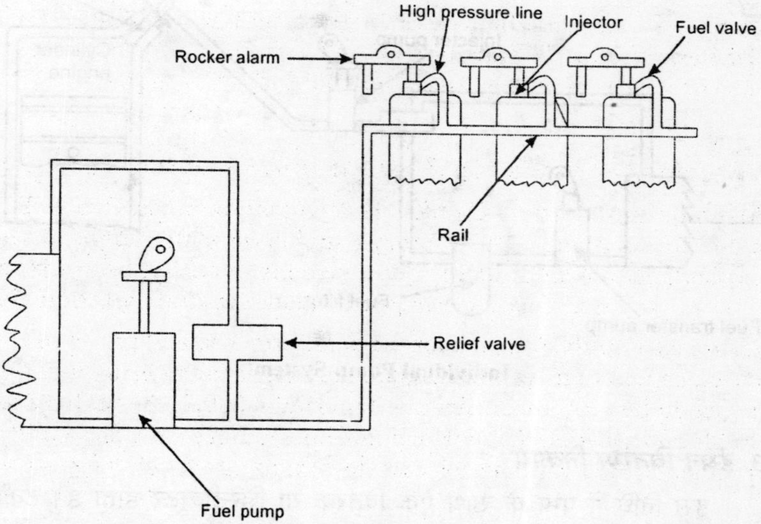

Common Rail System

ईंधन इन्जेक्शन की तीन विधियां हैं।

1. कामन रेल निकाय (Common Rail System)
2. एकाकी पम्प निकाय (Individual Pump System)
3. ईंधन वितरण निकाय (Distributory System)

1. कामन रेल निकाय

टंकी से ईंधन का चूषण होता हैं, और पम्प के द्वारा दहन कक्ष में भेजा जाता हैं। पम्प अत्याधिक दबाव के साथ ईंधन को कामन रेल मे भेजता हैं, वहां से ईंधन प्रत्येक इन्जेक्टर मे भेजा जाता हैं।

2. एकाकी पम्प निकाय

इस विधि मे सभी सिलिन्डरों हेतु केवल एक पम्प नहीं होता, पर प्रत्येक सिलिन्डर हेतु एक अलग पम्प होता हैं। टंकी से ईंधन इन पम्पों में आता हैं जहाँ से अलग अलग नलिकाओं द्वारा यह प्रत्येक दहन कक्ष मे पहुँचता हैं।

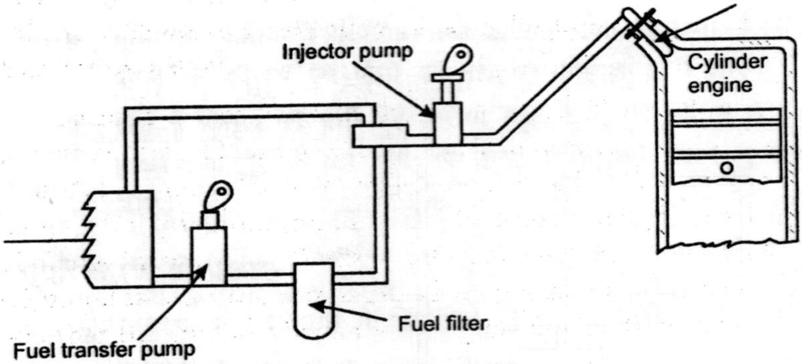

Individual Pump System

3. ईंधन वितरण निकाय

इस विधि में पम्प के साथ एक वितरक या डिस्ट्रीब्यूटर होता हैं। टंकी से ईंधन पम्प मे आता हैं, जहां से ईंधन डिस्ट्रीब्यूटर को पहुँचाया जाता है। डिस्ट्रीब्यूटर ईंधन को अलग अलग नलिकाओं द्वारा प्रत्येक दहन कक्ष में पहुॅचता हैं।

दहन कक्ष

विभिन्न दहन कक्षों में डीज़ल तेल इन्जेक्शन हेतु प्रयुक्त उपकरणों के आधार पर उनका वर्गीकरण किया गया हैं, जो निम्नलिखित हैं।

1. डाएरेक्ट इन्जेक्शन कक्ष
2. पूर्व दहन कक्ष
3. एयर सैल कक्ष

1. डाएरेक्ट इन्जेक्शन कक्ष

इस विधि में ईंधन सीधे ही संपीड़ित वायु में इन्जेक्ट किया जाता हैं। ईंधन की थोड़ी सी मात्रा गर्म वायु के सम्पर्क मे आकर जल जाती हैं। सम्पूर्ण ईंधन का दहन बहुत धीमी गति से होता हैं, जिसके फलस्वरूप तेज गति वाले इन्जनों की क्षमता घट जाती हैं और धीमी गति वाले इन्जनों की क्षमता बढ़ जाती हैं। इस विधि वाले इन्जिन सरलता से चालू हो जाते हैं।

2. पूर्व दहन कक्ष

सिलिन्डर के ऊपर या बगल में गोलाकार कक्ष पाया जाता हैं। ईंधन को इन्जेक्ट करते समय इस कक्ष की हवा में पिस्टन की गति द्वारा उथल–पुथल उत्पन्न कर दी जाती हैं, जिसकें फलस्वरूप ईंधन तेज़ी से जल जाता हैं। दहन क्रिया के उपरान्त इस कक्ष में दबाव बहुत अधिक बढ़ जाता हैं, जिससे बिना जला ईंधन बहुत तेज़ी से मुख्य दहन कक्ष में प्रवेश कर जाता हैं, जहाँ ताज़ी हवा के सम्पर्क मे आकर ज्वलन क्रिया चलती रहती हैं।

पूर्वदहन कक्ष वाले इन्जनों को चालू करने मे कठिनाई आती हैं, क्योंकि कक्ष का तापक्रम इसकी ठंडी दीवारों के कारण तुलनात्मक रूप से थोड़ा कम रहता हैं।

3. एयर सैल कक्ष

इस तरह के कक्ष के साथ सिलिन्डर हेड, पिस्टर हेड या नाज़िल के सामने की दीवार में एक गोलाकार खोखला स्थान पाया जाता हैं।

डायरेक्ट इन्जेक्शन, की भांति ईंधन मुख्य दहन कक्ष में इन्जेक्ट कर दिया जाता हैं और वहीं दहन क्रिया सम्पन्न होती हैं, जब पिस्टन नीचे की ओर आता हैं तब एयर सैंल महीन फुहार के रूप में वायु को ईंधन में प्रवाहित करता हैं, जिसके फलस्वरूप ऊपर की ओर स्थित ईंधन तेज़ी से जलने लगता हैं जो कि अब तक भली भॉति हवा के सम्पर्क में नहीं था। इस तरह के इन्जिन जल्दी ही चालू हो जाते हैं और सुचारू रूप से कार्य करते हैं।

डीजल इन्जिन में ईंधन आपूर्ति के मुख्य भाग
(Main Components of Fuel Supply in Diesel Engine)

1. ईंधन पम्प (Fuel Pump)

यह एक Single action plunger type pump हैं तथा इंजन के कैमशाफट पर लगे कैम द्वारा चलाया जाता हैं। यह पम्प टंकी से ईंधन को खींचता है और ईंधन को फिल्टर से होकर फ्यूल इन्जेक्शन पम्प की फ्यूल गैलरी में भेजता है।

2. फ्यूल इन्जेक्शन पम्प (Fuel Injection Pump)

यह एक high pressure pump हैं जिसका उपयोग डीज़ल इन्जिन मे होता हैं। यह ईंधन पाइप में अत्याधिक दबाव को उत्पन्न करता हैं, जिसके

द्वारा डीज़ल तेल को सिलिन्डर मे इन्जेक्ट किया जाता हैं। यह 120 से 300 किलो प्रति वर्गसेमी. तक दबाव उत्पन्न करता हैं। इसके मुख्य भाग निम्नलिखित हैं :–

1) पम्प हाउसिंग
2) पम्प एलीमेन्ट
3) कन्ट्रोल रैंक
4) डिलीवरी वाल्व

1. पम्प हाउसिंग

इसमें दो बियरिंग की सहायता से कैम शाफट ठहरा रहता हैं यह ढलवा लोहे का बना होता हैं।

2. पम्प एलीमेन्ट

यह फ्यूल इन्जेक्शन पम्प का बहुत महत्वपूर्ण भाग हैं। इसमें एक प्लन्जर और एक बैरल पाया जाता हैं। प्लन्जर, बैरल के अन्दर चलता हैं और ईंधन के बहाव में अत्याधिक दबाव उत्पन्न करता हैं।

3. कन्ट्रोल रैंक

यह भाग अधिनियंत्रक से सम्बन्धित रहता हैं जो ईंधन की मात्रा को नियंत्रित करता हैं।

4. डिलीवरी वाल्व

यह एक प्रकार का वाल्व हैं जों high pressure पाइप में ईंधन को वापस नहीं जाने देता।

फयूल इन्जेक्शन पम्प की कैम शाफट सीधे ही इन्जिन टाइमिंग के द्वारा चलाई जाती हैं इसकी गति इंजन की आधी होती हैं। इसकी गियर टाइमिंग इस प्रकार होती हैं कि कम्प्रेशन स्ट्रोक के दौरान एक पहले से निर्धारित बिन्दु पर ईंधन का इन्जेक्शन हो सके। फ्यूल इन्जेक्शन पम्प और एटोमाइजरों के बीच प्रत्येक प्लन्जर के लिये एक डिलीवरी वाल्व होता है। ये एटोमाइजर पर ड्रिबलिंग को रोकता हैं।

ऑटोमाईजर या इंजेक्टर

यह वह उपकरण हैं जो डीजल ईंधन को बूंदों में तोड़कर, फुहार एवं कोहरे मे परिवर्तित करके दहन कक्ष मे भेजता हैं। यह इन्जेक्शन (Injection)

प्रक्रिया ठीक उस समय की जाती हैं जब सिलिन्डर में हवा पूर्ण रूप से दबा दी जाती हैं जिससे भीतर इतना तापक्रम बढ़ जाए कि ईंधन में स्वतः ही आग लग जाए। इंजेक्टर के दो भाग होते हैं।

(क) वाल्व के साथ नाजिल (Nozzle)

(ख) एटोमाइजर बॉडी (Atomizer body)

एंटोमाइजर बॉडी से ईंधन नाजिल की ऊपरी नाली में आता हैं और निचले सिरे तक पहँच जाता हैं। नाजिल holder cup, nut के द्वारा अपनी जगह फिट रहता हैं। एंटोमाइजर बॉडी के केन्द्र में Spindle, Valve Spring and washer के साथ लगा होता हैं। इसके ऊपर Compression screw पाया जाता हैं।

इंजेक्शन के प्रारम्भ में एफ.आई. पम्प अत्यधिक दबाव पर ईंधन को नॉजिल के निचले सिरे पर भेजता हैं। ईंधन का दबाव नीड़िल वाल्व को स्प्रिग के दबाव के विरूद्ध ऊपर उठा देता हैं, जिससे ईंधन एटोमाईजर के छिद्र से महीन फुहार के रूप में दहन कक्ष में इंजेक्ट हो जाता हैं।

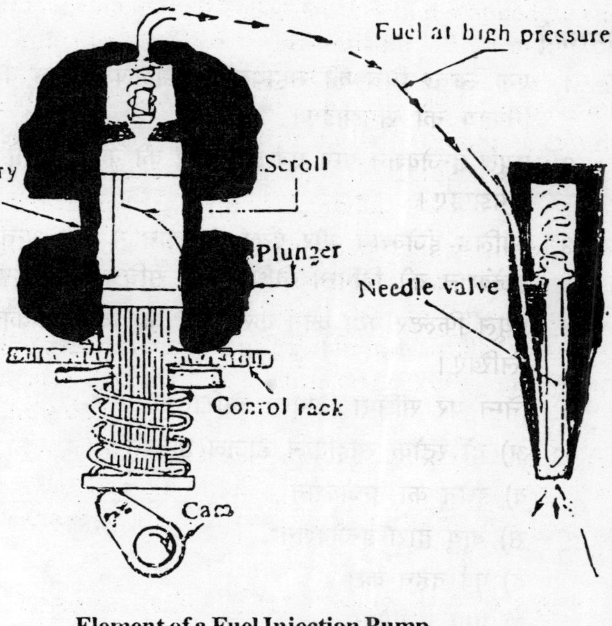

Element of a Fuel Injection Pump

ईंधना छनना (Fuel Filter)

डीजल में अत्यधिक उपस्थित ठोस कण एवं धूल, ईंधन के इन्जेक्शन मे बहुत बड़ी रूकावट ड़ालते हैं। इनको दूर करने हेतु छनने का उपयोग होता हैं जिससे ईंधन की आपूर्ति निर्बाध रूप से होती रहें। इसमें शैल के भीतर खोखला बेलनाकार छनना या एलीमेन्ट पाया जाता हैं। इस एलीमेन्ट में धातु की जाली के साथ, बुने कपड़े, लुगदी, कागज एवं दबे हुये रेशे भरे रहते हैं। निर्माता द्वारा निर्देशित समय पर इनको बदल दिया जाता हैं।

यह दो प्रकार के होते हैं।

1. प्राथमिक छनना (Primary Filter)
2. द्वितीयक छनना (Secondary Filter)

प्राथमिक छनना ईंधन से पानी और मोटे कणों (Coarse particles) को दूर कर देता हैं। द्वितीयक छनना ईंधन से महीन कणों (Fine sediments) को दूर कर देता हैं। साधारणतयः प्राथमिक छनना को टंकी और ट्रांसफर पम्प के बीच लगाया जाता हैं।

समस्याऐं

1. एक स्वच्छ चित्र की सहायता से डीज़ल इन्जिन के ईंधन आपूर्ति निकाय को समझाइए।
2. फ्यूल इन्जेक्शन पम्प एवं इन्जेक्टर की कार्यप्रणाली को संक्षिप्त में समझाइए।
3. सॉलिड इंजेक्शन और ऐयर इंजेक्शन में क्या अन्तर है? सॉलिड इंजेक्शन की विभिन्न विधियों को सचित्र समझाइए।
4. फ्यूल फिल्टर क्या काम करता हैं? यह कितने प्रकार का होता हैं, लिखिए।
5. निम्न पर संक्षिप्त टिप्पणी लिखिए।

   अ) दो स्ट्रोक साइकिल डीजल इन्जिन

   ब) ईंधन का इन्जेक्शन

   स) वायु द्वारा इन्जेक्शन

   द) पूर्व दहन कक्ष

   इ) पम्प एलीमेन्ट

   य) एटोमाइज़र (Atomizer)

11

ट्रैक्टर (Tractor)

ट्रैक्टरों का उपयोग कृषि कार्य एवं कारखानों में वृहत रूप से होता हैं। कृषि में इनका उपयोग जुताई, बुवाई, कटाई, दुलाई, पम्प चलाने आदि में होता हैं। कारखानों में इनका उपयोंग, दुलाई, खुदाई, नींव भराई, बालू लदाई, पत्थर तोड़ाई एवं भार खिंचाई आदि में होता हैं। इन कार्यो को अधिकतम क्षमता के साथ करने हेतु विभिन्न प्रकार के ट्रैक्टर विशेष कार्य करने हेतु उपलब्ध हैं।

कार्य के अनुसार आधुनिक ट्रैक्टर निम्न श्रेणियों में बांटे गए हैं।

1. सामान्य कार्य ट्रैक्टर
2. समस्त फार्मट्रैक्टर अथवा पक्तिबद्ध फसल ट्रैक्टर
3. उद्यान कार्य ट्रैक्टर
4. बागान कार्य ट्रैक्टर
5. पावर टिलर

ट्रैक्शन के आधार पर इनका वर्गीकरण निम्नलिखित हैं :–

1. व्हील ट्रैक्टर
2. तीन पहिया ट्रैक्टर
3. चार पहिया ट्रैक्टर
4. ट्रैंक टाइप ट्रैक्टर

सामान्य कार्य ट्रैक्टर

ये खेतो और सड़कों पर बराबर क्षमता के साथ कार्य करते हैं। खेतो पर इनका उपयोग जुताई, बुवाई, निकाई, गुड़ाई, कटाई आदि कार्यों में

किया जाता हैं। सड़कों पर इनका उपयोग अच्छी गति से भारी बोझों को उठाने में किया जाता हैं। यहाॅ चालक की सुविधा सबसे विशिष्ट बिन्दु हैं, जिसे ध्यान में रखा जाता हैं। इसके अतिरिक्त ट्रैंक्टर के सभी कन्ट्रोल ऐसी स्थिति में होने चाहिए कि चालक को कमसे कम थकान का अनुभव हों। यह साधारणतयः चार पहियों वाला होता हैं। इनका आकार 35 से 50 अश्वशक्ति के बीच होता हैं। यह स्थिर कार्यो के लिए भी अनुकूल ट्रैक्टर हैं जैसे गहाई, गन्ने की पिराई आदि। यह निराई, गुड़ाई के लिए उपयुक्त नहीं हैं। इसके द्वारा लगभग सभी साधारण कार्य किए जा सकते हैं।

समस्त कार्य ट्रैक्टर अथवा पंक्तिबद्ध फसल ट्रैक्टर

इस ट्रैक्टर को रो क्राप ट्रैक्टर भी कहते हैं। इनको मुख्यतः फसलों की कतारों में कार्य करने हेतु डिज़ाइन किया गया हैं, जैसे बुवाई, निराई–गुड़ाई इत्यादि। इनका आकार मुख्यतः 25 से 35 अश्वशक्ति के बीच होता हैं। इन ट्रैक्टरों को निम्नलिखित विशेषताओं के कारण उपयोग किया जाता हैं।

1. इसमें पंक्ति से पंक्ति के बीच की दूरी नियंत्रित की जा सकती हैं।
2. इसकी ऊँचाई खड़ी फसलों में कार्य करने हेतु उपयुक्त होती हैं।
3. ये आसानी से मुड़ जाते हैं।
4. खेत की जुताई हेतु इनकी अश्वशक्ति समुचित होती हैं।
5. उन्नत कृषि यंत्रों को ट्रैंक्टर के पीछे जोड़ने हेतु प्रावधान होता हैं।
6. इनमें स्थिर कार्यो हेतु पी.टी.ओं. एवं धिरनी का प्रावधान होता हैं
7. चालक की बैठने की सीट इस प्रकार लगी होती हैं जिससे चलने वाले कृषि यंत्र भी दिखते रहे एवं ट्रैक्टर के सभी कन्ट्रोल भी चालक की पहुँच मे हों।
8. इन ट्रैक्टरों में पीछे बड़ी बड़ी बत्तियाँ लगी होती हैं जिससे रात्रि में कार्य करने हेतु समुचित प्रकाश मिलता रहे।

ये ट्रैक्टर विभिन्न आकारों में उपलब्ध हैं। खेत के आकार एवं दशा के आधार पर इनका चयन किया जा सकता हैं। सबसे छोटे ट्रैक्टर में एक कतार हेतु कृषि यंत्र लगाया जाता हैं। इससे बड़े ट्रैक्टर में दो कतारों हेतु यंत्र लगाए जाते है जैसे प्लान्टर, कल्टीवेटर आदि।

उद्यान कार्य ट्रैक्टर

ये ट्रैक्टर उद्यानों एवं बारियों में पेडों के नीचे, कार्य करने हेतु बनाए गए हैं। उद्यानों और बारियों की विभिन्न दशाओं के अनुकूल होने के लिए इनमें निम्नलिखित विशेषताएं होनी चाहिए।

1. इनकी ऊँचाई कम होनी चाहिए।
2. इनकी चौड़ाई भी कम होनी चाहिए।
3. इनके पहिए ढकें होने चाहिए।
4. इनके कोई भी भाग बाहर को निकले हुए नहीं होने चाहिए।
5. इनको मुड़ने में कम स्थान लेना चाहिए।

ये मध्यम आकार के ट्रैक्टर होते हैं जिनका आकार 20 से 30 अश्व शक्ति के बीच होता हैं ये पेड़ों के निकट एवं चारों ओर सरलता से कार्य कर सकते हैं

उद्योग कार्य ट्रैक्टर

ये किसी भी आकार का हो सकता हैं। यह विशेष रूप से औधोगिक आवश्यकताओं को ध्यान में रखकर बनाया गया हैं एवं इसकी गति भी अच्छी होती हैं। इसको भार उठाने, खोदने, दुलाई करने आदि कार्यो में उपयोग किया जाता है। इन कार्यो हेतु विभिन्न सहयोगी उपकरण लगे होते हैं।

बागान कार्य ट्रैक्टर

यह सबसे छोटा ट्रैक्टर हैं। इसकों बागीचों एवं छोटे फार्मो पर उपयोग किया जाता हैं।

यह तीन प्रकार के होते हैं।

1. छोटे आकार वाले ट्रैक्टर
2. औसत आकार वाले ट्रैक्टर
3. बड़े आकार वाले ट्रैक्टर

पावर टिलर

ये दो पहिए वाले छोटे ट्रैक्टर हैं जिनकी अश्वशक्ति 5 से 12 के बीच होती हैं। इनका उपयोग उन कृषकों हेतु अनुमोदित किया जाता हैं जिनके खेत का आकार 2 से 10 हैक्टर के बीच होता हैं। इन ट्रैंक्टरों का प्रचलन छोटे

आकार के खेतो वाले देशों जैसे जापान, ताइवान आदि में बहुत बढ़ गया हैं। गीली भूमि की खेती हेतु केवल पावर हिलर ही उपयुक्त यांत्रिक इकाई हैं। धान के खेतो को मचाने हेतु ये बहुत ही उपयुक्त हैं। बहुत ढीली भूमियों मे जहाँ चार पहिए वाले ट्रैंक्टर फिसलते हैं वहाँ इनका उपयोग सफलता पूर्वक किया जा सकता हैं।

भूपरिष्करण क्रियाओं हेतु इनमें रोटरी टिलर अवश्य ही लगे होने चाहिए। रोटरी टिलर को चलाने हेतु पावर टिलर अच्छी चक्रीय शक्ति भी प्रदान करते हैं। इसके अतिरिक्त पम्प, थ्रेशर आदि स्थिर मशीनों को चलाने में भी यह सक्षम हैं। इनकी क्षेत्र क्षमता बहुत अधिक हैं एवं इनका प्राथमिक मूल्य काफी कम हैं, इस कारण अधिकांश भारतीय कृषक इसे खरीद सकते हैं।

पावर टिलर को दो बड़े हत्थे चलाते हैं, इन हत्थों या हैन्ड़िलो में सभी पावर टिलर के कन्ट्रोल लगे रहते हैं। खेतों में कृषि कार्य करते समय चालक पावर टिलर के पीछे चलता हैं ढुलाई करते समय इसमें एक ट्राली लगाते हैं, जिसमें आगे की और चालक के बैठने हेतु सीट भी लगी होती हैं। इसी सीट पर बैठकर चालक इस पावर टिलर को नियंत्रित करता हैं। पावर टिलर के निम्नलिखित लाभ होते हैं।

अ) कम प्राथमिक मूल्य

ब) सरल चालन क्रिया

स) कम मुड़ने के स्थान की आवश्यकता

द) कम देखभाल की आवश्यकता

इ) गीली भूमि खेती हेतु उपयुक्त

य) लघु फार्मों पर अधिक क्षेत्र क्षमता।

र) कम ईंधन की खपत

ल) अनेकों छोटे–छोटे कृषि कार्यो को सम्पन्न करने के अनुकूल।

सुरक्षित ट्रैक्टर चालन हेतु नियम

1. ट्रैक्टर के गतिशील होने पर गियर न बदलें। गियर बदलते समय ट्रैंक्टर पूर्ण रूप से निष्क्रीय होना चाहिए।
2. भार ड़ालने से पहले ट्रैक्टर के इन्जिन का तापक्रम उसके चालन तापक्रम तक पहुँच जाना चाहिए।

3. ट्रैक्टर को पीछे चलाते समय और कृषि यंत्र को ट्रैंक्टर के पीछे 'हिच' करते समय ट्रैंक्टर और यंत्र के बीच किसी को खड़ा नहीं होना चाहिए।
4. कभी भी ट्रैक्टर के ड्रा बार और कृषि यंत्र पर बैठना नहीं चाहिए।
5. सुरक्षा हेतु ट्रैक्टर को धीमी गति से चलाना चाहिए।
6. ट्रैक्टर को तीखा नहीं मोड़ना चाहिए। मुड़ते समय गति कों कम रखना चाहिए।
7. ढाल पर नीचे जाते समय ट्रैंक्टर को गियर में रखना चाहिए, जिससे उस पर पूरा नियंत्रण रखा जा सकें।
8. ट्रैंक्टर के इन्जिन का तापक्रम सामान्य होने पर ही उसमें डीज़ल तेल ड़ालना चाहिऐं।

ट्रैक्टर की शक्ति स्थानान्तरण प्रणाली

पिस्टन के शीर्ष पर सिलिन्डर के भीतर उत्पन्न शक्ति पिस्टन और कनेक्टिंग राड से होते हुए क्रैन्क शाफट को स्थानान्तरित कर दी जाती हैं। क्रैन्क शाफट पर प्लाई वील या गति पालक चक्र लगा होता हैं जो क्लच से होते हुए शक्ति को गियर बाक्स तक पहुँचाता हैं। गियर बाँक्स में विभिन्न गति वाले गियरों का समूह पाया जाता हैं। गियर बाँक्स से शक्ति डिफरेन्शियल को भेजी जाती हैं। जो शक्ति को दो बराबर भागों में बांट देता हैं। यह बंटी हुई शक्ति अन्तोगत्वा दोनो पहियों को प्रेषित कर दी जाती हैं।

कभी कभी यह आवश्यकता होती हैं कि इन्जन तो चलता रहें, पर ट्रैक्टर गतिशीलन न होने पाए। इसके लिए गियर बॉक्स को पावर शाफट से अलग कर दिया जाता हैं। जो पुर्जा गियर बॉक्स को पावर शाफट से जोड़ता अथवा अलग करता हैं उसे क्लंच कहते हैं। इन्जन से पहिए तक के शक्ति गमन मार्ग को 'पावर ट्रेन' कहते हैं। स्थानान्तरण प्रणाली में ऐसे उपकरण भी पाए जाते हैं जो विभिन्न आवश्यकतानुसार ट्रैक्टर को आगे या पीछे चलायमान कर सकते हैं।

स्थानान्तरण प्रणाली के निम्नलिखित कार्य होते हैं :—

1. शक्ति को इन्जिन से प्राप्त करना एवं ट्रैक्टर के पिछलें पहियों तक पहुँचाना।
2. ट्रैक्टर के पिछले पहियों को घटी हुई धीमी गति प्रदान करना।

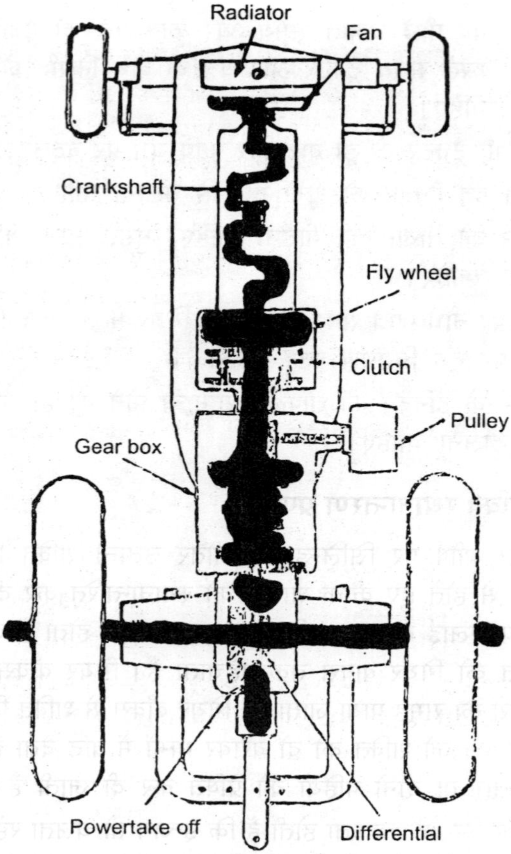

Transmission system

3. खेत की आवश्यकतानुसार इन्जन की गति एवं पहियों की गति के अनुपात को बदल देना।
4. समकोण पर शक्ति को स्थानान्तरित करना क्योंकि क्रैंन्क शाफट और पिछला धुरा एक दूसरे से समकोण पर स्थित होते हैं।

शक्ति स्थानान्तरण प्रणाली में निम्नलिखित भाग पाए जाते हैं।

1. क्लच
2. ट्रान्समिशन
3. डिफरेन्शियल

4. फाइनल ड्राइव
5. पिछला धुरा
6. पिछले पहिए

क्लच

क्लच वह उपकरण हैं जो ट्रैक्टर के इन्जन का सम्बन्ध स्थानान्तरण प्रणाली से जोड़ता हैं, अथवा तोड़ता हैं। चालक एवं चलायमान भागों के बीच घर्षण के कारण क्लच शक्ति को प्रेषित करता हैं।

ट्रैक्टर मे क्लच की आवश्यकता

निम्नलिखित कारणों से क्लच बहुत आवश्यक होता हैं।

1. इन्जनों को चालू करते समय इसको स्थानान्तरण प्रणाली से अलग करने हेतु क्लच आवश्यक होता हैं।
2. इन्जन के चालू होने के बाद उसको स्थानान्तरण प्रणाली से जोड़ने हेतु भी क्लच आवश्यक होता हैं।
3. गियर बदलने हेतु गियर बॉक्स को शक्ति से मुक्त रखा जाता हैं, इसके लिए क्लच की आवश्यकता होती हैं, अन्यथा गियर के दांते टूट सकते हैं, एवं गियरों की मैशिंग परिशद्धता से नहीं हो सकेगी।
4. जब ट्रैक्टर की बैल्ट पुली फार्म पर कार्य करती हैं, तब इसको बिना इन्जन बन्द किए रोकना पड़ता हैं। यह कार्य क्लच ही करता हैं।
5. इन्जन पर भार लादनें से पहले यह इन्जन को समुचित गति पकड़नें तक भार मुक्त रखता हैं।

अच्छे क्लच के आवश्यक गुण

1. इसमें बिना खिंचाव एवं आवाज के भार उठाने की उच्च क्षमता होनी चाहिए।
2. इसमें बिना फिसले अधिकतम भार उठाने की क्षमता होनी चाहिए।
3. इसकी घर्षण सतह बहुत अधिक ऊष्मा अवरोधी होना चाहिए।
4. इसके हस्त चालित अथवा पैर चालित कन्ट्रोल लीवर का चालन सरल होना चाहिए।

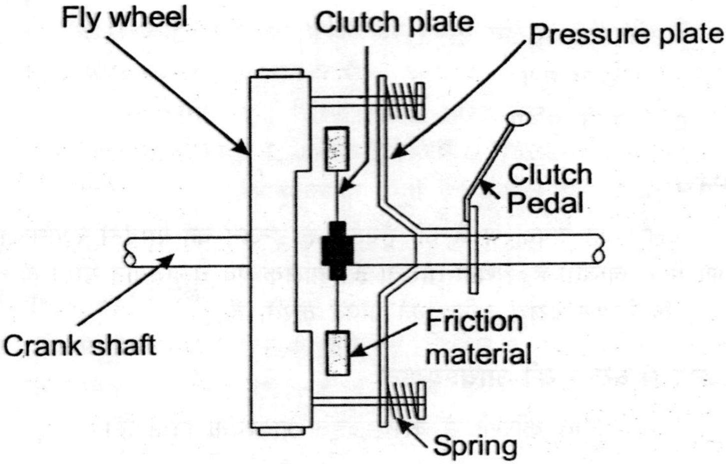

Single Plate Clutch

क्लच के प्रकार

1. घर्षण या फ्रिक्शन क्लच
2. डॉग क्लच
3. द्रव कपलिंग

उपरोक्त में घर्षण क्लच सबसे अधिक प्रचलित हैं। द्रव कपलिंग का उपयोग भी ट्रैक्टर में होता हैं। डॉग क्लच पावर टिलर में प्रयोग किया जाता हैं।

फ्रिक्शन क्लच पुनः वर्गीकृत किया गया हैं।

क) सिंगिल प्लेट क्लच

ख) मल्टिपिल प्लेट क्लच

ग) कोन क्लच

सिगिल प्लेट क्लच

इसमें एक मोटी धातु की प्लेट होती हैं जो चलायमान धुरे पर लगी होती हैं।

इस प्लेट को फ्लाई वील के साथ दबाने हेतु हाउज़िग के साथ स्प्रिग पाए जाते हैं। क्लच प्लेट को इन्जिन के लाई वील के विरूद्ध स्प्रिग वाली

प्रेशर प्लेट की सहायता से दबा दिया जाता हैं, जिसके फलस्वरूप शक्ति का प्रेषण प्रारम्भ हो जाता हैं जब क्लच का पैड़ल दबाया जाता हैं तब हाउजिंग और क्लच प्लेट के बीच का रिक्त स्थान बढ़ जाता हैं तथा क्लच प्लेट लाई वील से अलग हो जाती हैं और फ्लाई वील अकेला घूमता रहता हैं। दोबारा फिर जब क्लच पैंड़ल छोड़ा जाता हैं तब फिर प्रेशर प्लेट स्प्रिग की शक्ति से क्लच प्लेट को फ्लाई वील से मिला देती हैं, जिससे फलाई वील और क्लच प्लेट एक साथ घूमने लगते हैं।

क्लच प्लेट में दो घर्षण सतह होती हैं। एक लाई वील के तथा दूसरी प्रेशर प्लेट के संपर्क में रहती हैं। ये घर्षण सतह इस्पात के गद्देदार स्प्रिगों पर जड़ी रहती हैं। इन स्प्रिगों द्वारा ही इन्जन और गियर बॉक्स के बीच उत्पन्न कम्पन और झटके कम किए जाते हैं। घर्षण सतह एस्बेस्ट्स के धागे की बनी होती हैं जो रिवटों द्वारा क्लच से जोड़ी जाती हैं।

मल्टी प्लेट क्लच

इसमें अनेकों पतली धातु की प्लेटें पाई जाती हैं। प्लेटें दो तरह की होती हैं, चालक एवं चलायमान एवं एक के बाद एक लगी होती हैं।

हाउसिंग के साथ स्प्रिग पाए जाते हैं जो इन प्लेटों को दबाने का कार्य करते हैं। एक समूह फलाई वील के साथ सम्बन्धित रहता हैं। क्लच स्प्रिग की सहायता से सभी दोनों तरफ की प्लेटें एक दूसरे से सट जाती हैं, इस समय क्लच को लगा हुआ मानते हैं एवं इस समय शक्ति का प्रेषण इन्जन से गियर बॉक्स में हो जाता हैं और आगे को गमन करते हुए यह शक्ति पिछले पहियों तक पहुँच जाती हैं। यह दबाव हाउसिंग के मोटे स्प्रिगो द्वारा प्राप्त किया जाता हैं। क्लच पैड़ल दबाने से चालक और चलायमान प्लेटों के बीच की दूरी बढ़ जाती हैं, जिसके फलस्वरूप चालक प्लेटें अलग होकर स्वतंत्र रूप से घूमती रहती हैं और चलायमान प्लेटों तक शक्ति नहीं पहुँचती ।

इस प्रकार के क्लच में क्लच का सम्बन्धीकरण एवं विच्छेदीकरण बहुत सुचारू रूप से बिना किर्स। अवांछित ध्वनि के होता हैं, क्योंकि घर्षण प्लेटों का धरातलीय क्षेत्रफल अधिक होता हैं।

डॉग क्लच

यह एक साधारण क्लच हैं जिसमें वर्गाकार जबड़े या जौज़ पाए जाते हैं जो धुरे को दोनो दिशाओं में घुमा सकते हैं। इनका उपयोग अधिकांशतः पावर टिलर में होता हैं।

द्रव कपलिंग

इसमें एक चालक दल होता हैं, दूसरा चलायमान दल होता हैं। रेडियल वेन इम्पेलर चालक दल का निर्माण करता हैं तथा रेडियल वेन वाला रनर चलायमान दल का निर्माण करता हैं। पूरी इकाई कोसिंग के द्वारा बन्द रहती हैं। इन्जन के क्रैन्क शाफट पर कपलर लगा होता हैं।

जिसमें तीन चौथाई भाग तक उचित तेल भरा रहता हैं। चलायमान धुरे को सीलिंग रिंग द्वारा तेल रोधक बना दिया जाता हैं।

क्रैन्क शाफट के धूमने पर विक्रेन्द्रीय बल के कारण तेल केन्द्र से बाहर की ओर फेंका जाता हैं। जिससे तेल की गति एवं ऊर्जा बढ़ जाती हैं। इम्पेलर द्वारा बाहर की ओर फेका गया तेल रनर वेन के बाहरी भाग में प्रवेश करता हैं और केन्द्र की ओर बहाव ले लेता है, जिससे रनर इकाई घूमने लगती हैं। जब तक इम्पेलर और रनर अलग अलग गति पर घूमते हैं तेल का परिचालन समान रूप से होता रहता हैं, परन्तु जब वे एक ही गति से घूमना प्रारम्भ कर देते हैं, तब तेल का परिचालन बन्द हो जाता हैं। यह कपलिंग टॉक को बढाती नहीं हैं पर समान रूप से उसे प्रेषित करती हैं।

इस कपलिंग के मुख्य लाभ निम्नलिखित हैं :–

1. यह धक्को और कम्पन को अवशाोषित कर लेती हैं।
2. इन्जन को सुचारू रूप से चालू करने में सहायक हैं।
3. इसका कार्यकरण सरल हैं।

गति बदलने वाले गियर

ट्रैंक्टर का इन्जन बहुत अधिक गति पर चलता हैं किन्तु पिछला पहिया कम गति और अधिक टॉर्क पर कार्य करता हैं। इसी कारण यह आवश्यक हो जाता हैं कि इन्जन की गति को कम करके पिछले पहिए पर टॉर्क को बढ़ा दिया जाय। इसके लिए धुरों और गियर का उपयुक्त डिज़ाइन रखा जाता हैं। विभिन्न कृषि आवश्यकतानुसार गति बदलती जाती हैं, अच्छी सड़कों पर हल्के भारों को खींचते समय ट्रैक्टर को अधिक गति पर चलाया जाता हैं। इन आवश्यकताओं की पूर्ति हेतु अनेकों गियर अनुपात उपलब्ध रहते हैं, एवं गियर के अनेकों समूह भी कार्यशील रहते हैं। इनकों सम्मिलित रूप से गियर–बॉक्स कहा जाता हैं। गियर इस्पाती मिश्र धातु के बनाए जाते हैं। चूंकि ट्रैक्टर को सदैव अधिक टॉर्क प्रेषित करना होता हैं, इसलिए स्नेहन

हेतु सबसे उत्तम स्नेहक जो नमी, क्षार कणों आदि से मुक्त हो, प्रयोग किए जाते हैं। ट्रैक्टर में दो प्रकार के गियर प्रयोग किए जाते हैं।

1. चुनाव की सुविधा वाले
2. सदैव मैशिंग वाले

1. चुनाव की सुविधा वाले

इसमें निम्न भाग पाए जाते हैं :–

1. गियर हाउसिंग
2. गियर शिफ्टिंग लीवर
3. इनपुट धुरा या मुख्य धुरा
4. आउटपुट धुरा
5. काउन्टर शाफट

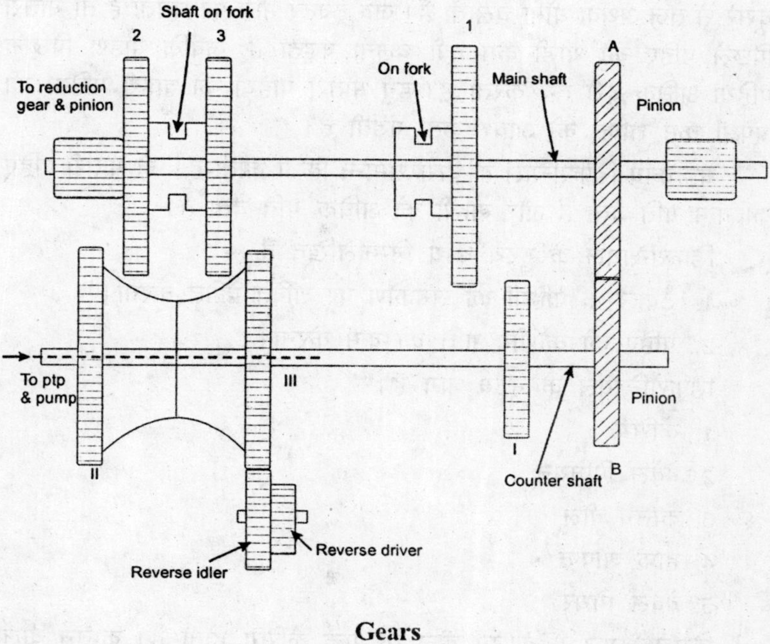

Gears

इन धुरों पर अनेकों गियर लगे रहते हैं। मुख्य धुरे पर भी गियर पाए जाते हैं एवं यह क्लच से सम्बन्धित रहता हैं। ये फिसलने वाले गियर होते

हैं। इनको बदलने हेतु शिफ्टिंग लीवर एवं फार्क का उपयोग किया जाता हैं। जिस धुरे पर लगे दूसरे गियर से मैशिंग करनी होती हैं, उसी के समानान्तर गियर को शिफ्ट किया जाता हैं। गियर विभिन्न न्यास के होते है और उनके दातों की संख्या भी अलग अलग होती हैं। गति में कमी गियर के दांतों की संख्या के अनुपात में होती हैं।

सदैव मैशिंग वाले

ये गियर सदैव एक दूसरे से मैशिंग करते रहते हैं। शिफ्टिंग कपलिंग के सम्बन्धित होने पर स्थानान्तरण या ट्रान्समिशन प्रणाली काम करना प्रारम्भ कर देती हैं।

डिफरेन्शियल अथवा विभेदक

यह गियरों का एक विशेष समूह हैं जो पिछले पहियों मे से एक को दूसरे से तेज़ अथवा धीमा चलाता हैं। जब ट्रैक्टर भोड़ पर घूमता हैं तो भीतरी पिछले पहिए को थोड़ी कम दूरी चलनी पड़ता हैं, जबकि बाहरी पिछला पहिया अधिक दूरी तय करता हैं। इन भीतरी पहियों को बाहरी पहियों की अपेक्षा कम शक्ति की आवश्यकता पड़ती है।

यह कार्य डिफरेन्शिल के द्वारा सम्पन्न किया जाता हैं। जो भीतरी पहिए को कम गति देता हैं और बाहरी को अधिक गति देता हैं।

डिफरेन्शियल के मुख्य कार्य निम्नलिखित हैं :–

1. ट्रैक्टर के पहियों को समकोण पर शक्ति प्रेषित करना।
2. पहिए की कोणीय गति को कम करना।

डिफरोन्शियल के मुख्य भाग हैं।

1. केसिंग
2. बेवेल पिनियन
3. क्राउन वील
4. हाफ शाफट
5. बेवेल गियर

डिफरेन्शियल में क्राउन वील पर एक केसिंग होती हैं। क्राउन वील पिछले धुरें के हाफ शाफट पर स्वतंत्र रूप से धूम जाता हैं। हाफ शाफट के सिरे पर बेवेल गियर लगे रहते हैं। ट्रैक्टर के सीधा जाने पर तो हाफ शाफट

समान गति पर धूमता हैं परन्तु ट्रैक्टर मोड़ते समय एक बेवेल गियर एक दिशा में तो दूसरा बेवेल गियर इसकी विपरीत दिशा में धूमता हैं। डिफरेन्शियल गियर पूर्णतः तेल मे डूबे रहते हैं। डिफरेन्शियल की स्थिति तीन प्रकार से हो सकती हैं।

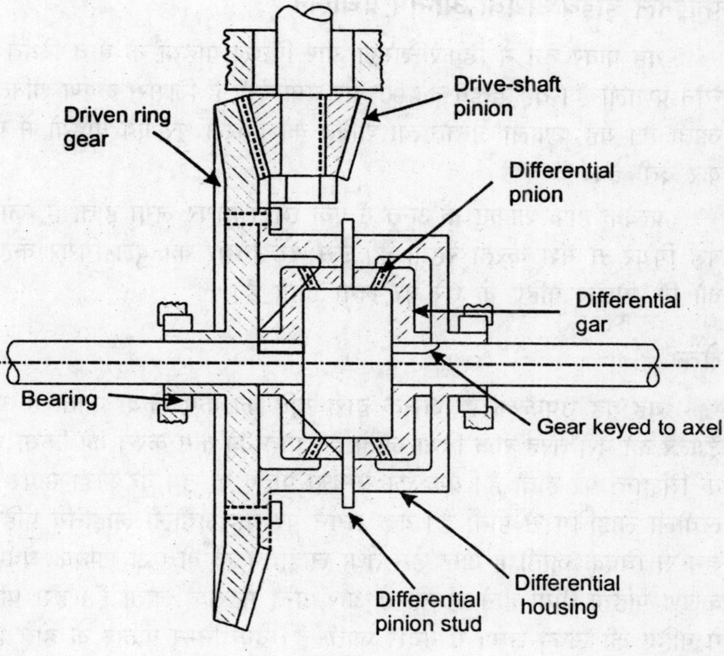

Differential

1. **सिन्गिल एक्सल** – इस स्थिति में यह पिछलें धुरे पर स्थित होता हैं।

2. **डेड एक्सल** – इसमें यह पिछले धुरें के आगे एक काउन्टर शाफट पर लगा होता हैं।

3. **मिश्रित** – यह उपरोक्त दोनो का मिला जुला रूप हैं।

डिफरेन्शियल लाक

पहिए की फिसलन को रोकने हेतु इसका प्रयोग किया जाता हैं। लॉक लगा देने पर डिफरेन्शियल कार्य करना बन्द कर देता हैं। इसका प्रयोग तब

होता हैं जब एक पहिया कीचड़ में धंस जाता हैं, तथा दूसरा सूखी भूमि पर होता हैं। ऐसी अवस्था में सूखी भूमि वाला पहिया अवरोध की अवस्था में आ जाता हैं, जबकि कीचड़ में फंसा पहिया अपनी जगह घूमने लगता हैं। लॉक लगाने पर ट्रैक्टर दलदल से बाहर निकल आता हैं।

फाइनल ड्राइव अथवा अन्तिम प्रचालन

यह पावर ट्रेन में डिफरेन्शियल और पिछले पहियों के बीच स्थित गति न्यून प्रणाली हैं। यह ड्राइव को 90° पर धुमा देती हैं जिससे कर्षण शक्ति बढ़ जाती हैं। यह प्रणाली अन्तोगत्वा शक्ति को पिछले धुरे एवं पहियों में प्रेषित कर देती हैं।

प्रत्येक हाफ शाफट के अन्त में एक छोटा गियर लगा होता हैं, जो एक बड़े गियर से मैंश करता रहता हैं। इस बड़े गियर को बुल गियर कहते हैं जो कि पिछले पहिए के धुरे पर लगा होता हैं।

ब्रेक

यह वह उपकरण हैं जिसके द्वारा गति को कम किया जाता हैं अथवा ट्रैक्टर को पूरी तरह रोक दिया जाता हैं। गति को कम करने की क्रिया घर्षण के सिद्धान्त पर होती हैं। ब्रेक का सम्बन्ध पहिए के ड्रम के थोड़ा ऊपर लगी लचीली लाइनिंग से होती हैं। ब्रेक लगने पर यह लचीली लाइनिंग पहिए के ड्रम से चिपक जाती हैं और ड्रम तथा लाइनिंग के बीच अत्याधिक घर्षण के कारण पहिया धीमा होने लगता हैं और अन्त में रूक जाता हैं। इस प्रक्रिया में पहिए की ऊर्जा उष्मा में बदल जाती हैं। ब्रेक निम्न प्रकार के होते हैं :–

1. यांत्रिक ब्रेक
2. हाइड्रोलिक ब्रेक

ब्रेक लगने पर चालक का नियंत्रण भी ट्रैक्टर पर बना रहना चाहिए एवं वह फिसलना भी नही चाहिए। ब्रेक के प्रतिदिन प्रयोग होने पर भी इसकी क्षमता पूरी बनी रहनी चाहिए। दोनो पिछले पहियों के लिए अलग अलग ब्रेक पाए जाते हैं एक बाएं पहिए के लिए, दूसरा दांया पहिए के लिए। ब्रेक पैड़ल दबाने पर ब्रेक काम करने लगता हैं। दोनो पैड़ल एक पट्टी से जुड़े रहते हैं जिससे दोनो ब्रेक एक साथ लग जाते हैं। ट्रैक्टर में केवल पिछले पहियों मे ही ब्रेक लगते हैं।

ब्रेक का प्रयोग करने में सावधानियाँ

1. इन्जन को धीमा करके ही ब्रेक लगाना चाहिए।
2. ट्रैक्टर मोड़ते समय गति धीमी करके धीरे धीरे ब्रेक लगाना चाहिए।
3. समय समय पर ब्रेक की जांच कराते रहना चाहिए।
4. यांत्रिक ब्रेक की लचीली लाइनिंग घिस जाने पर उसे बदल देना चाहिए।
5. हाइड्रोलिक ब्रेक के तेल की जांच करते रहना चाहिए एवं निर्धारित समय पर बदल देना चाहिए।
6. ट्रैक्टर को इन्जन की गति कम करके ही रोकना चाहिए एवं ब्रेक का उपयोग कम से कम करना चाहिए। त्रिबिन्दु लिन्केज एवं ड्रा बार ट्रैक्टर के पीछे कृषि यंत्रों को जोड़ने हेतु पाये जाते हैं। ऊपर का एक स्थिर लिन्क होता हैं एवं नीचे के दो लचीले लिन्क होते हैं।

ट्रैक्टर के पीछे दोनो लचीले लिन्कों के बीच स्पात की एक मोटी सकरी पट्टी लगाई जा सकती हैं। इसी को ड्रा बार कहते हैं। इसमें कई छिद्र बने होते हैं जिनमें फंसाकर कल्टीवेयर, हैरो, ट्रौली आदि को जोड़ा जाता हैं।

त्रिबिन्दु लिन्केज के लाभ

1. चालित यंत्रों का सरल नियंत्रण किया जा सकता हैं।
2. यह यंत्रों को सही रूप से फंसा लेता हैं।
3. इसमें स्वचालित स्थिति नियंत्रण एवं खिंचाव नियंत्रण पाया जाता हैं।
4. यह नाथे गए यंत्रो का अच्छा संतुलन कर लेता हैं।

बैल्ट-पुली

ट्रैक्टर मे पुली का प्रावधान स्थिर कार्यो हेतु शक्ति प्रेषण के लिए होता हैं जैसे चारा कुट्टी चलाना, थ्रेशर चलाना, केन क्रशर चलाना आदि। साधारणतयः इसकी स्थिति टैंक्टर के दांई ओर होती हैं जिससे वह चालक पुली और चलायमान पुली को एक सीध में रख सके। कभी कभी यह ट्रैक्टर के पीछे एवं ड्रा बार के ऊपर लगी होती हैं। यह सीधें गियर के द्वारा चलाई जाती हैं। गियर को न्यूट्रल रखकर इसे नियंत्रित किया जाता हैं। चलायमान

मशीन की गति दोनो घिरनियों के व्यास एवं बैल्ट पुली की गति पर निर्भर करती हैं।

पावर टेंक आफ

ट्रैक्टर के पीछे जुड़े यंत्रों के पुर्जो को चलाने हेतु शक्ति की आवश्यकता होती हैं। यह शक्ति पावर टेक आफ के द्वारा प्रदाय की जाती हैं, कम्बाइन हार्वेस्टर, थ्रेशर, आदि यंत्र इसी के द्वार चलाए जाते हैं अन्यथा उनको चलाने हेतु अलग से एक इन्जन की आवश्यकता होती। पावर टेक आफ युक्त ट्रैक्टर दो कार्य करता हैं।

1. कृषि यंत्रों को खींचता हैं।
2. कृषि यंत्रों एवं मशीनों के पुर्जों को भी चलाता हैं।

इसकी गति लगभग 540 से 1000 चक्कर प्रति मिनट होती हैं।

हाइड्रोलिक सिस्टम (Hydraulic System)

यह आरूढ़ कृषि यंत्रों को ऊपर उठाने या नीचे गिराने का काम करता हैं। यह सिस्टम सभी ट्रैक्टरों में पाया जाता हैं। यह त्रिबिन्दु लिन्केज को चलाने का काम करता हैं।

कार्य का सिद्धान्त

इसका सिद्धान्त पास्कल के नियम पर आधारित हैं। इस नियम के अनुसार जब एक द्रव रोधक पात्र के भीतर बन्द द्रव पर दबाव डाला जाता हैं तो यह समान रूप से सभी दिशाओं में फैल जाता हैं। एक छोटे क्षेत्रफल पर क्रियाशील छोटे बल के द्वारा एक बड़े धरातलीय क्षेत्रफल पर एक बड़ा बल उत्पन्न किया जा सकता हैं।

हाइड्रोलिक सिस्टम के भाग

इसके मुख्य भाग निम्नलिखित हैं

1. हाइड्रोलिक पम्प
2. हाइड्रोलिक सिलिन्डर एवं पिस्टन
3. हाइड्रोलिक टैन्क
4. कन्ट्रोल वाल्व अथवा नियंत्रण वाल्व
5. सुरक्षा वाल्व
6. उठाने वाली भुजाएं

हाइड्रोलिक पम्प तेल की टंकी से तेल खींचता हैं और अत्याधिक दबाव पर कन्ट्रोल वाल्व को भेजता हैं। कन्ट्रोल वाल्व से यह तेल हाइड्रालिक सिलिन्डर में जाता हैं, जो पिस्टन को चलायमान करता हैं। जिसके फलस्वरूप यह पिस्टन उठाने वाली भुजाओं को ऊपर उठा देता हैं, जिससे सम्बन्धित कृषि यंत्र भी ऊपर उठ जाते हैं। हाइड्रालिक पम्प, इन्ज़न एवं उपयुक्त गियरों की सहायता से चलाया जाता हैं।

हाइड्रोलिक तेल संग्रह करने के दो निकाय हैं।

1. कुछ ट्रैक्टरों में ट्रान्समिशन प्रणाली एवं हाइड्रोलिक सिस्टम हेतु एक ही तेल टन्की होती है।
2. कुछ ट्रैक्टरों में ट्रान्समिशन प्रणाली की तेल टंकी से अलग हाइड्रोलिक तेल हेतु एक विशेष टंकी होती हैं।

हाइड्रोलिक पम्प

अनेकों प्रकार के हाइड्रोलिक पम्प इस सिस्टम में प्रयोग किए जाते हैं, जैसे गियर पम्प, प्लन्जर पम्प, वेन पम्प, स्क्रूपम्प आदि। ट्रैंक्टर में गियर पम्प का उपयोग बहुत प्रचालित हैं। इनके द्वारा अधिक तेल बहाव प्राप्त किया जा सकता हैं। पम्प में तेल का दबाव 150–200 किलो प्रति वर्ग सेमी. होता हैं।

हाइड्रोलिक सिलिन्डर एवं पिस्टन

यह एक बड़े आकार का सिलिन्डर हैं जिसमें एक पिस्टन और कनेक्टिंग राड लगे होते हैं। पिस्टन की शक्ति कनेक्टिंग राड के द्वारा उठाने वाली भुजाओं तक पहुँचाई जाती हैं। हाइड्रोलिक दबाव इन भुजाओं को, कृषि यंत्र उठाते समय ऊपर उठा देता हैं, पर नीचे लाने के लिए कृषि यंत्र का भार काम करता हैं।

हाइड्रोलिक टैन्क

इस टंकी में हाइड्रोलिक तेल संग्रहित रहता हैं। कुछ ट्रैक्टरों में ट्रान्समिशन प्रणाली की तेल टंकी ही हाइड्रोलिक टैंक का काम करती हैं। वहीं तेल दोनों निकायों में काम आता हैं, पर कुछ में अलग हाइड्रोलिक टैंक पाया जाता हैं।

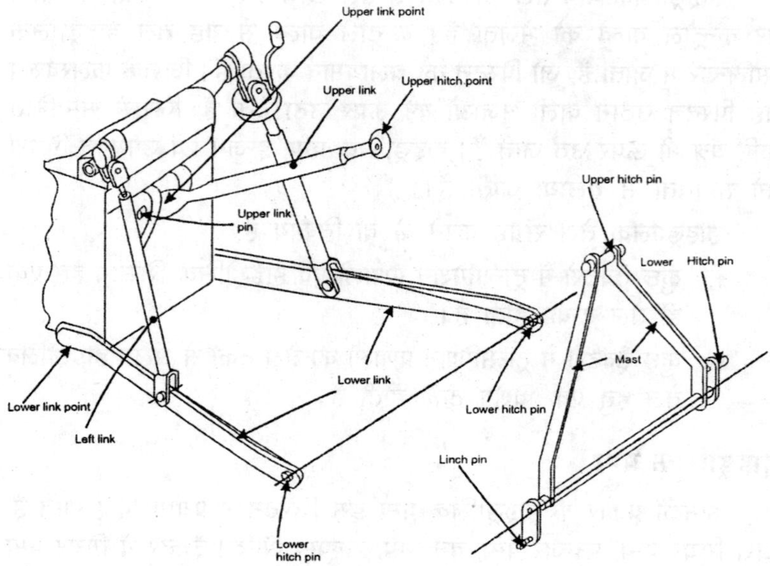

Hydraulic System

कन्ट्रोल वाल्व

यह हाइड्रोलिक तेल के बहाव को नियंत्रित करता हैं, जिससे तेल वांछित दिशा में उचित मात्रा में एवं सही गति से बह कर उठाने का कार्य कर सकें।

यह तीन कार्य करता हैं।

1. उठाने की दिशा को बदलता हैं।
2. उठाने के बल को बदलता हैं।
3. उठाने की गति को बदलता हैं।

यह हस्त चालित लीवर की सहायता से चलाया जाता हैं। यह दो प्रकार का होता हैं।

1. हस्त चालित
2. स्वचालित

हस्त चालित का प्रयोग छोटे ट्रैक्टरों मे होता हैं। इसकी केवल तीन अवस्थताएँ होती हैं। ऊपर, नीचे और बीच में।

स्वचालित में अनेकों अवस्थाएं हो सकती हैं।

तेल फिल्टर

यह एक छोटा छनना हैं जो तेल के रास्ते में उचित स्थान पर लगा होता हैं।

हाइड्रोलिक सिस्टम की विधियाँ

हाइड्रोलिक कन्ट्रोल सिस्टम की तीन महत्वपूर्ण विधियाँ हैं।

1. स्थिति नियंत्रण
2. खिंचाब नियंत्रण
3. मिश्रित नियंत्रण

उपरोक्त में से किसी भी एक का चुनाव करने हेतु कार्य के प्रकार, नापे गए यंत्र के आकार एवं मुद्रा की स्थिति का विचार करना होता हैं।

1. स्थिति नियंत्रण

इस विधि में ट्रैक्टर के खिंचाव के स्वचालित समेजन के द्वारा जुताई की गहराई समान रखी जाती हैं।

2. खिंचाव नियंत्रण

खिंचाव नियंत्रण में हल के खिंचाव के आभास से जुताई की गहराई स्वचालित रूप से नियंत्रित कर ली जाती हैं। इससे यह तात्पर्य हैं कि खेत में यंत्र के खिंचाव के बढ़ने अथवा घटने पर स्वचालित रूप से यंत्र क्रमशः ऊपर उठा लिया जाता हैं या नीचे कर दिया जाता हैं, जिससे खिंचाव घटने या बढने न पाए। इसके द्वारा खिंचाव सदैव समान रहता हैं।

3. मिश्रित नियंत्रण

यह उपरोक्त दोनो विधियों का एक मिश्रित रूप हैं।

हाइड्रोलिक सिस्टम के लाभ

1. यह बहुत शक्तिमान, सुदृढ़ एवं सुचारू रूप से कार्य करता हैं।
2. अधिक भार होने की स्थिति को इसमें सरलता से रोका जा सकता हैं।

3. इसमें लगातार गति परिवर्तन सम्भव हैं।
4. इसमें रिमोट से नियंत्रण सम्भव हैं।

हानियाँ

1. इसमें कठिन पाइप कनेक्शन पाए जाते हैं।
2. कभी कभी तेल के रिसने की सम्भावना बनी रहती हैं।
3. तेल रिसने पर इसको अधिक शक्ति लगानी पड़ती हैं।
4. इस पर ऊँचे तापक्रम का विपरीत प्रभाव पड़ता हैं।

हाइड्रोलिक सिस्टम में सावधानियाँ

1. सही ग्रेड का तेल प्रयोग करना चाहिए।
2. तेल टंकी में निर्धारित निशान तक तेल भरा होना चाहिए।
3. सभी नट, बोल्ट एवं पाइप भली भाँति कसे होने चाहिए।
4. निर्धारित अन्तराल पर छनने की जांच करते रहना चाहिए।

टो-इन

ट्रैक्टर में अगले पहियों के बीच की दूरी, पिछले पहियों की अपेक्षा कुछ कम होती हैं। इन दोनो मापों के बीच के अन्तर को टो–इन कहते हैं।

यदि ट्रैक्टर का स्टीयरिंग वील अधिक कँपित होता हैं, तो टो–इन की जांच करना चाहिए। यदि यह निर्धारित सीमा से कम या अधिक हैं तो उसे निम्न विधि से संमजित करना चाहिए।

1. टाई राड़ के सिरे पर स्थित लॉक नट को ढीला करें।
2. टो–इन गेज के द्वारा टो इन ज्ञात कीजिए। अब टर्न बकल को समंजित कर इसे ठीक कर लें।
3. लॉक नट को कस लें जिससे टर्न बकल की स्थिति स्थिर हो जाए।

महत्वपूर्ण परिभाषाएं

वील बेस

अगले एवं पिछले पहियों के बीच, धरातलीय, क्षितिजाकार दूरी को वील बेस कहते हैं।

ग्राउण्ड क्लीयरेंस

ट्रैक्टर को उसकी निर्धारित अधिकतम सीमा तक भारित करने पर, ट्रैक्टर के सबसे निचले बिन्दु की धरातल के ऊपर ऊँचाई ग्राउण्ड क्लियरेंस कहलाती हैं।

ट्रैक

धरातलीय सम्पर्क स्थल पर, एक ही धुरे पर स्थित ट्रैक्टर को दोनो पहियों के बीच मापी गई दूरी ट्रैंक कहलाती हैं।

वील स्लिप

भारित एवं अभारित अवस्था में, एक दी गई दूरी के बीच, गति की दिशा में पहियों का सापेक्ष चालन वील स्लिप कहलाता हैं।

ट्रैक्टर एवं कृषि यंत्रों का चुनाव

ट्रैक्टर एवं कृषि यंत्रों का चुनाव करते समय निम्न बिन्दु ध्यान में रखने चाहिए।

1. आकार

यदि ट्रैक्टर का चयन करना हो तो उसकी बी.एच.पी., सीड ड्रिल में फरों ओपेनर की संख्या, एवं उनके बीच की दूरी, मोअर में कटर बार की लम्बाई आदि का निर्धारण आवश्यकतानुसार किया जाता हैं।

यदि ट्रैक्टर को भारी कार्य करना हैं एवं ऊँची, नीची, पथरीली भूमि में कार्य करना हैं तो अधिक अश्वशक्ति के ट्रैक्टरों का चयन किया जाता हैं। 30 से 45 अश्व शक्ति के ट्रैक्टर ऐसी भूमि हेतु अच्छे माने जाते हैं।

यदि ट्रैक्टर को भारी दुलाई का कार्य करना हैं तो भी अधिक अश्वशक्ति के ट्रैक्टरों का चयन किया जाता हैं। 35 से 50 अश्वशक्ति के ट्रैक्टर ढुलाई हेतु उपयुक्त होते हैं।

यदि हल्की मृदा हैं और ढुलाई कार्य भी भारी नहीं हैं तो 15 से 25 अश्वशक्ति के ट्रैक्टरों का अनुमोदन किया जाता हैं।

2. ट्रेड नाम व मार्का

अच्छी कम्पनियां अपने ट्रैक्टर की गुणवत्ता बनाए रखती हैं। उनका एक विशेष ट्रेंड नाम व मार्का होता हैं जो कि आंशिक रूप से ट्रैक्टर की गारन्टी भी होती हैं। कृषि मशीनों एवं यंत्रों को क्रय (खरीदते) करते समय उनकी

गुणवत्ता को ऊपर से देखकर परखा नहीं जा सकता, क्योंकि उनके ऊपर पेन्ट चढ़ा होता हैं। अतः उनका चयन दूसरी विशेषताओं के साथ ट्रेंड नाम व मार्का देखकर ही क्रिया जाता हैं। अतः अच्छी कम्पनियों के ट्रैक्टर मशीन व यंत्र ही क्रय करने चाहिए।

3. पुर्जों की उपलब्धता

ट्रैक्टर एवं यंत्रों के पुर्जे सरलता से उपलब्ध होने चाहिए। ट्रैक्टर से चलने वाले कृषि यंत्रों एवं मशीनों के पुर्जें टूट जाने पर तुरन्त ही बदल दिए जाने चाहिए अन्यथा कृषि कार्य रूक जाता हैं। यदि जुताई, गुड़ाई और कटाई के बीच कृषि यंत्र टूट जाते हैं तो पूरी फसल ही नष्ट हो जाती हैं। फसल उगाने की सफलता पुर्जों के त्वरित बदली करने पर निर्भर करती हैं। अतः पुर्जों को सरलता से उपलब्ध होना चाहिए। यदि किसी अच्छी कम्पनी के पुर्जे उपलब्ध नहीं हैं तो किसी दूसरी कम्पनी का ट्रैक्टर और कृषि यंत्र क्रय करना चाहिए।

4. चालन व्यय

ट्रैक्टर इस प्रकार का होना चाहिए जिसकें चलाने पर होने वाला चालन व्यय न्यूनतम हो अथवा बहुत अधिक न हो। इस बात का पता लगाना चाहिए कि चालन व्यय औसतन कितना होना चाहिए। अधिक चालन मूल्य में ट्रैक्टर की अधिक ईंधन खपत एक मुख्य कारक हैं। कृषि यंत्र एवं मशीने इस प्रकार की होनी चाहिए कि उनको चलाने में होने वाली ईंधन की खपत न्यूनतम हो एवं उपयोगी कार्य अधिकतम हो अर्थात् इनकी यांत्रिक क्षमता अच्छी होनी चाहिए।

5. मरम्मत व्यय

ट्रैक्टर एवं कृषि यंत्र ऐसा होना चाहिए जिसको अधिक देखभाल की आवश्यकता न हो। विभिन्न परिस्थितियों में कार्य करने हेतु यह मजबूत होने चाहिए। इनमें जल्दी टूट फूट नहीं होनी चाहिए। इनके गतिशील भाग जल्दी घिसने नहीं चाहिए, ये उत्तम, घिसाव रोधक धातु के बने होने चाहिए।

6. डिज़ाइन

साधारण और सरल डिज़ाइन की मशीनों के प्राथमिकता दी जाती हैं। मशीने चलाने मे सरल होनी चाहिए और जहां तक सम्भव हो इनमें न्यूनतम समंजन होने चाहिए। इसके कन्ट्रोल बहुत क्लिष्ट नहीं होने चाहिए।

7. स्थानीय विक्रय स्त्रेत

ट्रैक्टर का स्थानीय विक्रेता होना अति आवश्यक हैं। इनके द्वारा ट्रैक्टर की सर्विसिंग एवं मरम्मत शीध्र ही सम्पन्न कर दी जाती हैं। स्थानीय विक्रेता से ट्रैक्टर खरीदना हमेशा ही लाभप्रद होता हैं क्योंकि इसके खराब होने पर वह तुरन्त मरम्मत की व्यवस्था करवा देते हैं।

8. प्राथमिक मूल्य

प्राथमिक मूल्य का ट्रैक्टर चयन में बहुत ही महत्त्वपूर्ण स्थान हैं। भारत में जहाँ कृषक बहुत गरीब हैं, सस्ता कृषि यंत्र अथवा कम कीमतका ट्रैक्टर पसन्द किया जाता हैं।

9. विभिन्न कार्यों एवं परिस्थितियों के प्रति अनुकूलन

ट्रैक्टर ऐसा होना चाहिए जो विभिन्न प्रकार के कार्य कर सकें जैसे जुताई, कटाई, ढुलाई, पम्प लगाना एवं स्थिर कृषि यंत्र को शक्ति प्रदाय करना आदि। कृषि यंत्र इस प्रकार के होने चाहिए कि उनको मृदा एवं फसल की विभिन्न परिस्थितियों मे सफलता पूर्वक प्रयोग किया जा सकें।

ट्रैक्टर चलाने में सावधानियाँ

1. यदि ट्रैक्टर के कोई अवांछित ध्वनि सुनाई देती हैं, तो तुरन्त इन्जन बन्द करके, उसका कारण पता लगाना चाहिए।
2. इन्जन से काला धुआँ निकलने पर ट्रैक्टर पर भार को कम करना चाहिए।
3. जब ट्रैक्टर चल रहा हो तो गियर नहीं बदलना चाहिए। गियर बदलने के लिए ट्रैक्टर को स्थिर अवस्था में लाना आवश्यक हैं।
4. ट्रैक्टर पर भार डालने से पहले उसे उचित तापक्रम पर लाना आवश्यक होता हैं।
5. इसको चलाने से पहले गियर को न्यूट्रल कर लेना चाहिए।
6. ईंधन की टंकी को पहले ही भर लेना चाहिए।
7. टायरों में जांच कर लेनी चाहिए कि उनमें उचित दबाव पर हवा भरी हैं।
8. क्लच का प्रयोग धीरे से करना चाहिए।
9. मोड़ते समय इसकी गति धीमी रखनी चाहिए।
10. सभी आवश्यक भागों का स्नेहन सुनिश्चित कर लेना चाहिए।

ट्रैक्टर की देखभाल

1. ट्रैक्टर एवं कृषि यंत्र को भली भाँति सफाई करें।
2. पहियों के नट बोल्ट कस दें।
3. क्रैन्क केस और हाइड्रोलिक चेम्बर में तेल की जांच कर, उसे निशान तक पूरा भर दें।
4. प्रीक्लीनर से धूल के कण साफ करें। यदि ट्रैक्टर धूल के कण भरी अवस्था में चल रहा हो तो मुख्य आयल बाथ क्लीनर साफ करें।
5. संध्या को दिन का कार्य समाप्त हो जाने पर तेल टंकी को पूरा डीज़ल तेल से भर दें।
6. रेडिएटर को साफ करें। शुद्ध जल से रेडिएटर की टंकी को भर दें।
7. फैन बैल्ट का तनाव जांचकर ठीक करें।
8. ईंधन पाइप, तेल पाइप, जल पाइप एवं ड्रेन प्लग आदि को भली भाँति कस लें।
9. आगे और पीछे के पहियों में हवा के दबाव की जांच करें और दबाव को ठीक करा लें।
10. बैटरी में द्रव की जांच कर उसे चिन्ह तक पूरा भर लें।
11. निर्माता द्वारा इंगित बिन्दुओं के निपिल में ग्रीस भर दें।
12. इन्जन को चालू करके तेल के दबाव एवं डाइनमों के उचित कार्यकरण की जांच कर लें।

प्रथम तकनीकी देखभाल (60 कार्य के घंटे)

1. लुब्रिकेशन, तेल फिल्टर को खोलकर साफ कर लें।
2. पंखें के बोल्ट को कस लें।
3. एयर क्लीनर के तेल की जांच कर उसे बदल दें।
4. ट्रैक्टर के पहियों में हवा के दबाव की जांच कर लें।
5. ट्रैक्टर के ब्रेक की जांच कर ले कि वह सटीक कार्य कर रहा हैं।
6. वायु शीतलित इन्जन में इन्जन की फिन्स को भली भाँति साफ कर लें।
7. ट्रान्समिशन तेल का स्तर कम होने पर उसे पूरा भर दें।
8. पहियों के नट बोल्ट यदि ढीले हो तो कस दें।

9. बैट्री के टरमिनलों को गर्म पानी से धोकर फिर उन पर ग्रीस लगाकर कस दें।

द्वितीय तकनीकी देखभाल (120 कार्य के घंटे)

1. इन्जन के लुब्रीकेशन तेल को बदल दें।
2. डीज़ल फिल्टर और तेल फिल्टर को बदल दें।
3. क्रैन्क केस के ब्रीदर को साफ करें।
4. ड्राइनमतों एवं स्टार्टर मोटर के बियरिंग मे थोड़ा तेल डालें।
5. एयर क्लीनर को साफ करें।
6. वाटर पम्प मे यदि रिसाव हो तो उसे बन्द करें।
7. क्लच और ब्रेक का उचित समायोजन करें।

तृतीय तकनीकी देखभाल (200-250 कार्य के घंटे)

1. अन्य सभी देखभाल उचित समय सीमा के भीतर सम्पन्न करें।
2. तेल के सम्प से पूरा तेल निकाल लें। सफाई तेल से साफ करें एवं नया तेल निशान तक भर दें।
3. थ्राटिल नियंत्रण प्रणाली का स्नेहन करें।
4. अगले पहिए की टो–इन की जांच करें।
5. अगले पहिए की बियरिंग की जांच कर उनका स्नेहन करें।

चतुर्थ तकनीकी देखभाल (500 कार्य के घंटे)

1. पूरी शीतलन प्रणाली को साफ कर उसमें जंक रोधी पदार्थ लगाएं।
2. अगले दोनो पहियों को आपस में बदल दें जिससे उनमें समान धिसाव हों।
3. तेल की टंकी को साफ करें।
4. सेल्फ स्टार्टर एवं डाइनमों को साफ करें। धिसे पुर्जे बदल दें।
5. इन्जेक्टर की जांच करके उसे समायोजित करें।
6. पहियों की बियरिंग में ग्रीस डालें।
7. यदि बेट्री डिस्चार्ज हो गई हो तो उसे चार्ज करा लें।

पंचम तकनीकी देखभाल (1000 घंटे के कार्य)

1. गियर बॉक्स, फाइनल ड्राइव, डिफरेन्शियल, हाइड्रोलिक प्रणाली, ट्रान्समिशन प्रणाली एवं स्टीयरिंग प्रणाली के तेल को बदल दें।
2. ब्रेक लाइनिंग को साफ करके समायोजित करें। घिस जाने पर बदल दें।
3. इन्जन के सम्पीड़न दाब की जांच करें एवं आवश्यकता पड़ने पर इन्जन की ओवरहालिंग करा लें।
4. सम्पूर्ण ईंधन प्रणाली की सफाई करके फिल्टर बदल दें।
5. वाल्वों की घिसाई करा के उचित समायोजन करें।
6. सलिन्डर हेड को खोलकर कार्बन साफ करें।

समस्याएं

1. ट्रैक्टर कितने प्रकार के होत है, विस्तृत वर्णन कीजिए।
2. पावर टिलर क्या हैं? इसका फार्म पर क्या महत्त्व है? इसके लाभ भी बताइए।
3. सुरक्षित ट्रैक्टर चालन के नियम एवं चालन सावधानियाँ लिखिए।
4. ट्रैक्टर की शक्ति स्थानान्तरण प्रणाली का सचित्र एवं संक्षिप्त वर्णन कीजिए।
5. क्लच क्या काम करता हैं? इसकी ट्रैक्टर में क्यो आवश्यकता पड़ती है, अच्छे क्लच के गुण भी लिखिए।
6. क्लच कितने प्रकार के होते हैं? विस्तार से लिखिए।
7. गियर कितने प्रकार के होते हैं? डिफरेप्शियल में मुख्य भागों के नाम लिखिए।
8. ब्रेक क्या काम करता हैं? यह कितने प्रकार का होता हैं? इसके प्रयोग में कौन कौन सी सावधानियाँ बरतनी चाहिए।
9. निम्न पर सक्षिप्त टिप्पणी लिखिए।
   अ) त्रिबिन्दु लिन्केज
   ब) बैल्ट पुली
   स) पावर टेक आफ
   द) हाइड्रोलिक निकाय
   य) टो इन
10. ट्रैक्टर का चुनाव करते समय किन बातो का ध्यान रखेंगे।

12

भूपरिष्करण तंत्र (Tillage Implements)

भूपरिष्करण (Tillage)

भूपरिष्करण मे वे सभी यांत्रिक क्रियाएं आती हैं जिनके द्वारा मृदा को ऐसी अवस्था में लाया जाता हैं जिसमें फसल की उचित वृद्धि हो सकें।

इसका मुख्य उद्‌देश्य उचित निकाई, गुड़ाई करके फसल को हानि पहॅुचाने वाले कीटों का नाश करना हैं जिसके फलस्वरूप फसल सुचारू रूप से बढती रहे। मृदा की कड़ी सतह तोड़कर उसको मुरमुरा बनाया जाता हैं जिससे मृदा में, जड़ें प्रवेश करके सुचारू रूप से फैंल सकें। भूपरिष्करण के उद्‌देश्य निम्नलिखित हैं।

1. विभिन्न प्रकार की फसलों हेतु एक उपयुक्त एवं गहरी बीज शय्या तैयार करना।
2. खर पतवारों को मृदा में दबा कर उसमें ह्यूमस की मात्रा एवं उर्वरा शक्ति बढाना।
3. खरपतवारों का नाश करना एवं उनके उगने में बाधा डालना।
4. मृदा मे हवा का आवागमन बढाना, जिससे फसल की उचित वृद्धि हो सकें।
5. मृदा की नमी अवशोषण क्षमता बढाना
6. हानिकारक कीटों एवं उनके निवास स्थानों को नष्ट करना।
7. मृदा क्षरण को कम करना।
8. मृदा की नमी धारण क्षमता बढाना जिससे अधिक नमी का संचय हो सकें।

9. भूमि की भौतिक रसायनिक तथा जैविक दशा सुधारना, जिससे बीजों के अंकुरण एवं पौधो की वृद्धि में कोई बाधा न आए।
10. खेत मे फसल की बची हुई पत्तियां तथा खाद को मिट्टी में इस प्रकार मिलाना कि वह भूमि की उर्वरा शक्ति को बढाने में काम आए।

भूपरिष्करण के प्रकार

भूपरिष्करण को दो भागों मे विभाजित किया जा सकता हैं।

1. प्राथमिक भूपरिष्करण (Primary Tillage)
2. द्वितीयक भूपरिष्करण (Secondary Tillage)

प्राथमिक भूपरिष्करण

कृषि योग्य भूमि को खोलकर बीज शय्या तैयार करना, जिससे फसल का उत्पादन सुनिश्चित हो सकें, प्राथमिक भूपरिष्करण कहलाता हैं। इसमें प्रयुक्त विभिन्न कृषि यंत्र प्राथमिक भूपरिष्करण यंत्र कहलाते हैं। ये यंत्र मृदा को गहराई में खोलते हैं और मुरमुरा करके उपयुक्त बीज शय्या तैयार करते हैं।इनमें मोल्ड बोर्ड हल, तवे दारे हल, रोटरी हल, सब सौयलर आदि आते हैं। ये बैलो या ट्रैंक्टर द्वारा चलाए जाते हैं।

द्वितीयक भूपरिष्करण

प्राथमिक भूपरिष्करण के बाद मृदा पर जो हल्की एंव महीन कृषि क्रियाएं सम्पन्न की जाती हैं, द्वितीयक भूपरिष्करण कहलाती हैं। इसमें सभी कृषि क्रियाएं गहरी न होकर उथली होती हैं। ये मृदा को इस अवस्था में लाती हैं, जिससे भूपरिष्करण के सभी उद्देश्य पूर्ण किये जा सकें।

द्वितीयक भूपरिष्करण में प्रयुक्त कृषि यंत्र निम्नलिखित हैं :–

1. कल्टीवेटर
2. हैरो
3. हो
4. पैडी वीडर
5. पटेला या लैवलर
6. रोलर आदि

मिट्टी पलट हल या मोल्ड बोर्ड

मोल्ड बोर्ड हल से जुताई करने पर चार संयुक्त क्रियाएं सम्पन्न होती हैं। फरो स्लाइस काटी जाती हैं, ऊपर उठाई जाती हैं, मुरमुरी बनाई जाती हैं और अन्त में पलट दी जाती हैं। ये सभी क्रियाएं हल तल के द्वारा सम्पन्न की जाती हैं।

मोल्ड बोर्ड हल के निम्न भाग होते हैं।

1. शेयर या फार
2. मोल्डबोर्ड या पंखा
3. लैन्ड साइड
4. फ्राग
5. दूसरे सहायक भाग जैसे हैन्डल, बीम (हरीस), क्लेविस आदि। प्रथम चारों भाग मिलकर प्लाऊ बाटम या हल तल का निर्माण करते हैं।

शेयर (फार)

हलतल (प्लाऊ बाटम) का वह भाग जो मृदा मे सर्वप्रथम प्रवेश करता हैं तथा धरातल के बीच क्षैतिज दिशा में मृदा को काटता हैं शेयर कहलाता हैं। यह बहुत नोकीला, धारदार एवं चमकीला भाग होता हैं। शेयर के निम्नलिखित भाग होते हैं।

1. शेयर पाइन्ट
2. कटिंग एज
3. विन्ग
4. गनेल
5. क्लीवेज एज

शेयर के सामने का नुकीला भाग जो मृदा में प्रवेश करता हैं, शेयर पाइन्ट कहलाता हैं। यह काटने वाली सतह का सामने वाला भाग हैं।

शेयर के सामने की काटने वाली धार जो मृदा को क्षितिजाकार काटती हैं शेयर की कटिंग एज कहलाती हैं। कुछ दूरी तक इसकी धार तिरछी होती हैं।

काटने वाली धार का बाहरी सिरा विंग कहलाता हैं। यह हल को आधार प्रदान करता हैं। यह हल को चलाने मे भी सहायता प्रदान करता हैं।

शेयर की लम्बवत् सतह जो फरो वाल से सटकर फिसलती चलती हैं, गनेल कहलाती हैं। यह मृदा के बगल के धक्के को रोकती हैं और फरों वाल के सहारे प्लाऊ बाटम को आधार प्रदान करती हैं।

शेयर की वह सतह जहॉ शेयर, मोल्ड बोर्ड से जुड़ता हैं, क्लीवेज एज कहलाती हैं।

शेयर चिल्ड़ कास्ट आयरन या स्टील का बना होता हैं।

शेयर के प्रकार

1. स्लिप शेयर
2. स्लिप नोज़ शेयर
3. शिन शेयर
4. बार पॉइन्ट

स्लिप शेयर

यह शेयर का एक मौलिक प्रकार हैं। यह बनाव में साधारण होता हैं। इसका उपयोग अधिकांश रूप से कम किया जाता हैं। इसमें कोई अतिरिक्त भाग नहीं पाया जाता हैं। इसकी हानि यह हैं कि लगातार प्रयोग से घिस जाने पर इसे बदल देना पड़ता हैं।

स्लिप नोज़ शेयर

यह एक स्लिप शेयर हैं जिसमें अलग करने योग्य नोज़ या नुकीला पॉइन्ट पाया जाता हैं। इसका लाभ यह हैं कि इसके घिस जाने पर केवल नुकीला पॉइन्ट ही बदला जाता हैं, पूरा शेयर नहीं बदलना पड़ता।

शिन शेयर

इस शेयर में मोल्ड बोर्ड के शिन भाग पर फिट होने वाला एक उभार पाया जाता हैं जिसे शिन कहते हैं। यह भाग मोल्ड बोर्ड की शिन पर फिट हो जाता हैं और फरों स्लाइस काटते समय मोल्ड बोर्ड की शिन घिसने नही पाती। अतः घिसने पर केवल शेयर को ही बदलना पड़ता हैं, मोल्ड बोर्ड को नहीं।

बार पॉइन्ट शेयर

इस शेयर का पॉइन्ट एक लम्बी छड़ के रूप में लगा होता हैं। अगला भाग मृदा काटता हैं और पिछला भाग लैन्ड साइड का काम करता हैं। पॉइन्ट

के घिस जाने पर उष्मा उपचार के द्वारा इसकी नोक बना कर आगे सरका दी जाती हैं। इस शेयर का उपयोग लम्बे समय तक किया जा सकता हैं।

मोल्ड बोर्ड (पंखा)

यह हल का वह भाग हैं जो शेयर से कटकर आने वाली फरों स्लाइस को प्राप्त करके, उसे उठाते हुए मुरमुरा करता हैं और पलट भी देता हैं। यह साधारणतयः माइल्ड स्टील का ही बना होता हैं। मृदा की अवस्थाओं एवं फसलों की आवश्यकताओं को देखते हुए विभिन्न आकार के मोल्ड बोर्ड बनाए गए हैं।

जनरल परपज

यह साधारणतयः सभी प्रकार के कृषि कार्यो हेतु प्रयोग किया जाता हैं। इसकी सतह का ढाल कृत्रिम रूप से उत्तरोत्तर बढता जाता हैं। यह बहुत अच्छी फरों स्लाइस पलटता हैं और मृदा को पूर्ण रूप से मुरमुरा कर देता हैं। यह एक लम्बा मोल्ड बोर्ड हैं जिसका धुमाव क्रमिक हैं। इसकी सतह आंशिक रूप से उत्तल हैं। यह विभिन्न कृषि की अवस्थाओं में उपयोगी हैं। यह कृषि योग्य एवं खरपतवार वाली दोनो ही भूमियों में प्रयोग किया जा सकता हैं।

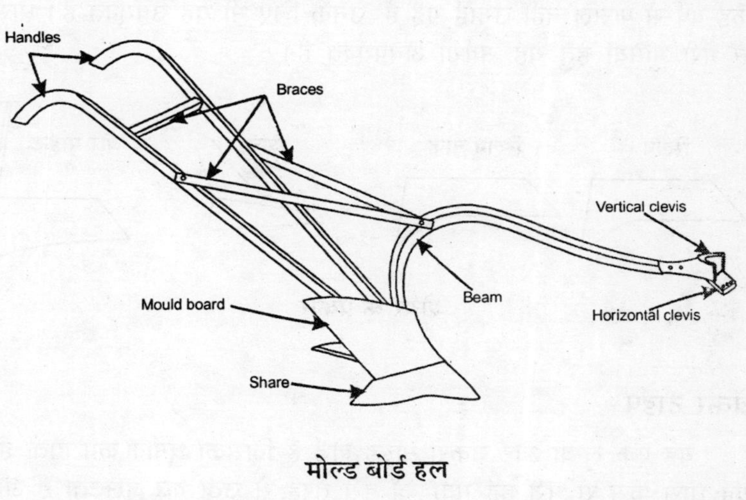

मोल्ड बोर्ड हल

स्टबल टाइप

यह एक छोटा मोल्ड बोर्ड है जिसका धुमाव, एकाएक बहुत बढ जाता हैं। यह फरो स्लाइस को उठाता, तोड़ता और पलट देता हैं।

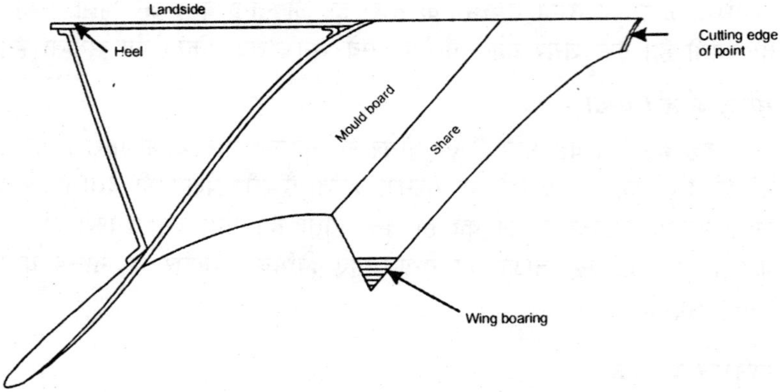

मोल्ड बोर्ड हल के भाग

इसका धुमाव क्रमिक नहीं हैं पर ऊपरी सतह पर एकाएक बहुत बढ़ जाता हैं जिसके फलस्वरूप फरों स्लाइस अति शीध्र मोल्ड बोर्ड पर से फेंक दिया जाता हैं। इसके द्वारा मोल्ड बोर्ड की अपेक्षा मुरमुरापन बहुत अधिक होता हैं। यह ठूठ वाली भूमियों के लिए अधिक उपयुक्त हैं। जिन भूमियों पर कई वर्ष से फसल नहीं उगाई गई हैं, उनके लिए भी यह उपयुक्त हैं। घासों से भरी भूमियों हेतु यह सर्वथा अनुपयुक्त हैं।

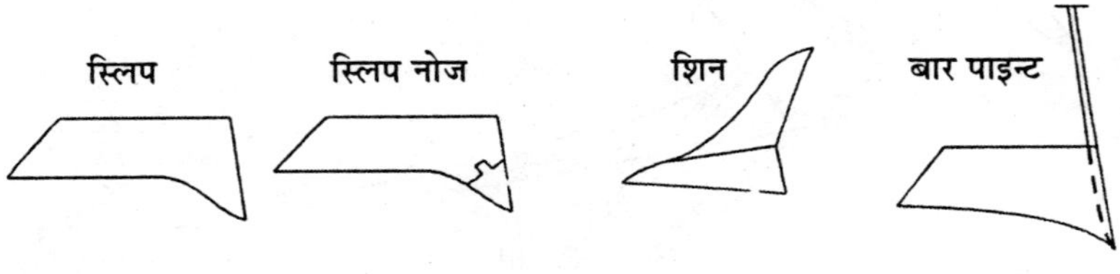

शेयर के प्रकार

ब्रेकर टाइप

यह एक लम्बा और सकरा मोल्ड बोर्ड हैं जिसका धुमाव कम होता हैं। यह घास फूस से भरी हुई मृदा को पूरी तरह से उठा कर पलटता हैं और सम्पूर्ण रूप से घास फूस को मिट्टी में दबा देता हैं और उसे हवा एवं प्रकाश के सम्पर्क में आने नहीं देता। जहां पर मृदा का सम्पूर्ण पलटाव आवश्यक होता हैं, इस प्रकार का मोल्ड बोर्ड अनुमोदित किया जाता हैं।

स्लैट टाइप

इस प्रकार के मोल्ड बोर्ड का उपयोग ढीली एवं चिपचिपी मृदा में किया जाता हैं। इसकी सतह टुकडों से मिलकर बनी हाती हैं जिनके बीच मे रिक्त स्थान पाए जाते हैं। चिपचिपी भूमि मे फरों स्लाइस मोल्ड बोर्ड की सतह से चिपकने लगती हैं और उसे पूरी तरह पलटना सम्भव नहीं हो पाता इसीलिए इसकी पूरी लम्बाई में अनेको रिक्त स्थान पाए जाते हैं जो मृदा एवं सतह के बीच चिपकने को कम करते हैं।

हाईस्पीड टाइप

यह तीव्र गति से चलने वाला मोल्ड बोर्ड हैं। इसका उपयोग ट्रैंक्टरों के द्वारा किया जाता हैं। यह भारी, कडी और चिपचिपी भूमियों के लिए उपयुक्त हैं।

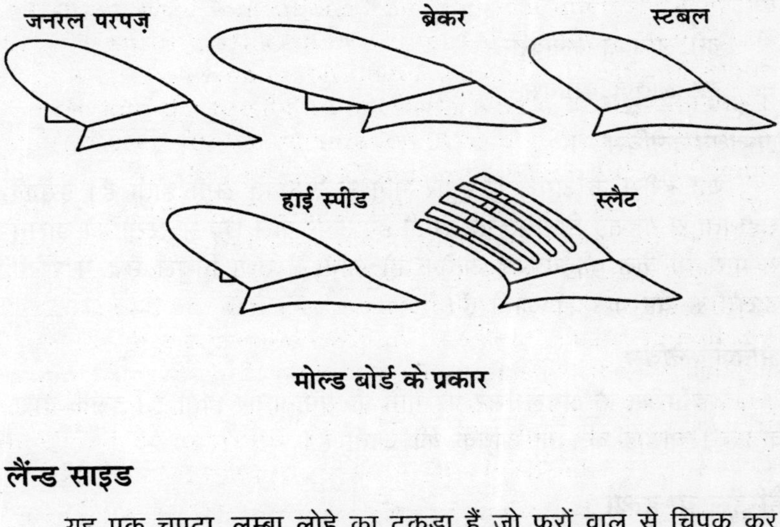

मोल्ड बोर्ड के प्रकार

लैंन्ड साइड

यह एक चपटा, लम्बा लोहे का टुकड़ा हैं जो फरों वाल से चिपक कर चलता हैं। यह मोल्ड बोर्ड पर पड़ने वाले फरों स्लाइस के बगल के धक्के को रोकता हैं इसके अतिरिक्त हल के खड़ा होने मे सहायक भी हैं। हल को चलाते समय यह उसको संतुलित रखता हैं। इसका पिछला निचला सिरा लौन्ड साइड की हील या एड़ी कहलाता हैं और फरो सोल के ऊपर फिसलता चलता हैं।

फ्राग

यह प्लाऊ बाटम का वह भाग हैं, जिसमें शेयर, मोल्डबोर्ड और लेन्डसाइड तीनों मजबूती से जुड़े रहते हैं। यह धातु का एक अनियमित आकार का टुकड़ा हैं, जो कि कास्ट आयरन या वेल्डेड स्टील का बना होता हैं।

हल के सहायक भाग

1. **बीम अथवा हरीस** – यह लकड़ी या माइल्ड स्टील की बनी होती हैं। इसके अगले सिरे में रस्सी डालकर बैलो से जोड़ा जाता हैं। इसका पिछला सिरा प्लाऊ बाटम से जुड़ा रहता हैं।

2. **क्लेविस** – हरीस के अगले सिरे पर क्लेविस पाई जाती हैं, जिसकी सहायता से हल को बैलो से जोड़ा जाता हैं। यह दो प्रकार की होती हैं।

क) लम्बवत् क्लेविस

ख) क्षैतिज क्लेविस

लम्बवत् क्लेविस

यह हरीस के अगले सिरे पर भूमि से लम्बवत् लगी होती हैं। इसकी सहायता से गहराई नियंत्रित की जाती हैं। ऊपर वाले छेद्र में रस्सी को डालने से फरो या कूँड की गहराई अधिक हो जाती हैं तथा निचले छेद्र मे रस्सी डालने से यह कम हो जाती हैं।

क्षैतिज क्लेविस

यह हरीस के अगले सिरे पर भूमि के समानान्तर होती है। इसके द्वारा कूड़ की चौड़ाई कम या अधिक की जाती हैं।

हैन्डिल या हत्था

यह हल को नियंत्रित करने का काम करता हैं। यह लकड़ी या माइल्ड स्टील का बना होता है। यह हरीस और प्लाऊ बाटम से जुड़ा रहता हैं।

हल के अटेचमेन्ट (संलग्नक)

जायन्टर

यह एक छोटा अनियमित आकार का धातु का टुकड़ा हैं जो देखने में एक छोटे प्लाऊ बाटम की तरह होता है और प्लाऊ बाटम के ठीक सामने एक छोटी सकरी फरो स्लाइस काटता चलता हैं। यह फरों स्लाइस मुख्य फरो स्लाइस के बाएं ऊपरी भाग से कट कर निकलती हैं और ऊपरी सतह पर स्थित खर–पतवार आदि को पूरी तरह पलट कर मृदा मे दबा देती हैं। इस प्रकार यह मुख्य फरों स्लाइस के कार्य करण में सहायक होती हैं।

कोल्टर

यह फरो स्लाइस को लम्बवत् काटकर फरो वाल से अलग कर देते हैं। यह मिट्टी से फसे स्लाइस काटकरएक साफ फरो वाल छोड़ देते है, मिट्टी में दबे फसल अवशेषों को भी यह काट देते हैं। यह हल के खिंचाव को भी कम कर देते हैं। यह फसल अवशेषो को काटते हुए फरो स्लाइस को पूरी तरह पलटने में सहायक हैं। यह हरीस से सम्बन्धित रहकर प्लाऊ बाटम के सामने ही लगा होता हैं। यह दो प्रकार के होते हैं।

1. रोलिंग कोल्टर
2. स्लाइडिंग कोल्टर

1. रोलिंग कोल्टर – यह एक गोलाकार स्पात का तवा हैं जिसकी परिधि पर तेज धार लगी होती हैं, कोल्टर के धुरे से लम्बवत् रेखा ठीक शेयर की नोक पर गिरती हैं। इसके तवे की धार या तो चिकनी होती हैं या लहरदार होती हैं। कोल्टर का समंजिन ऊपर, नीचे या अगल, बगल किया जा सकता हैं।

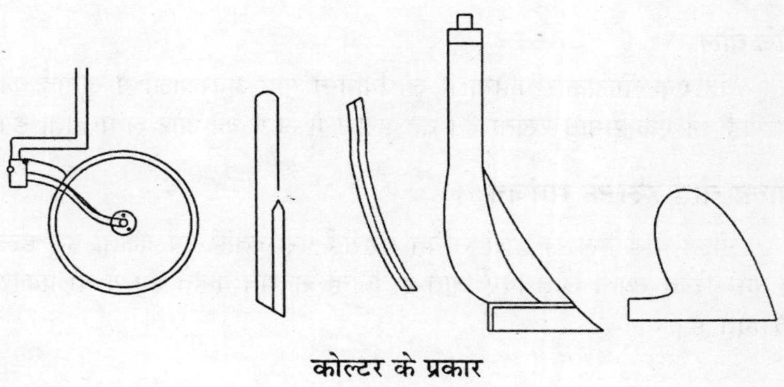

कोल्टर के प्रकार

2. स्लाइडिंग कोल्टर – यह भूमि पर लुढ़कता नहीं है पर फिसलता चलता हैं। इसका उदाहरण हैं नाइफ (चाकूदार) कोल्टर। ये चाकू अनेको आकार एवं प्रकार के होते हैं।

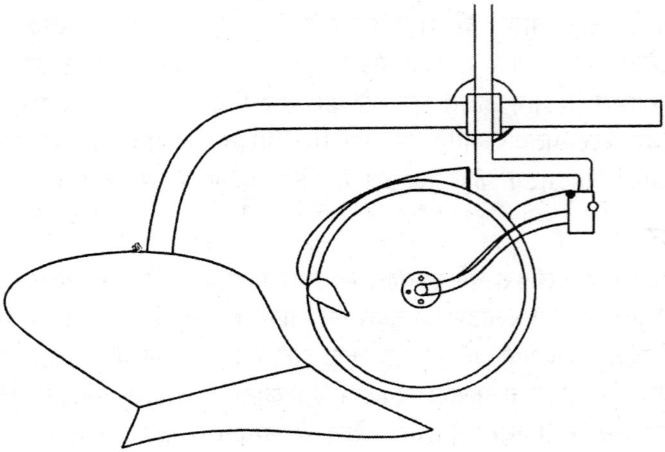

डिस्क कोल्टर

वीड हुक

इसका उपयोग ऊँची घास वाली भूमि मे होता हैं। यह एक लम्बी, आगे की ओर मुड़ी हुई लोहे की गोलाकार छड़ हैं जो वील या हरीस से अभिलम्ब होती हैं एवं खरपतवार को प्लाऊ बाटम के सामने ले आती हैं जो इसे पूरी तरह मिट्टी में दबा देता हैं एवं बैलों के चलने में कोई बाधा नहीं आने देती हैं।

गेज वील

यह एक गोलाकार पहिया हैं जो विभिन्न मृदा अवस्थाओं में जुताई की गहराई को एक समान रखता हैं। यह हरीस में आगे की ओर लगा होता हैं।

मोल्ड बोर्ड हल के समंजन

मोल्ड बोर्ड हल के द्वारा उचित गहराई पर जुताई एवं दक्षता हेतु हल में कुछ रिक्त स्थान छोड़ दिए जाते हैं, जिन्हें सक्शन कहते हैं। ये दो प्रकार के होते हैं।

1. वर्टिकल सक्शन
2. हारीजन्टल सक्शन

वर्टिकल सक्शन

धरातल एवं शेयर और लैन्डसाइड के संगम के बीच की लम्बवत् दूरी वर्टिकल सक्शन कहलाती हैं। यह हल को उचित गहराई पर कार्य करने में सहायक हैं। इसके बढने से जुताई की गहराई बढ़ती हैं और घटने से कम हो जाती हैं।

हारीजन्टल जक्शन

गनेल लैन्डसाइड और शेयर पॉइन्ट को मिलने वाली सीधी रेखा एवं शेयर तथा लैन्ड साइड के संगम बिन्दु बीच के रिक्त स्थान को हारीजन्टल सक्शन कहते हैं। यह फरो स्लाइस की उचित चौड़ाई को निर्धारित करता हैं।

प्लाऊ साइज अथवा हल का आकार

हल का आकार उसकी काटने की चौड़ाई के बराबर होता हैं। शेयर विंग से खींची गई सीधी रेखा एवं लैन्ड साइड और शेयर पॉइन्ट से खींची गई सीधी रेखा के बीच के लम्बवत् दूरी को हल का आकार कहते हैं।

सेन्टर आफ रेजिस्टेन्स (अवरोध का केन्द्र)

यह वह बिन्दु हैं जिस पर सभी लम्बवत् एवं क्षितिजाकार अवरोधी बल कार्य करते हैं। यह शेयर विंग से इसके आकार की तीन चौड़ाई दूरी पर प्लाऊ बाटम मे स्थित होता हैं।

खिंचाव रेखा

यह वह सीधी रेखा हैं जो सेन्टर ऑफ रजिस्टेन्स (अवरोध केन्द्र) हिच पॉइन्ट एव सेन्टर ऑफ पावर से होकर गुजरती हैं।

अश्व शक्ति

H.P.(mks)= (Kilogram) ×Distance travelled in m/min/4500

जोता गया क्षेत्रफल

मोल्ड बोर्ड हल के द्वारा प्रति घंटा जोते गए क्षेत्रफल का मान, जुताई की चौड़ाई, चालन गति एवं जुताई में लगे समयपर आधारित होता हैं।

$$A = \frac{W \times H \times S}{1000} \times Ef$$

A = Area Ploughed in hectare
W = Effective Width of Ploughing
H = Time of Ploughing in hours
S = Speed of Ploughing in Kmph
Ef = Efficiency of Ploughing in %

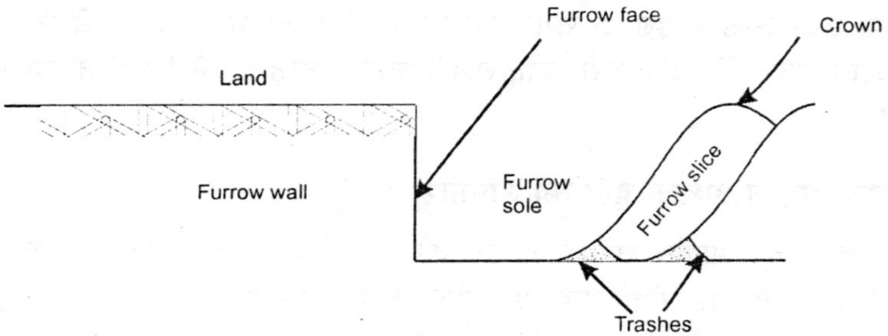

फरो (कूँड) के भाग

टू-वे प्लाऊ (Two Way Plough)

यह एक ऐसा मोल्ड बोर्ड हल हैं जो गति की दिशा के दाहिनी एवं बाई दोनो ही ओर मिट्टी पलटता हैं। इस हल में दो प्लाऊ बाटम होती है जो विपरीत दिशा में मिट्टी फेंकती हैं।

यह हल एक लाइन में चलते समय एक ओर मिट्टी फेंकता हैं तथा बाद वाली लाइन में चलते समय दूसरी ओर मिट्टी फेंकता हैं। ये दोनो प्लाऊ बाठम इस प्रकार लगी होती हैं कि इन्हें स्वतंत्र रूप से ऊपर या नीचे किया जा सकता हैं अथवा धुरे पर धुमाया भी जा सकता हैं।

इन हलों का लाभ यह हैं कि ये भूमि के ढ़ाल को नहीं बदलते और न ही ये डेड फरों और ब्रेक फरों बनाते हैं। ये सीढ़ीदार खेतों के लिए बहुत उपयुक्त होते हैं। इनकी हानि ये हैं कि ये भारी और मंहगे होते हैं।

टर्नरेस्ट प्लाऊ (Turnwrest Plough)

यह एक बाटम वाला टू–वे प्लाऊ बाटम को दॉई ओर से पलटकर बॉई ओर किया जा सकता हैं। इसके लिए इसे एक धुरे पर 180° पर धुमा दिया जा सकता हैं। इस प्रकार के हल को टर्नरेस्ट प्लाऊ कहते हैं। जब यह एक लाइन में चलता हैं तो मिट्टी को एक दिशा में फेकता हैं, वापस लौटने से पहले इसकी प्लाऊ बाटम की दिशा पलट दी जाती हैं जिसके फलस्वरूप लौटते समय भी यह उसी दिशा में मिट्टी फेंकता हैं। यह बाऍ अथवा दाऍ किसी भी ओर पहाड़ों पर जुताई हेतु उपयुक्त हैं, जहॉ पर मिट्टी को ढ़ाल की ओर फेंकना अनिवार्य होता हैं, जिससे भूमि का ढाल बढ़ने न पाए।

डिस्क प्लाऊ या तवेदार हल

इस हल में बड़े स्पात के तवे पाए जाते हैं जो गोल धूमते हुए मिट्टी को काटतें हैं, आंशिक रूप से पलटतें हैं और गहराई में जुताई करते हैं। इस हल में अपेक्षाकृत कम घर्षण होता हैं क्योंकि इसकी प्लाऊ बाटम घूमने वाली होती हैं। जहॉ मोल्ड बोर्ड हल अच्छा कार्य नहीं कर सकता वहॉ इसका उपयोग किया जाता हैं।

डिस्क प्लाऊ के लाभ

1. यह सूखी और कड़ी भूमि में जुताई हेतु उपयुक्त हैं जहॉ मोर्ल्ड हल कार्य नहीं कर सकता।
2. यह चिपचिपी भूमि में भी अच्छा कार्य करता हैं जहॉ मोल्ड बोर्ड हल कार्य ही नहीं कर पाता।
3. यह गहरी जुताई हेतु अधिक उपयोगी हैं।
4. यह पथरीली और जड़ीली भूमि में सुरक्षा पूर्वक और बिना टूट फूट के कार्य करता हैं।
5. इसके तवे घिसने पर भी अच्छा कार्य करते रहते हैं।
6. यह ढीली भूमि में भी बिना फंसे अच्छा कार्य करता हैं।

डिस्क प्लाऊ की हानियॉ

1. यह मोल्ड बोर्ड प्लाऊ की भॉति घास फूॅस और खरपतवारों को मिट्टी में दबाने हेतु उपयुक्त नहीं हैं।

2. मोल्ड बोर्ड प्लाऊ की अपेक्षा यह मिट्टी को खुरदुरी और ढेलों से भरपूर अवस्था में छोड़ता हैं।
3. बराबर क्षमता वाला डिस्क प्लाऊ मोल्ड बोर्ड प्लाऊ की अपेक्षा अधिक भारी होता हैं, क्योंकि इसे अधिक गहराई में कार्य करने हेतु अधिक भार की आवश्यकता होती हैं। इसकी गहराई सक्शन के द्वारा नहीं बढ़ती।

डिस्क प्लाऊ के प्रकार

डिस्क प्लाऊ दो प्रकार के होते हैं।

1. स्टैन्डर्ड डिस्क प्लाऊ
2. वर्टिकल डिस्क प्लाऊ

स्टैन्डर्ड डिस्क प्लाऊ

इसमें 60 से 90 से.मी. न्यास के स्पाती तवे पाए जाते हैं, जो गति की दिशा से एक निश्चित कोण पर सेट रहते हैं। प्रत्येक तवा बियरिंग के ऊपर लगा रहता हैं जो एक धुरे पर फिट रहती हैं।

कार्य करण में तवा मिट्टी काटता, तोड़ता और बगल की ओर ढकेल देता हैं। थोड़ी मात्रा में फरों स्लाइस पलटी जाती हैं और थोड़ी ही मात्रा में खर पतवार, घास, पत्तियां, आदि दबाई जाती हैं।

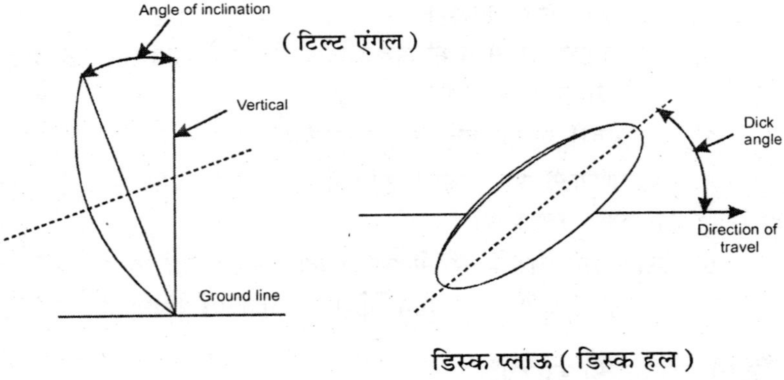

डिस्क प्लाऊ (डिस्क हल)

यह माऊन्टेड या ट्रेल्ड दोनो ही प्रकार के हो सकते हैं। माऊन्टेड प्रकार में ट्रैंक्टर के पहिए बगल के धक्के को वहन करते हैं। कुछ मात्रा में यह धक्का हल के पीछे लगे फरों वील के द्वारा वहन किया जाता हैं।

ये तवे हीट, ट्रीटेड स्टील के बने होते हैं। इनकी मोटाई 5–10 मिमी. के बीच होती हैं। तवों की धार तेज बनाई हुई होती हैं जिससे मिट्टी भली भॉति कट सके। तवे के व्यास के साथ उसकी गहराई भी बदलती जाती हैं। गहराई का मान 60 सेमी. तवे के लिए 8 सेमी से प्रारम्भ होकर 95 सेमी तवे के लिए 16 सेमी. तक हो सकता हैं। कुछ प्रमुख परिभाषाएँ निम्नलिखित हैं :–

तवा – यह गोलाकार घूमने वाली अवतल स्पात की प्लेट हैं जो मिट्टी को काटने और पलटने का कार्य करती हैं।

डिस्क कोण – यह वह कोण हैं जो तवे की धार का नतसमतल गति दिशा से बनाता हैं। इसका मान 42° से 45° के बीच होता हैं।

टिल्ट कोण – यह वह कोण हैं जो तवे की धार का नतसमतल अभिलम्ब से बनाता हैं। इसका मान 15° से 25° के बीच होता हैं।

खुरचनी – तवे के धरातल पर चिपकने वाली मिट्टी को यह खुरच कर निकाल देती हैं।

अवतलता – यदि तवें की अवतल सतह को धरातल की सतह पर रख दिया जाय तो केन्द्र में स्थित गहराई को अवतलता कहते हैं।

खिंचाव – समान क्षमता वाला तवेदार हल मोल्ड बोर्ड की अपेक्षा खिंचाव मे कम होता हैं। बहुत कड़ी भूमि मे हल पर भार बढ़ाया जाता हैं जिससे खिंचाव बढ़ जाता हैं। तवेदार हल की बियरिंग एवं खुरचनी भी खिंचाव को बढ़ाते हैं।

वर्टिकल डिस्क प्लाऊ

यह वह हल हैं जो तवेदार हल एवं तवेदार हैसे के मिश्रित सिद्धान्त पर कार्य करता हैं। इसका उपयोग उथली जुताई के लिए होता हैं। इसको हैरो हल भी कहते हैं। इसमें एक फ्रेम या ढॉचा होता हैं जिससे नीचे की ओर तवों का एक समूह लटकता हैं। ये तवे एक ही धुरे पर लगे होते हैं और एक साथ मिलकर ही घूमते हैं जैसे डिस्क हैरो का एक गैंग होता हैं। तवों के बीच की दूरी 20 से 25 सेमी. होती हैं, जबकि तवों का आकार या न्यास 50 से 65 सेमी. होता हैं। इस हल का डिस्क कोण 40° से 45° के बीच होता हैं। साधारणतयः एक बीज का बॉक्स भी एक अतिरिक्त भाग के रूप में इस हैरो प्लाऊ पर लगा होता हैं जो छोटे बीजों की बुवाई करने में सहायक हैं। इसके कार्य करने की गहराई बहुत कम (8 से 10 सेमी.) होती हैं अतः इसका खिंचाव भी बहुत कम होता हैं।

डिस्क हल के समंजिन

फ्रेम एवं पहिए के धुरे का कोण बदलने पर कटाई की चौड़ाई बदल जाती हैं। इस प्रकार से डिस्क कोण भी बदल जाता हैं। जब इसका मान 40° से 45° के बीच होता हैं तब खिंचाव न्यूनतम होता हैं।

डिस्क हल के विभिन्न समंजन कार्य की गहराई, कटाई की चौड़ाई और मुरमुरापन निम्नलिखित रूप से प्रभावित करते हैं।

1. डिस्क कोण बढानें से जुताई की गहराई बढ़ जाती हैं।
2. स्टैन्डर्ड डिस्क प्लाऊ पर टिल्ट कोण घटाने से भी जुताई की गहराई बढ़ जाती हैं।
3. हल पर अतिरिक्त भार रखने से भी जुताई की गहराई बढ़ जाती हैं।

अन्य हल

चीज़ल प्लाऊ

इस कृषि यंत्र के द्वारा भूमि के भीतर स्थित कड़ी सतह को सकरे टाइन की सहायता से तोड़ा जाता हैं। जुताई के पहले इसे चलाया जाता हैं। इसको जुताई की सतह के ठीक नीचे स्थित कड़ी सतह तोड़ने के काम मे लाया जाता हैं।

सब सरफेस प्लाऊ

यह भी भूमि के भीतर 60 से 90 सेमी की गहराई पर कार्य करता हैं इसको चलाने के लिए अधिक अश्वशक्ति के ट्रैंक्टर उपयोग में लाए जाते हैं।

सब सॉयलर

यह चीज़ल प्लाऊ की तरह ही होता हैं। इसमें एक ही टाइन होता हैं जो 100 सेमी. या इससे भी अधिक गहराई में जाता हैं।

रोटरी हल

इसके कार्यकरण भाग में एक क्षितिजाकार धुरे पर अनेंको चाकू या रोटरी टाइन लगे होते हैं जो मिट्टी को सम्पूर्ण रूप से काटकर बहुत मुरमुरा बना देते हैं। इसको रोटरी टिलर भी कहते हैं यह आघात बल के सिद्धान्त पर कार्य करता हैं। यह उथली जुताई एवं खरपतवार के नियंत्रण हेतु बहुत

अधिक उपयोगी हैं। इसमें एक शक्ति चालित धुरा होता हैं जिस पर लगे टाइन या चाकू मिट्टी एवं घास पात को भली भॉति काट देते हैं। इसकी गति 200 से 300 चक्कर प्रति मिनट होती हैं।

टाइन के मुड़ जाने अथवा टूट जाने की समस्या इस कृषि यंत्र में बनी रहती हैं। चाकू या टाइन धुरे पर बिखरे हुए रूप में लगे होते हैं। रोटर के धूमने पर टाइन भूमि से मिट्टी को अलग करने के साथ ही खरपतवारों को पूरी तरह काटकर नष्ट कर देते हैं। यह यंत्र अन्य यंत्रों की अपेक्षा मृदाका मन्थन अधिक करता हैं जिससे बहुत ही अच्छी टिल्थ प्राप्त हो जाती हैं। कार्बनिक पदार्थ एवं खाद आदि को मिट्टी में मिलाने हेतु यह बहुत ही उपयोगी कृषि यंत्र हैं।

द्वितीयक भूपरिष्करण के यंत्र

द्वितीय भूपरिष्करण यंत्रों में हैरो, कल्टीवेटर, हो, पैंडीवीडर, लैवलर, रोलर, क्लाड क्रशर आदि आते हैं।

इनका उद्देश्य हैं, खरपतवारों का नाश, ढेले तोड़ना, मल्चिंग, ठूंठ काटना, नमी सुरक्षित करना, खाद को मिट्टी में मिलाना एवं भूमि को समतल करना।

हैरो

हैरो एक द्वितीयक भूपरिष्करण यंत्र हैं जो मिट्टी को मुरमुरा बनाता हैं और चिकना करता हैं। यह उथली गहराई में जाकर कार्य करता हैं। यह खरपतवारों को काटता हैं और बीज तथा खाद को मिट्टी में मिलाता भी हैं।

विभिन्न परिस्थितियों के लिए विभिन्न प्रकार के हैरो बनाए गए हैं।

1. तवेदार हैरो
2. स्प्रिंग टाइन हैरो
3. बख्खर

तवेदार हैरो

यह हैरो गोल धूमते हुए तवो के समूहों के द्वारा कार्य करता हैं। यह तवे स्पात के बने होते हैं एवं प्रत्येक समूह के तवे एक ही धुरे पर लगे होते हैं।

शक्ति श्रोत के आधार पर डिस्क हैरो दो प्रकार के होते हैं।

1. ट्रैक्टर चालित
2. बैल चालित

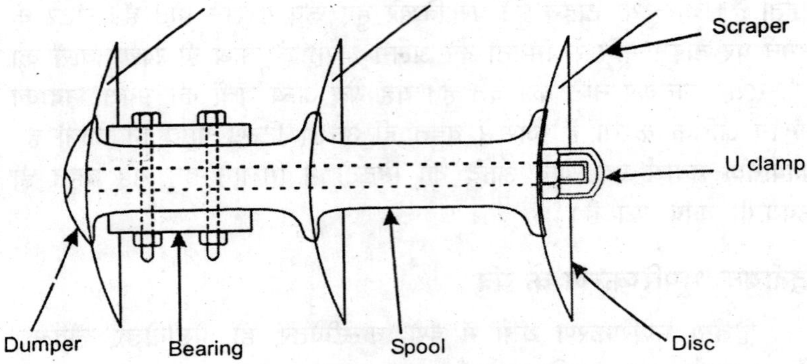

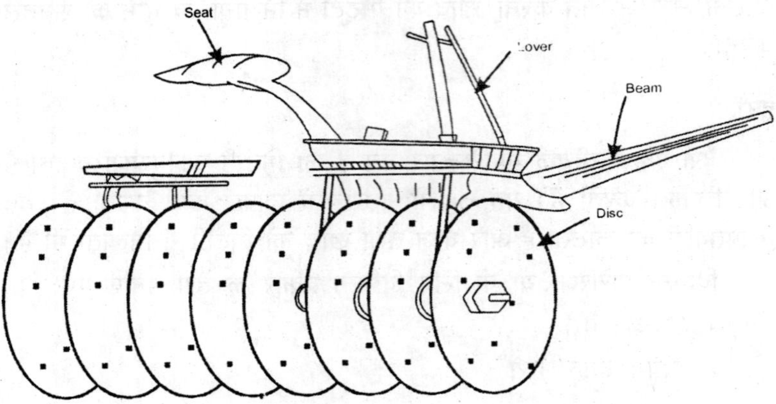

तवेदार हैरो (डिस्क हैरो)

ट्रैक्टर चालित डिस्क हैरो

ट्रैंक्टर चालित डिस्क हैरो, कड़ी भूमि के लिए, जो खरपतवारों से भरी हुई हो, बहुत लाभकारी होता हैं। यह मिट्‌टी, ढेले और दबी हुई जड़ों को

काटता हैं। तवे एक या दो या अधिक धुरों पर लगे होते हैं, जो गति की दिशा से विभिन्न कोणों पर सेट रहते हैं। हैरो को खींचने पर ये तवे गोल घूमने लगते हैं।

तवों के समूह की स्थिति के अनुसार ये चार प्रकार के होते हैं।

1. सिंगिल एक्शन
2. डबल एक्शन
3. टैनडम
4. ऑफसेट

सिंगल एक्शन डिस्क हैरों

इसके दोनो तवों के समूह या गैंग सिरे से सिरे को मिलाकर अगल बगल लगे रहते हैं। ये मिट्टी को विपरीत दिशा में फेंकते हैं। तवे इस प्रकार लगे होते हैं कि दॉया गैंग दांयी ओर मिट्टी फेंकता हैं और बॉया गैंग बांई ओर मिट्टी को फेंकता हैं।

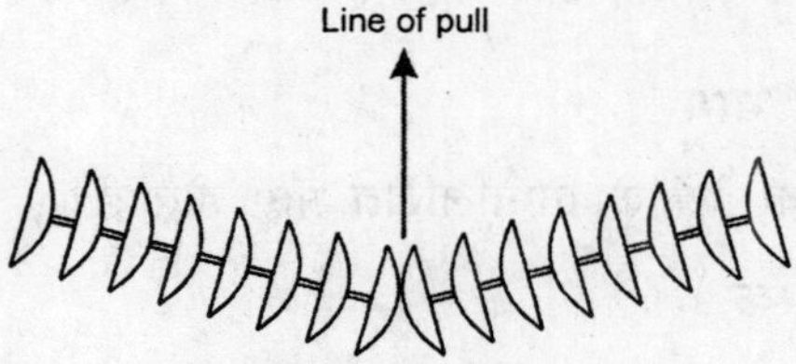

सिंगिल एक्शन

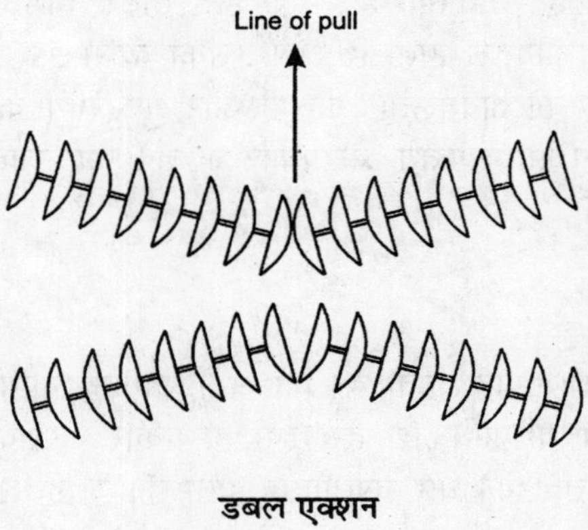

डबल एक्शन

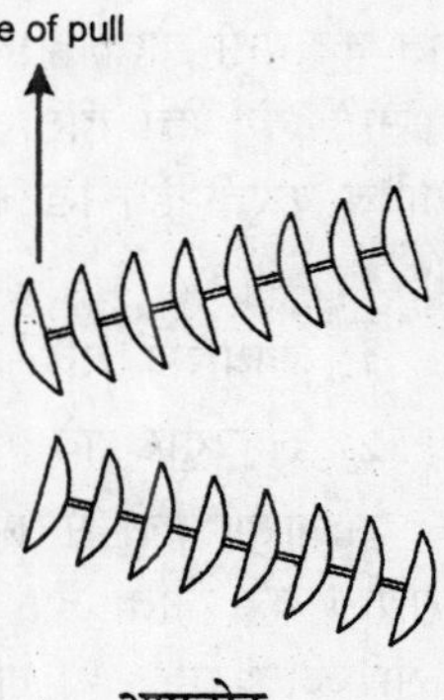

आफसेट

डबल एक्शन डिस्क हैरो

इस डिस्क हैरो में दो या अधिक गैंग से सेट, दूसरे एक या दो गैंग के सेट के पीछे इस प्रकार लगे होते हैं, कि अगले एवं पिछले गैंग एक दूसरे की विपरीत दिशा में मिट्टी फेंकते हैं। इस प्रकार एक ही बार में पूरे खेत मे दो बार हैरो चालन हो जाता हैं।

टैंनडम डिस्क हैरो

यह एक ऐसा डिस्क हैरो हैं जिसमें चार या चार से अधिक गैंग पाए जाते हैं। प्रत्येक दिशा में भी मिट्टी फेंकी जा सकती हैं।

ऑफसेट डिस्क हैरो

इस डिस्क हैरो में दो गैंग पाए जाते हैं जो ट्रैंक्टर की केन्द्रीय रेखा के बाएं अथवा दाएं एकांगो स्थिति में लगे होते हैं। इसमें आगे वाला गैंग मिट्टी को दाई ओर काटता हैं, और पीछे वाला गैंग मिट्टी को बांई ओर काटता हैं। इस हैरो का प्रयोग साधारणतयः बागानों में किया जाता हैं।

यह ट्रैंक्टर के दांई ओर या बांई ओर होकर कार्य करता हैं।

डिस्क हैरों के भाग

एक डिस्क हैरों के निम्नलिखित भाग होते हैं।

1. तवा या डिस्क

यह एक गोलाकार, अवतल धूमने वाला स्पात का बना तवा होता हैं। यह मिट्टी को काटकर पलटता हैं। यह तवा हाई ग्रेड हीट ट्रीटेड हार्डेन्ड स्पात का बना होता हैं। यह तवा अवतल होता हैं, और इसका व्यास 35 से 70 सेमी. के बीच होता हैं। तवे की अवतलता, गहराई और मुरमुरेपन को प्रभावित करती हैं। डिस्क हैरों में साधारणतयः दो प्रकार के तवे पाए जाते हैं।

1. साधारण तवे
2. लहरदार तवे

साधारण तवों में साधारण धार पाई जाती है। जो सभी सामान्य कार्यो में प्रयोग की जाती हैं। साधारणतयः अधिकांश हैरो इस ही प्रकार के तवों से सुस्ज्जित रहते हैं। लहरदार तवों की धार दरातीदार होती हैं। ये डंठल, घास और दूसरे वानस्पतिक पदार्थों को साधारण तवो की अपेक्षा अधिक

कुशलता से काटते हैं। ये मिट्टी को मुरमुरा करने में अधिक प्रभावशाली नहीं हैं, पर खेत को विशेष रूप से द्यान के खेत को मचाने हेतु में बहुत उपयोगी हैं।

2. समूह या गैंग

एक उभयनिष्ठ धुरें पर लगे सभी तवों के समूह को गैंग कहते हैं।

3. गैंग बोल्ट

यह एक लम्बा भारी धुरा हैं जो गोल या वर्गाकार काट का होता हैं। इसके एक सिरें पर चूड़ी पाई जाती हैं तथा दूसरे सिरे पर वर्गाकार स्टेड पाया जाता हैं। इसी पर तवों का एक सेट लगा होता हैं। गैंग बोल्ट पर तवों के बीच की दूरी हल्के हैरो में 15 से 23 सेमी. तथा भारी हैरो में 25 से 30 सेमी. होती हैं।

4. गैंग कोण

गैंग बोल्ट के अक्ष पर और गति की दिशा के बीच के कोण को गैंग कोण कहते हैं।

5. गैंग नियंत्रण लीवर

यह एक लीवर हैं जो हैरो के गैंग कोण को बदलने के लिए प्रयोग किया जाता हैं।

6. स्पूल या स्पेसर

हर दो तवों के बीच फ्लेन्ज युक्त ट्यूब गैंग बोल्ट पर लगा होता हैं जो उनकी स्थिति को स्थिर रखता हैं, एवं उन्हे इधर उधर सरकने नहीं देता। इसी को स्पूल या स्पेसर कहते हैं। यह विभिन्न आकार और प्रकार का होता हैं एवं ढलवा लोहे का बना होता हैं।

7. बियरिंग

बगल के धक्के को रोकने के लिए बियरिंग पाई जाती हैं। इन पर अत्याधिक रेडियल और थ्रस्ट भार पड़ता हैं। डिस्क हैरो में शीतलित ढलवा लोहे की बनी गोल छर्रे वाली या टेपर रोलर बियरिंग प्रयोग की जाती हैं। तेल में भीगी लकड़ी की बियरिंग भी डिस्क हैरों में प्रयोग की जाती हैं।

8. स्थानान्तरण चक्र

ट्रेंलिंग प्रकार के डिस्क हैरो के स्थानान्तरण हेतु, पहिए पाए जाते हैं, जिससे सड़क भी खराब न हों एवं तवों की धार भी सुरक्षित रहें। अरेाही डिस्क हैरों में इनकी आवश्यकता नहीं पड़ती।

9. स्क्रेपर

यह तवों को फंसने नहीं देता एवं तवों के अवतल मुख पर चिपकी मिट्‌टी को खुरच कर निकालता रहता हैं।

10. भार बॉक्स

मुख्य फ्रेम पर एक बक्से के आकार का फ्रेम पाया जाता हैं जिसमें डिस्क हैरो पर वज़न बढ़ाने के लिए अतिरिक्त भार रखे जाते हैं जिससे कार्य की गहराई बढ़ सके।

डिस्क हैरो में गहराई नियंत्रण

गहराई बढाने के लिए फ्रेम पर अतिरिक्त भार रखा जाता हैं। अधिकतम गहराइ प्राप्त करने के लिए गैंग को इस प्रकार सेट किया जाता हैं जिससे तवों की आगे की धार गति की दिशा के समानान्तर बनी रहें।

तेज धार वाले तवों से अधिक गहराई प्राप्त की जा सकती हैं। यह देखा गया हैं कि कार्य की गति कम होने पर गहराई बढ़ जाती हैं। संक्षेप मे डिस्क हैरो की गहराई बढाने के लिए निम्न समंजन किये जाते हैं।

1. डिस्क कोण को बढाना।
2. डिस्क हैरो पर अतिरिक्त भार रखना।
3. हिच बिन्दु को नीचे करना।
4. तेज धार वाले छोटे व्यास के कम अवतलता वाले तवों को प्रयोग करना।
5. उचित गति पर डिस्क हैरों को चलाना।

डिस्क हैरों की देखभाल

1. सभी बियरिंग का नियमित अन्तराल पर ग्रीस द्वारा स्नेहन करते रहना चाहिए।

2. पहले सभी बोल्टों को कस देना चाहिए।
3. तवों की घिसी हुई धार को नियमित रूप से तेज करते रहना चाहिए।
4. कार्य मे होने पर सभी घिसे व टूटे भागों एवं बियरिंग आदि को बदल देनाचाहिए।
5. कार्य मे न रहने पर तवों की भीतरी और बाहरी सतहों पर लेप चढ़ा देना चाहिए।

डिस्क हैरों के विशिष्ट उपयोग

1. हरी खाद की फसलों को मोल्ड बोर्ड हल से पलटने के बाद डिस्क हैरो द्वारा मिट्टी के अन्दर भली भॉति दबा दिया जाता हैं।
2. खेत की प्रारम्भिक जुताई मोल्ड बोर्ड हल के द्वारा करने के पश्चात् डिस्क हैरो चलाने पर दबे हुए मिट्टी के ढेले टूट जाते हैं और मिट्टी मुरमुरी हो जाती हैं।
3. मिट्टी के भीतर नमी संरक्षण के लिए भी यह बहुत उपयोगी हैं।
4. छिटकवा विधि से बोए गए बीजों एंव बिखेरी गई खाद को भी यह मिट्टी मे भली भॉति मिला देते हैं।

स्पाइक टूथ हैरो

स्पाइक टूथ हैरो का खिंचाव कम होता हैं और यह तीव्र गति से कार्य करते हैं। इनमें खूटें के आकार के दांते पाए जाते हैं। इनकी अनुप्रस्थ काट हीरे के आकार की होती हैं। ये दांते आयताकार फ्रेम में लगे होते हैं। इनका उपयोग ढेले तोड़ने मिट्टी मे हवा का आवागमन बढाने, खर पतवार उखाड़ने एवं इकट्ठा करने, भूमि को समतल करने, मृदा की पपड़ी तोड़ने एवं बीजों एवं खाद को मिट्टी में भली भॉति मिलाने के लिए होता हैं।

इसका प्रमुख उपयोग जुताई के बाद मृदा का समतलीकरण करके उसे चिकना बनाना हैं। इस हैरो के निम्न भाग होते हैं।

1. ढांचा (Frame)– यह बहुत ही मजबूत लोहे का बना होता हैं।

2. टूल बार– यह वह दंड हैं जिस पर खूंटे लगे होते हैं। यह मजबूत एंगिल आयरन का बना होता हैं, प्रत्येक टूल बार में 5–7 खूटे लगे होते हैं। ये खूंटे क्लैम्प की सहायता से टूल बार पर कसे रहते हैं। टूथ क्लैम्प बहुत मजबूत होने चाहिए जिससे दांत अपने स्थान से हट न सकें।

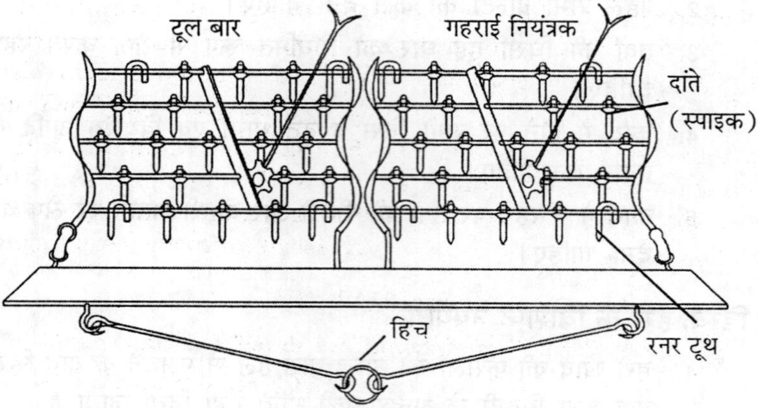

स्पाइक टूथ हैरो

3. खूंटे– ये खूंटे या दांत उच्च स्पात के बने होते हैं। ये नीचे की ओर नुकीले तथा ऊपर की ओर मोटे और अनुप्रस्थ काट में हीरे के आकार के होते हैं। ऊपर का सिरा काफी मोटा होता हैं जिससे कार्य के दौरान यह बाहर न निकल सकें। इन दांतों को टूथ क्लैम्प के द्वारा बड़ी मजबूती से टूल बार के साथ कस दिया जाता हैं।

4. रनर टूथ– हैरो के प्रत्येक कोने पर विशेष प्रकार के दांते लगे होते हैं, जिन्हें रनर टूथ कहते हैं। इनका ऊपर का भाग दूसरे दांतों की भॉति मोटा नही होता, किन्तु बड़ा होता हैं और गोलाई मे मुड़ा होता हैं। जब हैरो को एक स्थान से दूसरे स्थान ले जाना होता हैं तब इनको उलटा कर दिया जाता हैं। जिससे गोलाकार भाग नीचे की ओर आ जाता हैं। शेष दांतो को लीवर की सहायतासे ऊपर उठा दिया जाता हैं। रनर टूथ के ऊपर पूरा हैरा घसीट कर स्थानान्तरित कर दिया जाता हैं।

5. क्रास बार– यह टूल बार के दोनो ओर पाए जाते हैं इन्हीं पर टूलबार बंधा रहता हैं। इस प्रकार टूल बार के बीच की दूरी निश्चित बनी रहती हैं।

6. रॉकर बार– यह मृदु स्पात की एक मोटी पट्टी होती हैं जो कि टूल बार के ऊपर होकर क्रास बार के ठीक बीचो बीच लगी होती हैं। यह लीवर तथा रैंचिट से सम्बन्धित रहती हैं।

7. रैंचिट– यह एक लोहे की दॉतेदार पट्टी होती हैं, जो कि गोलाई मे रॉकर बार के ऊपर लीवर से सम्बन्धित रहती हैं। लीवर को इसके दॉतो में फॅसाकर, हैरो के दॉतो का कोण बदला जा सकता, जिससे हैरो की गहराई नियंत्रित की जा सकती हैं।

8. लीवर– एक लोहे की पट्टी पर यह लगा होता हैं और इसका सम्बन्ध रैचिट से होता हैं। लीवर दांतों के कोण को बदल कर गहराई नियंत्रित करता हैं एवं और अधिक गहराई के लिए हैरो पर वज़न रख दिया जाता हैं।

कमानीदार या स्प्रिग टाइन हैरो

इस हैरों मे मजबूत लचकउार दांते पाए जाते हैं। इनका प्रयोग कड़ी जड़ीली एवं पथरीली भूमि मे सफलता पूर्वक किया जा सकता हैं। इस हैरो के दांते कल्टीवेटर के दांतो के समान ही दिखते हैं, परन्तु कल्टीवेटर के दांतो से बड़े होते हैं और स्प्रिग स्टील के बने होते हैं। कड़ी भूमि पर प्रयोग से इसके दांतों के टूटने का डर नही रहता। ये दॉते मिट्टी के भीतर किसी भी कड़ी वस्तु अथवा पेड़ों की जड़ आदि के साथ फंस जाने पर लचक के कारण टूटते नहीं, पर सीधे होकर बाहर निकल जाते हैं। इस हैरो के निम्न भाग होते हैं।

1. ढांचा– इस हैरो का फ्रेम मजबूत एन्गिल आयरन का बना होता हैं। इसी पर टूल बार लगे होते हैं। इन्हीं टूल बार पर लचकदार दांते लगे होते हैं।

2. टूल बार– यह लोहे की बनी लगभग 4 सेमी. व्यास की, मोटी खोखली छड़ हैं। इसी पर टूथ क्लैम्प की सहायता से दॉते लगे होते हैं।

3. टूथ या दॉते– इसके दॉते लम्बे और गोलाई में मुड़े रहते हैं। ये कमानीदार स्पात के बने होते हैं। इनकी चौड़ाई 2–5 सेमी. तक होती हैं। इनको टाइन कहते हैं। इन टाइन के नीचे की ओर बदलने योग्य शावेल लगे होते हैं। ये खुरपे जैसे होते हैं तथा एक ओर घिस जाने पर इसका सिरा बदला जा सकता हैं।

4. फ्रेम रनर या फ्रेम शू– फ्रेम को कोने पर कोनेदार लोहे की मोटी पट्टियॉ होती हैं, जिससे ढांचा मिट्टी के संपर्क मे आने के कारण जल्दी नहीं घिसता। रनर के घिस जाने पर केवल इसी को बदलना पड़ता हैं, पूरा फ्रेम नहीं बदलना पड़ता।

5. लीवर और रैचिट– इनकी सहायता से दांतो को किसी उचित कोण पर घुमाया जा सकता हैं। लीवर का आगे पीछ करने से टूल बार घूम जाता हैं।

6. हुक– ये फ्रेम में आगे की ओर लगे होते हैं। इन्हीं की सहायता से हैरो को बैलो के साथ रस्सी द्वारा जोड़ा जाता हैं।

विशिष्ट उपयोग

इस हैरो का प्रयोग हल से जुताई करने के पश्चात् कड़ी भूमि को मुरमुरी बनाने और फसल की गहरी जड़ों को उखाड़ने के लिए किया जाता हैं।

बखर

इस कृषि यंत्र मे फ्रेम से सम्बन्धित एक छुरा या ब्लेड लगा होता हैं। इसको भूमि की उथली जताई के लिए प्रयोग किया जाता हैं जहां पर मिट्टी के न्यूनतम पलटाव की आवश्यकता पड़ती हैं। ये अधिकाशतः चिकनी भूमि में बीज शैय्या तैयार करने के काम मे आता हैं। यह मृदा की ऊपरी सतह पर कार्य करता हैं और मिट्टी नहीं पलटता। यह 40 से 100 मिमि. चौड़ाई में उथली जुताई करता हैं।

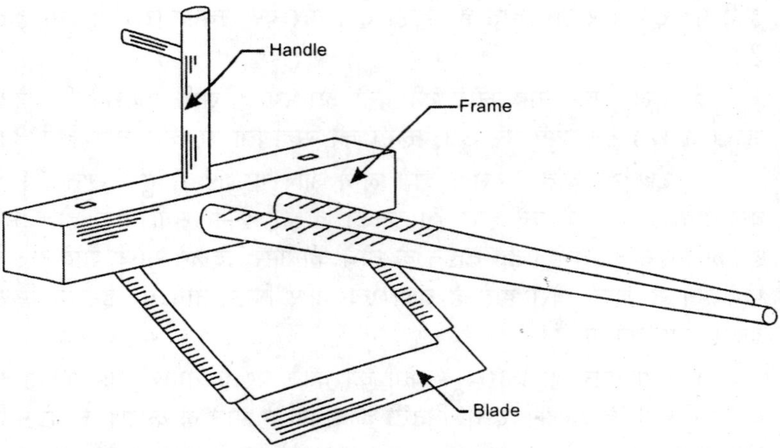

बखर (ब्लेड हैरो)

प्रश्न 1 : बैलों द्वारा चलने वाले एक 1.5 मी. चौड़े हैरो के द्वारा दिन के 8 घंटे मे कितना क्षेत्रफल पूर्ण किया जा सकता हैं, यदि प्रत्येक दांता 1 किलोग्राम अवरोध उत्पन्न कर रहा हैं और हैरो मे 50 दांते हैं तो बैलो को हैरो खींचने हेतु कितनी अश्वशक्ति उत्पन्न करनी पड़ेगी?

प्रश्न 2 : एक हैरो को खींचने में कितनी अश्व शक्ति की आवश्यकता होगी यदि उसमें 50 दांते हैं और प्रत्येक दांता 1 किलो. अवरोध उत्पन्न कर रहा हैं। हैरो की गति 5 किमी/घंटा हैं।

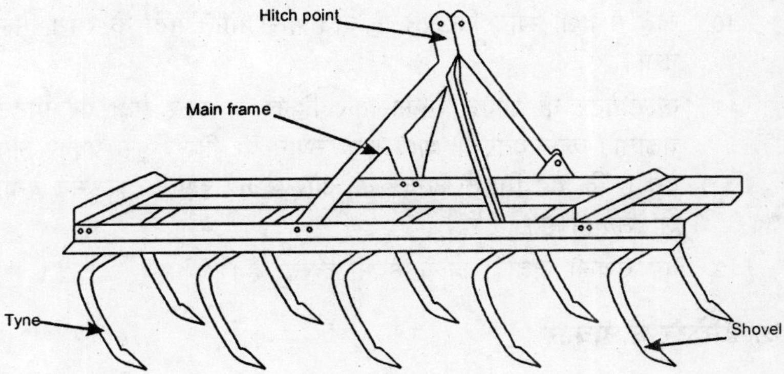

साधारण कल्टीवेटर

कल्टीवेटर

इस यंत्र के फ्रेम से अनेको टाइन सम्बन्धित रहते हैं। इसका उपयोग खड़ी फसल में इन्टरकल्चर के लिए होता हैं।

यह मृदा को खोलकर हवा का आवागमन बढ़ाता हैं और ढेले भी तोड़ता हैं। कल्टीवेटर के टाइन गहराई में मृदा के भीतर कार्य करते हैं। इसका कार्य हल और हैरो के बीच का होता हैं। कल्टीवेटर का प्रमुख कार्य खरपतवार का नाश करना हैं। संक्षेप में कल्टीवेटर निम्न कार्य करता हैं।

1. खेत का इन्टरकल्टर करना।
2. खेत के खरपतवारों का नाश करना।
3. फसल की उचित वृद्धि हेतु मृदा में हवा का आवागमन बढ़ाना।

4. मृदा सतह पर कड़ी परत बना कर नमी संरक्षित करना।
5. बुवाई एकक लगाकर बुवाई कार्य भी करना।
6. मृदा सतह पर वाष्पीकरण रोकना और मृदा के भीतर वर्षा के पानी का निस्सारण बढ़ाना।
7. मिट्टी को भुरभुरी बनाना।
8. खेत के ढेलो को ऊपर निकालकर तोड़ना।
9. छिटकाव विधि से बोए गए बीजो को मृदा में भली भाँति मिला देना।
10. खेत मे देशी खाद बिखेरने के बाद भली भाँति मृदा के साथ मिला देना।
11. कल्टीवेटर के शावेल निकालकर हिलर लगाकर मेढों पर मिट्टी चढ़ाना। कल्टीवेटर के शावेल के स्थान पर हिलर इस प्रकार लगा देते हैं कि वह मिट्टी अन्दर की ओर फेंके। इसके द्वारा मेढ़ बनाई जा सकती हैं।
12. यह उथली जुताई का काम भी करता हैं।

कल्टीवेटर के प्रकार

शक्ति श्रोत के आधार पर कल्टीवेटर दो प्रकार के होते हैं।

1. ट्रैंक्टर चालित
2. पशु चालित

ट्रैंक्टर चालित कल्टीवेटर

ट्रैंक्टर चालित कल्टीवेटर भी दो प्रकार के होते हैं।

1. ट्रेल्ड टाइप
2. माउन्टेड (आरोही) टाइप

1. ट्रेल्ड टाइप कल्टीवेटर

इसमें एक मुख्य ढांचा होता हैं। इससे सम्बन्धित टूल बार पर टाइन लगे होते हैं। अगले सिरे पर हिच पॉइन्ट पाया जाता हैं। इसके अतिरिक्त इस कल्टीवेटर में दो पहिए भी लगे होते हैं।

प्रत्येक कतार मे लगे टाइन काफी दूरी पर लगे रहते हैं जिससे उनके बीच मृदा एवं घास फूस का गमन सरलता से हो सके। बगल वाली कतारों

के टाइन बिखरे हुए होते हैं, जिससे यंत्र पूरी चौड़ाई में प्रभावी रूप से कार्य कर सके तथा अन्तिम गहराई नियंत्रण स्क्रूलीवर के द्वारा प्राप्त किया जाता हैं।

मोड़ पर बिना उठाए कल्टीवेटरको मोड़ने से टाइन क्षतिग्रस्त हो जाते हैं, अतः मोड़ से पहले टाइन को उठा लेना चाहिए।

2. माउन्टेड टाइप कल्टीवेटर

जिन ट्रैक्टर में हाइड्रोलिक लिफ्ट पाई जाती हैं वे ही अरोही या माउन्टेड कल्टीवेटर को उठा सकते हैं। तीन बिन्दु हाइड्रोलिक लिन्केज पर, एन्गिल आयरन का बना ढाचा लगा होता हैं। क्रास बार पर स्प्रिग के साथ टाइन, दो कतारों में बिखरे रूप मे लगे होते हैं। मृदा को भली भॉति काटने हेतु विभिन्न प्रकार के शावेल ओर स्वीप प्रयोग किए जाते हैं। मुख्य शावेल और स्वीप निम्नलिखित हैं।

1. सिंगिल पॉइन्ट शावेल
2. डबल पॉइन्ट शावेल
3. स्पियर हेड शावेल
4. स्वीप
5. हाफ स्वीप
6. फरोवर

विभिन्न प्रकार की मृदा एवं फसलों के आधार पर कल्टीवेटर पर शावेल का चुनाव होता हैं। ट्रैंक्टर चालित कल्टीवेटर दो प्रकार के होते हैं।

1. स्प्रिग लोडेड टाइन कल्टीवेटर
2. रिजिड टाइन कल्टीवेटर

1. स्प्रिग लोडेड टाइन कल्टीवेटर

एक टाइन जो फ्रेम से एक कब्जे के द्वारा जुड़ा रहता हैं और एक स्प्रिग की सहायता से इस प्रकार लगा होता हैं कि कोई भी अवरोध आने पर टाइन पीछे की ओर उछल जाता हैं।इस प्रकार के टाइन का स्प्रिग लोडेड टाइन कहते हैं। इस प्रकार के प्रत्येक टाइन में एक भारी कायलू वाला स्प्रिग लगा होता है। जब कभी टाइन पर लगा शावेल भूमि में दबी जड़ों अथवा बड़े पत्थरों से टकराता हैं, तब यह स्प्रिग क्रियाशील हो जाता हैं, और टाइन को बाहर निकालकर अवरोध को पार करवा देता हैं अतः कोई टूट फूट नहीं होने

पाती। अवरोध पार करने के बाद टाइन स्वतः ही अपनी पूर्व स्थिति में आ जाते हैं और कार्य बिना रूकावट के पहले की भॉति चलता रहता हैं।

ये टाइन उच्च कार्बन स्पात के बने होते हैं और टूलबार पर सही स्थिति में लगे होते हैं।

इस प्रकार का कल्टीवेटर ऐसी मृदा के लिए अनुमोदित किया जाता हैं जिसमें पत्थर या पूर्व फसलों के ठूठ या अवशेष दबे रहते हैं। जुताई की गहराई नियंत्रित करने हेतु दो गेज वील भी कल्टीवेटर में लगे होते हैं। यह कल्टीवेटर 7,9,11,13 या अधिक टाइन वाला भी हो सकता हैं।

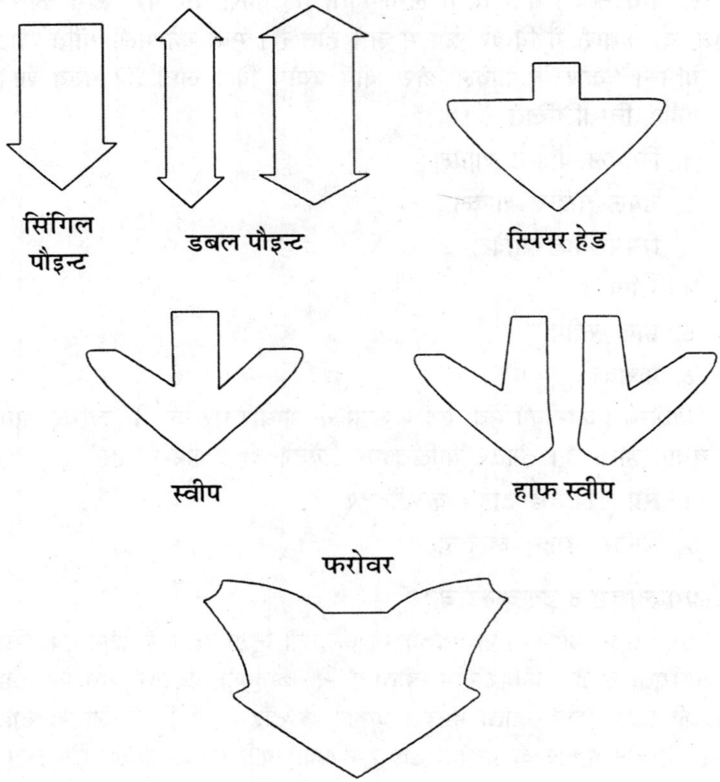

कल्टीवेटर के टाइन या शावेल

2. रिजिड टाइन

इस कल्टीवेटर में टाइन में स्प्रिंग नहीं पाए जाते और वो हढता से टूल बार पर लगे होते हैं। कोई भी अवरोध आने पर वह पीछे हटकर अवरोध के ऊपर से होते हुए आगे नहीं निकल पाते। इसके विपरीत वे दबी जड़ो या बड़े पत्थरों में फंस जाते हैं, जिसके फलस्वरूप उनमें टूट फूट हो जाती हैं और कार्य रूक जाता हैं।

टाइन के बीच की दूरी बदलने के लिए बोल्ट को ढीला करके टाइन को ब्रेस के ऊपर सरका दिया जाता हैं और वांछित अवस्था में आने पर बोल्ट के द्वारा कस दिया जाता हैं। चूंकि इस कल्टीवेटर में रिजिड टाइन केवल अगले और पिछले टूल बार पर लगे होते हैं अतः टाइनों के बीच की दूरी सरलता से बिना ठूंट और खरपतवार के फंसे बदली जा सकती हैं। गहराई नियंत्रण के लिए एक जोड़ी गेज वील भी इस कल्टीवेटर में पाए जाते हैं।

बैल चालित कल्टीवेटर

बैल चालित कल्टीवेटर में तीन टाइन वाला जिसमें बुवाई एकक भी लगी होती हैं, बहुत प्रचलित हैं।

तीन टाइन, बुवाई एकक कल्टीवेटर

यह पूरे देश में बहुत प्रसिद्ध कल्टीवेटर हैं, बुवाई एकक निकाल कर इसके द्वारा खड़ी फसल में इन्टरकल्चर क्रिया की जाती हैं। इसमें बीजों को हाथ के द्वारा ही गिराया जाता हैं। इसके मुख्य भाग निम्नलिखित हैं :—

1. फ्रेम
2. बुवाई एकक
3. टाइन
4. शावेल
5. हैन्डल या हत्था
6. बीम या हरीस

1. फ्रेम

यह मृदु स्पात का बना होता हैं। इसका आकार मिमी. होता हैं। इसका आकार 40 × 10 मिमी. होता हैं। इसमें एक लम्बवत् क्लेवस पाई जाती हैं, जिसकी सहायता से विभिन्न आकार के पशु इसमें नाथे जा सकते हैं।

2. बुवाई एकक

दोनो हत्थों के बीच 0.71 मिमी मिमी. मृदु स्पात से बनी कीप पाई जाती हैं। इसके निचले सिरे पर 120° पर तीन छिद्र पाए जाते हैं। इन छिद्रो में बीज पाइप लगे होते हैं जो प्रत्येक टाइन के शावेल के ठीक पीछे क्लैम्प द्वारा फंसे रहते हैं।

3. टाइन

प्रत्येक टाइन मृदु स्पात का बना होता हैं। इसका अनुप्रस्थ काट 40 × 6 मिमी. होता हैं।

4. शावेल

यह साधारणतयः डबल पॉइन्ट होते हैं। शावेल की चौड़ाई 50 से 75 मिमी. के बीच होती हैं। यह कार्बन स्टील का बना होता हैं एवं इसकी मोटाई 3.15 से 4.5 मिमी. के बीच होती हैं। ये टाइन के साथ बोल्ट से जुड़े रहतें हैं।

5. बीम या हरीस

ये अच्छी लकड़ी की बनी होती हैं और फ्रेम के साथ जड़ी रहती हैं।

6. हैन्डल या हत्था

यह मृदु स्पात की पत्ती का बना होता हैं। ब्रेस के द्वारा यह फ्रेम से जड़ा रहता हैं। इसकी मूठ लकड़ी या पाइप की बनी होती हैं।

प्रश्न : एक पांच टाइन कल्टीवेटर में टाइनों के बीच की दूरी 8 सेमी. हैं। कल्टीवेटर 5 सेमी. की गहराई पर कार्य कर रहा हैं एवं उसकी गति 3 किमी. प्रति घंटा हैं। मुड़ने मे 10 प्रतिशत समय नष्ट होता हैं, तो ज्ञात करें कि एक हेक्टर क्षेत्रफल पूरा करने मे क़ितना समय लगेगा। यदि मृदा अवरोध 0.6 किग्रा. प्रति वर्ग सेमी. हैं तो अधिकतम खिंचाव तथा अश्वशक्ति क्या होगी। यदि फरों की चौड़ाई 5 सेमी. हैं।

Solution :

$$\text{Total width of Cultivator} = 8 \times 5$$

$$= 40 \text{ cm} = 0.4 \text{ m}$$

$$\text{Speed of Cultivator} = 3 \text{ km/hour}$$

$$= \frac{3 \times 1000}{60} \text{ m/min}$$

$$\text{Area covered/hour} = \frac{W \times S}{1000} \times \text{Fuel Efficiency}$$

$$= \frac{0.4 \times 3 \times 1000}{1000 \times 60} \times \frac{90}{100}$$

$$= \frac{0.4 \times 3 \times 0.9}{60} = 0.108 \text{ ha}$$

$$\text{Time taken to cover 0.18 ha} = \frac{1}{0.108} = 9.25 \text{ hours}$$

Total Cross Sectional Area of five $= 5 \times 8 \times 5 = 200 \text{ cm}^2$

Maximum Draft = Total soil resistance

$= 200 \times 0.16 = 120 \text{ kg}$

$$\text{H.P.} = \frac{\text{Draft in Kg} \times \text{Speed in m/min}}{4500}$$

$$= \frac{120 \times 3 \times 1000}{4500 \times 60} = 1.33 \text{ hp}$$

अन्य यंत्र

पैडी पडलर

इसका उपयोग खड़े पानी में धान के खेत को मचाने के लिए होता हैं। यह ढेलों को तोड़ता हैं और मृदा का मन्थन करता हैं। खेत मचाने का मुख्य उद्देश्य यह हैं कि पानी को नीचे जाने से रोका जाए, खरपतवार को सड़ा कर नष्ट किया जाए, एव मृदा को मुलायम बनाकर धान की रोपाई को सरल बना दिया जाए। 5 से 10 सेमी. खड़े पानी में पडलिंग की क्रिया सम्पन्न की जाती हैं। एक प्रचलित पडलर में तीन मचाई एकक होते हैं। प्रत्येक एकक में एक धुरे पर चार पैड़ल लगे होते हैं। यह धुरा मुक्त रूप से दो बियरिंग पर टिका होता हैं। जो लकड़ी या धातु के फ्रेम पर फिट रहती हैं। पैडी पडलर के निम्न भाग होते हैं।

1. फ्रेम – यह एक मजबूत फ्रेम हैं जो लोहे, एन्गिल आयरन या लकड़ी का बना होता हैं।

2. पैडल – ये मृदु स्पात शीट के बने होते हैं। इनकी मोटाई 3 मि. मी. होती हैं तथा आकार 225 × 130 मि.मी. होता हैं। ये पैडल धातु के बने क्रास से रिवेट के द्वारा जड़े रहते हैं।

3. मेटल क्रास – यह मृदु स्पात पट्टी का बना होता हैं और इसी पर पैडल लगे रहते हैं।

4. धुरा – यह मृदु स्पात का बना होता हैं और व्यास लगभग 25 मि. मी. होता हैं। यह मृदु स्पात पाइप का भी बनाया जा सकता हैं।

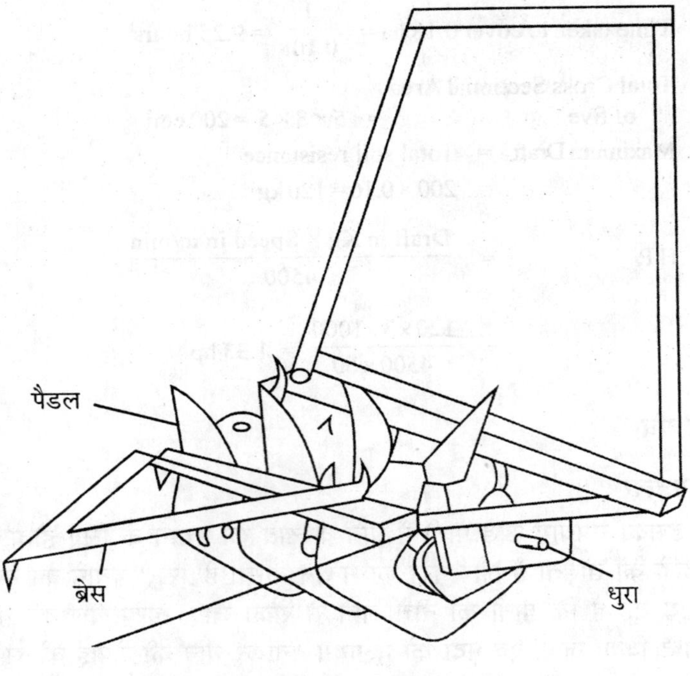

पैडी पडलर

5. हरीस या बीम – यह लकड़ी की बनी होती हैं और ब्रेस की सहायता से फ्रेम से सम्बन्धित रहती हैं। दूसरे सिरे पर जुए से जुड़ी रहती हैं।

6. हत्था – यह लकड़ी का बना होता हैं और पडलर की दिशा एवं गति को नियंत्रित करता हैं।

बंधफारमर

बंध या मेड़ मिट्टी को इकट्ठा करके बनाया जाता हैं। बंध पानी को रोकने के काम आता हैं, जिससे नमी संरक्षित की जा सके। इसका आकार ज्ञात करने के लिए फोरमिंग बोर्ड के दोनो पिछले सिरों के बीच की अधिकतम क्षितिजाकार दूरी मापी जाती हैं।

इसके निम्नलिखित भाग होते हैं :–

1. फोरमिंग बोर्ड
2. बीम
3. हैन्डल

1. फोरमिंग बोर्ड – यह मिट्टी को इकट्ठा करके बंध बनाता हैं। यह आकार में उत्तल होता हैं। यह मृदु स्पात का बना होता हैं। स्पात की चादर की मोटाई 1.50 से 2.00 मि.मी.के बीच होती हैं। फोरमिंग बोर्ड बोल्ट की सहायता से अगले एवं पिछले ब्रेस एवं बंध आधार से जुड़े रहते हैं।

2. हरीस या बीम – हरीस के द्वारा पशुओं से प्राप्त खिंचाव शक्ति बंध आधार तक पहुॅचती हैं जिस पर फोरमिंग लगे हुए हैं। यह कड़ी और मजबूत लकड़ी का बना होता हैं।

3. फोरमिंग बोर्ड आधार – यह फोरमिंग बोर्ड के पिछले भाग को हरीस से जोड़ता हैं। यह मृदु स्पात पट्टी का बना होता हैं।

4. हत्था – बंध फोरमर के चालन के नियंत्रण हेतु लकड़ी के हत्थे प्रयोग किए जाते हैं।

पैंडी वीडर

यह खरपतवार नियंत्रण का एक प्रभावी यंत्र हैं। इसका उपयोग धान के खेत मे किया जाता हैं। धान की सभी उन्नत प्रजातियां कतारों मे बोई जाती हैं एवं खरपतवारों के नियंत्रण हेतु इस यंत्र का उपयोग बहुत उपयोगी हैं। यह धान की पक्तिबंद्ध कतारों मे खरपतवारों को उखाड़ कर मिट्टी मे दबा देता हैं। यह मिट्टी में हवा के संचार को बढाता हैं।

इसके मुख्य भाग निम्नलिखित हैं :–

1. फ्रेम – फ्रेम मृदु स्पात का बना होता हैं। इसी फ्रेम मे फ्लोट सामने और पीछे के वीडिग रोल एवं कोणीय नियंत्रक लगे होते हैं।

2. वीडिंग रोल – एक गोल धूमने वाली इकाई हैं जिस पर उगली के आकार के उभार पाए जाते हैं। ये ही खरपतवारों को उखाड़ कर मिट्टी

में गाड़ देते हैं। एक वीडिंग रोल आगे लगा रहता हैं, दूसरा पीछे लगा रहता हैं। ये मृदु स्पात का बना होता हैं।

3. टाइन – ये थोड़े मुड़े हुए उगली के आकार के उभार होते हैं, जो मजबूती के लिए दबाए गए होते हैं। ये वीडिंग रोल पर लगे होते हैं।

4. फ्लोट – यह भाग वीडिंग रोल के सामने लगा होता हैं और कीचड़ पर तैरता रहता है और वीडर को सरलात से कीचड़ पर तैरते हुए, आगे बढ़ने मे सहायता करता हैं। इसके कोण को समंजित करने हेतु भी प्रावधान होता हैं। यह मृदु स्पात का बना होता हैं।

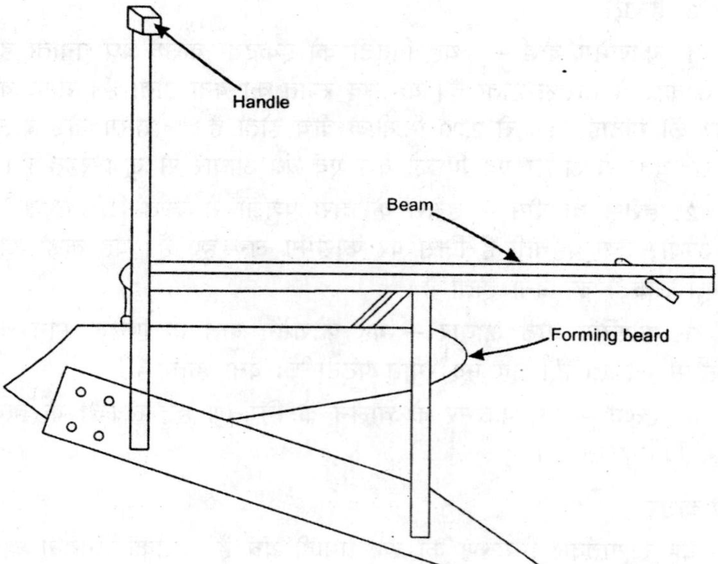

बंध फारमार

5. हत्था – यह लकडी या स्पात का बना होता हैं। इनके सिरों पर मूठ पाई जाती हैं। हैन्डल की ऊँचाई घटाई या बढ़ाई जा सकती हैं।

पटेला

यह भूमि को समतल बनाने का काम करता हैं। फसल बोने के पश्चात पटेला चलाया जाता हैं जिससे पानी देने मे आसानी रहें।

यह लकड़ी का बना एक मोटा तख्ता होता हैं, जिसमें आगे रस्सी बांधने के लिए दो लोहे के छल्ले लगे होते हैं। कभी कभी इनके पीछे की ओर खरपतवार बटोरने हेतु हुक भी लगे होते हैं। पटेले की मोटाई 15 से 20 सेमी. एवं चौड़ाई 20 से 45 सेमी. के बीच होती हैं। यह दो प्रकार का होता हैं।

1. हल्का पटेला – इसकी लम्बाई 1.50 से 2.00 मीटर होती हैं। इसको बैलो की सहायता से चलाया जाता हैं।

2. भारी पटेला – यह लगभग 3.00 मीटर लम्बा होता हैं और दो जोड़ी बैलो की सहायता से चलाया जाता हैं। यह काफी भारी होता हैं और इसकी क्षमता हल्के पटेले की तुलना मे दोगुनी होती हैं। इसे चलाने के लिए दो आदमी इस पर खड़े होते हैं। कड़ी भूमि में इसी पटेले का उपयोग होता हैं।

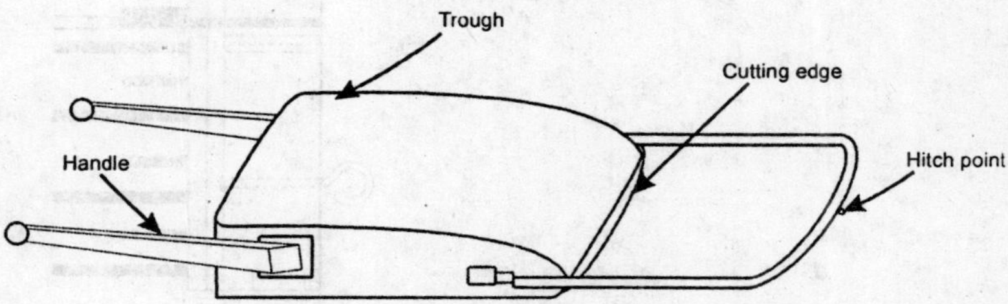

स्क्रेपर

यह निम्न कार्य हेतु उपयोगी हैं।

1. बुवाई से पहले छेले तोड़कर मिट्टी को मुरमुरा बनाना।
2. जुताई के पश्चात भूमि को समतल करना।
3. मिट्टी को मुरमुरी करके नमी को सुरक्षित रखना।
4. खेत मे बीज बोने के पश्चात् बीजो को मिट्टी से ढकना।

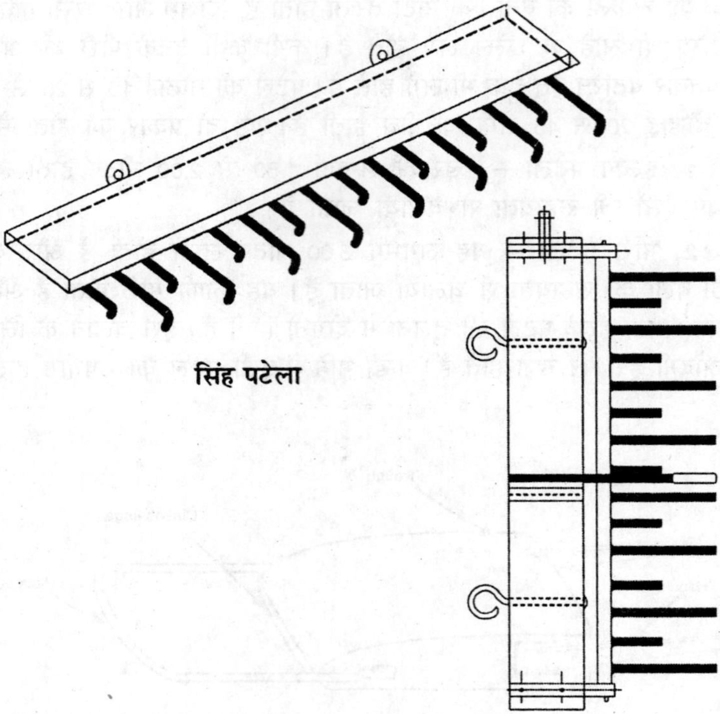

सिंह पटेला

स्क्रेपर

इसका उपयोग खॉई खोदने, नलियॉ साफ करने और थोड़ी दूर तक मिट्टी ढोने के लिए होता हैं। इसके मुख्य भाग निम्नलिखित हैं :–

1. **ब्लेड** – यह उच्च कार्बन स्पात का बना होता हैं। ब्लेड का कोण 120 से 150 के बीच होता हैं। यह ब्लेड सूपा से रिवेट या बोल्ट द्वारा जड़ा रहता हैं।

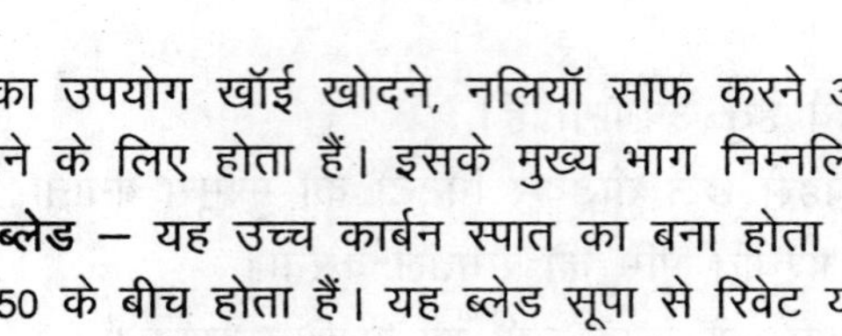

नैनी हैन्ड हो

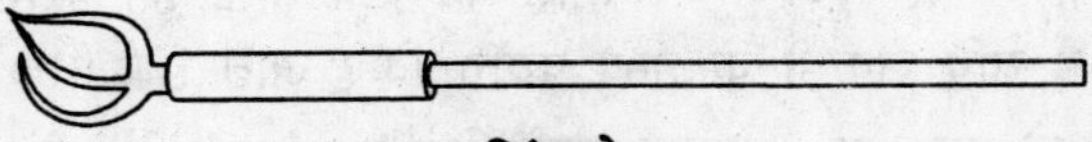

सिंह हो

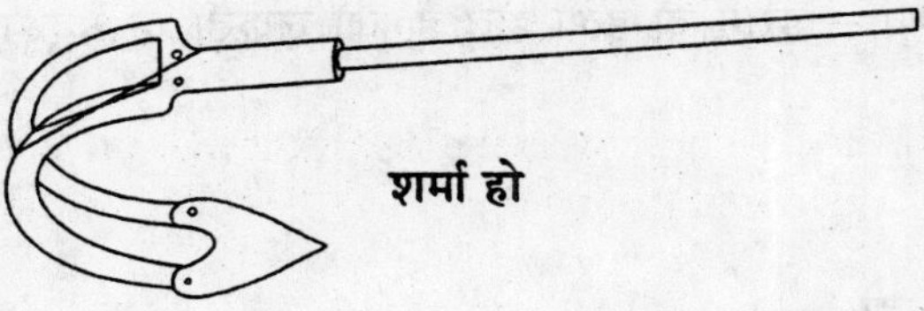

शर्मा हो

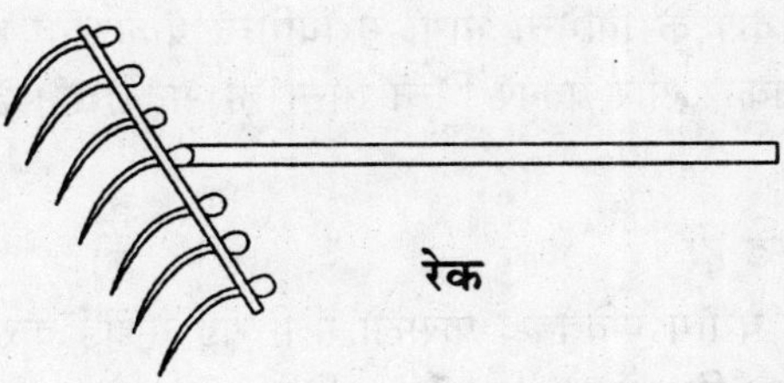

रेक

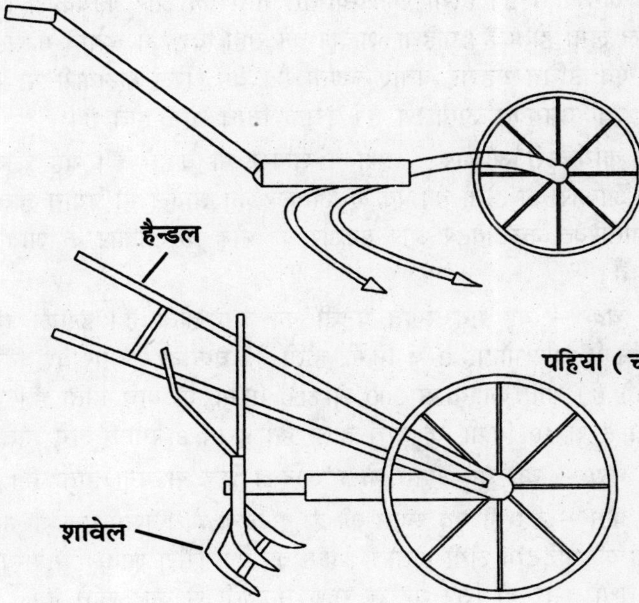

वील हो

2. सूपा – यह मृदु कार्बन स्पात का बना होता हैं। इसमें दो हत्था धारक होते हैं यदि लकड़ी के हत्थे प्रयोग किए जाते हैं।

3. नाथने का लूप – इसके दोनो सिरे सूपा के दोनो ओर जड़े रहते हैं। यह मृदु स्पात छड़ का बना होता हैं।

4. हत्था – इसमें दो हत्थे होते हैं, जो लकड़ी या मृदुस्पात पट्‌टी के बने होते हैं।

हो

हस्तचालित हो

हमारे देश के विभिन्न भागों में विभिन्न प्रकार के हो प्रयोग किए जाते हैं, इनके आकार ओर प्रकार भिन्न भिन्न हो सकते हैं। हैन्ड हो निम्न प्रकार के होते हैं।

1. वील हैन्ड हो

इसका प्रयोग पक्तिबद्ध फसलों मे निराई गुड़ाई करने के लिए होता हैं। इसमें आगे दो चिमटों के बीच एक पहियां लगा होता हैं तथा ऊपर की ओर दो हत्थे लगे होते हैं। हत्थों से सम्बन्धित नीचे की ओर कार्यकारी औज़ार या शावेल लगा होता हैं। पहिया, शावेल को सही दिशा मे चलाने में सहायक होता हैं एवं उचित गहराई बनाए रखता हैं। यह घरेलू फुलवारी या बगीचे के लिए एक उपयुक्त उपकरण है। इसके निम्न भाग होते हैं।

1. कार्यकारी औज़ार – इसको शावेल भी कहते हैं। यह ब्लेड या स्वीप के आकार का होता हैं। रेक के आकार का शावेल भी प्रयोग होता हैं। इसके अतिरिक्त कल्टीवेटर और बख्खर के ब्लेड के आकार के शावेल भी प्रचलित हैं।

2. चक्र – यह मृदु स्पात पट्‌टी का बना होता हैं। इसकी चौड़ाई 35–40 मि.मी. और मोटाई 3–4 मि.मी. होती हैं। चक्र के धुरे पर बुश बियरिंग पाई जाती हैं। चक्र का व्यास 300 से 600 मि.मी. के बीच होता हैं। स्पोक का व्यास 6 से 10 मि.मी. के बीच होता हैं। इसमें 8 स्पोक लगे होते हैं।

3. धुरा – यह मृदु स्पात के गोलाकार छड़ से बना होता हैं।

4. फ्रेम – यह भी मृदु स्पात की ही संरचना हैं, जिसमें एक या अधिक मृदु स्पात की पट्‌टियॉ लगी होती हैं। फ्रेम का एक सिरा शावेल से सम्बन्धित होता हैं तथा दूसरे दो सिरे धुरे के साथ मजबूती से जुड़े रहते हैं।

2. एग्रीकल्चरल इन्स्टीट्यूट नैनी हैन्ड हो

इसके ब्लेड से दोनो ओर कार्य किया जा सकता हैं। इसके काटने की चौड़ाई एक ओर 10 सेमी. हैं तथा दूसरी ओर 5 सेमी. हैं। इसका ब्लेड 3 मि. मी. मोटे मृदु स्पात पट्टी का बना होता हैं। इसका हत्था लकड़ी का बना होता हैं। इसको खरपतवार निकालने, नाली बनाने और मिट्टी इकट्ठा करने के लिए प्रयोग किया जात हैं। इसका हैन्डिल सहित भार 1.50 से 2.00 किलोग्राम के बीच होता हैं।

3. सिंह हैन्ड हो

इस हो की कुल चौड़ाई केवल 15 सेमी. होती हैं। इसमें एक फ्रेम पर तीन कॉटे लगे होते हैं। कॉटों के बीच की दूरी 4 सेमी. होती हैं। पूरे हो का वजन हैन्डल सहित लगभग 1.50 किलोग्राम होता हैं। यह घरेलू किचन गार्डन में 4–6 सेमी. की गहराई तक काम कर सकता हैं। इसमें बदलने योग्य ब्लेड भी होता हैं, जिसे इच्छानुसार बदला भी जा सकता हैं। इसको अपनी ओर खींचकर निराई गुड़ाई की जाती हैं।

4. शर्मा हैन्ड हो

इस हो के फार के बीच मेंदो धार होती हैं, जो दांई और बांई ओर से आकर बीच में मिलती हैं। इसका फार बांस के एक लम्बे हैन्डिल के एक सिरे पर लगा होता हैं। यह 15 सेमी. की चोड़ाई में निराई गुड़ाई करता हैं। इसका कुल वनज लगभग 2.00 किलोग्राम होता हैं। इसका शावेल 3.00 मि.मी. मोटा होता हैं और मृदु स्पात का बना होता हैं। इसको भी अपनी ओर खींचकर निराई गुड़ाई की जाती हैं। यह बनावट मे साधारण और सरलता से मरम्मत योग्य होता हैं।

पक्तिबद्ध फसलों मे यह निराई गुड़ाई करता हैं। यह खरपतवारों को जड़ से उखाड़ देता हैं।

5. हस्तचालित रेक

इसके फार में लम्बी कीलों के आकार के अनेक दॉते पाए जाते हैं। यह मुख्यतः लकड़ी का बना होता हैं और इसका हैन्डिल भी लकड़ी का बना होता हैं। यह मूल रूप से भूसा और घास इकट्ठा करने के काम आता हैं। मिट्टी में बीज और खाद को आपस में मिलाने हेतु भी यह काम आता हैं। यह किचेन गार्डन की मिट्टी की पपड़ी भी तोड़ने का काम करता हैं।

समस्यायें

1. भूपरिष्करण की परिभाषा एवं उद्देश्य लिखिए।
2. एक मिट्टी पलट हल का चित्र बनाकर उसके भागों का वर्गीकरण सहित विस्तृत वर्णन कीजिए।
3. मिट्टी पलट हल के सहायक भाग कौन कौन से हैं? इसके संलग्नको और समंजनो का सचित्र वर्णन कीजिए।
4. डिस्क हल क्या काम करता हैं, स्टैन्डर्ड डिस्क हल का सचित्र वर्णन कीजिए। टिल्ट कोण और डिस्क कोण क्या हैं?
5. संक्षिप्त टिप्पणी लिखिए।
   अ) टर्न रेस्ट हल
   ब) चीजल हल
   स) सब सॉयलर
   द) पेडी वीडर
   य) रोटरी हल
   र) बंध फारमर
   ल) पैडी पडलर
   व) बखर
   ह) स्प्रिंग टाइन हैरो
6. हैरो कितने प्रकार के होते हैं और क्यों प्रयोग किए जाते हैं। डिस्क हैरो का सचित्र वर्णन कीजिए।
7. स्पाइक टूथ हैरो का क्या विशिष्ट उपयोग हैं। इसका एक स्वच्छ नामांकित चित्र बनाइए।
8. कल्टीवेटर के विभिन्न कार्य लिखिए। इसको बुवाई हेतु कैसे उपयोग किया जाता हैं।
9. निम्न का वर्णन संक्षेप में करें।
   अ) पटेला
   ब) स्क्रेपर
   स) वील हो
   द) हस्तचालित रेक
   य) नैंनी हैन्ड हो
   र) शर्मा हैन्ड हो
   ल) सिंह हैन्ड हो

13

फसल बुवाई यंत्र
(Sowing Equipments)

बुवाई, फसल के बीजों को मिट्टी में इस प्रकार से डालने की कला हैं कि बीजों का अधिकतम अंकुरण प्राप्त हो सकें। एक अच्छी बुवाई के लाभ हैं।

1. इसमें प्रति इकाई क्षेत्रफल डाला गया बीज सही वजन का होता हैं।
2. इसमें बीज को सही गहराई पर डाला जाता हैं।
3. इसके द्वारा कतार से कतार और पौधो से पौधो के बीच सही दूरी प्राप्त होती हैं।

बुवाई की विधियाँ

बुवाई की प्रचलित विधियॉ निम्नलिखित हैं।

1. छिटकवॉ विधि
2. डिबलर द्वारा बुवाई
3. पंक्तिबद्ध बुवाई
4. हल के पीछे बीज डालना
5. रोपाई
6. हिल ड्राप प्लान्टिग
7. चेक–रो प्लान्टिग

1. छिटकवॉ विधि

इस विधि में बीज शय्या पर बीज को अन्दाज़े या अनुमान से वितरित कर दिया जाता हैं। यह प्रक्रिया हाथ या यंत्र द्वारा की जा सकती हैं। जब

यह प्रक्रिया मनुष्य के द्वारा की जाती हैं, तब बीज का समान रूप से वितरण होना मनुष्य की दक्षता पर निर्भर करता हैं। बीज बिखेरने के बाद पाटा या पटेला या किसी अन्य विधि से बीज को मिट्टी से ढक दिया जाता हैं। इस विधि में बीज दर अधिक पाई गई हैं। यांत्रिक छिटकवॉ वितरक बड़े क्षेत्रों के लिए उपयोग किए जाते हैं। यह मशीन नियंत्रित दर पर बीजों को मिट्टी की सतह पर वितरित कर देती हैं।

यद्यपि इस विधि में शीध्र और सरलता से बुवाई हो जाती हैं, पर इसमें बीज दर बढ़ जाती हैं और बुवाई एक समान रूप से नहीं हो पाती।

2. डिबलर द्वारा बुवाई

इस विधि में बीज शय्या पर डिबलर द्वारा छिद्र बनाकर उनके भीतर बीज डाले जाते हैं और उन्हें मिट्टी से ढक दिया जाता हैं। इस विधि में बीज एक निश्चित गहराई पर और निश्चित, बीज से बीज दूरी पर बोए जाते हैं। इस विधि में प्रयुक्त उपकरण को डिबलर कहते हैं। यह एक लकड़ी या लोहेका यंत्र हैं जिसमें एक चौखटा होता हैं। इस चौखटे में 15 से 22 सेमी. की दूरी पर खूटियों की तीन कतारें होती हैं। प्रत्येक कतार में 10–12 सेमी. की दूरी पर 9 खूटियॉ लगी होती हैं। इस प्रकार पूरे चौखटे या फ्रेम में 27 खूटियॉ लगी होती हैं। फ्रेम के बीचोबीच ऊपर की ओर एक हैन्डिल भी लगा होता हैं।

इस विधि में यद्यपि परिशुद्ध बुवाई होती हैं, और बीज दूर भी न्यूनतम होती हैं पर बीज बोने में समय और बुवाई मूल्य बहुत अधिक हो जाता हैं। यह छोटे बीजों के लिए उपयुक्त भी नहीं हैं। इसके द्वारा केवल सब्जियॉ बोई जाती हैं।

3. पंक्तिबद्ध बुवाई

ड्रिलिंग से यह तात्पर्य हैं कि बीजों को फरो की कतारो में लगातार एक बहाव से बोया जाय। बीज मापन या तो हाथ से किया जाता हैं या फिर यांत्रिक रूप से किया जाता हैं। इस विधि में बुवाई की गहराई उचित रहती हैं, इसके अतिरिक्त बीज से बीज की दूरी भी उचित रहती हैं और बीज दर भी उचित रहती हैं। ड्रिलिग की तीन विधियॉ हैं।

1. हल के पीछे बुवाई
2. बैल चालित सीडड्रिल द्वारा
3. ट्रैक्टर चालित सीडड्रिल द्वारा

हल के पीछे बीज डालना

गांव में यह विधि बहुत प्रचलित हैं। मक्का, चना, मटर, गेहूँ और जौ के बीजों की बुवाई के लिए इस विधि का प्रयोग होता हैं। एक मनुष्य अपने हाथ के द्वारा हल के पीछे कूँड में बीज डालता हैं। इसके अतिरिक्त 'मालाबॉसा' के द्वारा भी हल के पीछे बुवाई की जाती हैं। इसमें एक खोखला बांस जिसका मुख कीप के आकार का होता हैं, प्रयोग किया जाता हैं। एक मनुष्य इस फनेल में बीज डालता जाता हैं और दूसरा बैलो और हल को नियंत्रित करता हैं। यह बहुत धीमी विधि हैं और इसमें श्रम बहुत लगता हैं।

रोपाई

रोपाई में बीजों के द्वारा नर्सरी में पौध तैय्यार की जाती हैं, फिर इनको तैय्यार खेत में रोप दिया जाता हैं। यह मुख्यतः धान, सब्जियों और फूलों की खेती में प्रयोग की जाती हैं। इस विधि में बहुत समय और श्रम लगता हैं। पौध रोपाई के लिए रोपा यंत्र भी प्रयोग किया जाता हैं।

हिल ड्राप प्लान्टिग

इस विधि में बीज एक निश्चित दूरी पर न कि लगातार एक बहाव में बोए जाते हैं। इस प्रकार एक कतार में बीज से बीज की दूरी निश्चित रहती हैं। सीड ड्रिल में फरों की कतार मे बीज से बीज की दूरी निश्चित नहीं रहती।

चेक-रो प्लान्टिग

यह एक विशिष्ट विधि हैं जिसमें कतार से कतार के बीच की दूरी एवं पौधे से पौधे के बीच की दूरी दोनो ही निश्चित रहती हैं। इस विधि में बीज परिशुद्धतासे फरों में बोए जाते हैं। कतारें सदैव दो अभिलम्ब दिशओं में रहती हैं। इस विधि की बुवाई के लिए जो यंत्र प्रयोग किया जाता हैं, उसे चेक'–रो प्लान्टर कहते हैं।

सीड ड्रिल

सीड ड्रिल एक मशीन हैं जिसके द्वारा बीजों को लगातार एक बहाव में, एक समान दर पर, एक नियंत्रित गहराई पर कूँड या फरों में स्थापित किया जाता हैं, चाहे मिट्टी ढकने की व्यवस्था हो या न हो।

सीड ड्रिल के कार्य

1. यह बीजों को वहन करती हैं।
2. यह एक समान गहराई पर कूड़ या फरों बनाती हैं।
3. यह बीजों का मापन भी करती हैं।
4. यह बीजों को कूड़ या फरों में वांछित नमूने में स्थापित करती हैं।
5. यह बीजों को ढकने का कार्य भी करती हैं।

जिन सीड ड्रिल में रसायनिक खाद या फर्टीलाइज़र डालने का प्रावधान होता हैं, उनको फर्टीड्रिल कहते हैं। इसमें एक बड़ा बीज बक्सा होता हैं। यह दो भाग में बंटा रहता हैं। एक भाग बीज के लिए तथा दूसरा भाग फर्टीलाइज़र के लिए होता हैं। बीज वाले भाग के आधार में बीज मापक यंत्र लगा होता हैं, तथा फर्टीलाइज़र वाले भाग के बीचोबीच एक उद्‌दोलक या एजीटेटर लगा होता हैं।

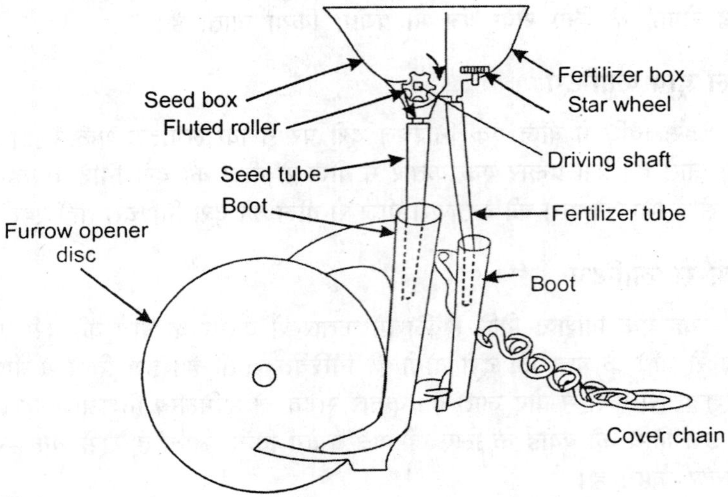

सीड ड्रिल के भाग

सीडड्रिल दो प्रकार की होती हैं :–

1. बैल चालित
2. ट्रैक्टर चालित

बीज मापन के आधार पर इन्हें पुनः दो भागों में बांटा जा सकता हैं।

1. वह सीडड्रिल जिनमें हाथ के द्वारा बीज डाला जाता हैं।

2. वह सीडड्रिल जिनमें यांत्रिक रूप से बीज डाला जाता हैं।

उपरोक्त के अतिरिक्त अनेकों ऐसे बैल चालित कृषि यंत्र हैं, जिनमें हाथ के द्वारा बीज डालकर बुवाई की जाती हैं। इनमें सबसे प्रचलित यंत्र तीन–टाइन कल्टीवेटर हैं, जिसमें एक बुवाई एकक लगा होता हैं। देश के अनेको भागों में यह विभिन्न आकार एवं प्रकार में उपलब्ध हैं।

बुवाई एकक सहित कल्टीवेटर

हमारे देश में इस यंत्र का प्रचलन बहुत अधिक हो गया हैं। इसमें तीन से पांच कतारें होती हैं, किन्तु तीन कतारों वाले की मॉग अधिक हैं।

इस यंत्र के द्वारा एक समय में एक साथ तीन कतारों में बुवाई की जाती हैं बीज गमन की दर हाथों के द्वारा नियंत्रित की जाती हैं। इस येंत्र के मुख्य भाग निम्नलिखित हैं।

1. फ्रेम
2. तीन टाइन जिनके निचले सिरे पर टू वे शावेल लगे होते हैं।
3. हत्था, जिसमें बुवाई एकक लगा होता हैं।
4. हरीस या बीम

यह एक बैलों की जोड़ी के द्वारा चलाया जाता हैं। इसका आकार 600–700 मि.मी. होता हैं।

इसका फ्रेम मृदु स्पात पट्टी का बना होता हैं। कुछ कल्टीवेटरों में दो सामने वाली अथवा दो पीछे वाली टाइन के बीच की दूरी समंजित की जा सकती हैं। बीज गिराने वाली फनेल मृदु स्पात की पतली चादर की बनी होती हैं एवं बोल्ट और नट की सहायता से हैन्डिल से जुड़ी रहती हैं। इसके आधार ट्यूब में तीन छिद्र 120 अंश पर स्थित होते हैं और प्रत्येक में से एक एक सीड निकालकर टाइन से सम्बन्धित शावेल के पीछे फंसा दिया जाता हैं। ये शावेल टू–पाइन्ट प्रकार के होते हैं, जिनका एक सिरा घिस जाने पर पलट कर दूसरा सिरा कार्य में लाया जा सकता हैं। शावेल तथा हैन्डिल दोनो ही मृदु स्पात के बने होते हैं।

सीड ड्रिल के प्रमुख भाग

सीड ड्रिल के प्रमुख भाग निम्नलिखित हैं :–

1. फ्रेम

2. सीड बाक्स
3. बीज मापक यंत्र
4. फरो ओपनर
5. बीज ढकने के यंत्र
6. पहियाँ

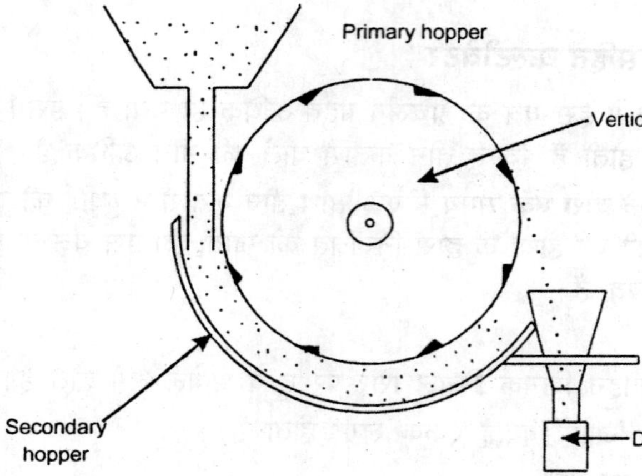

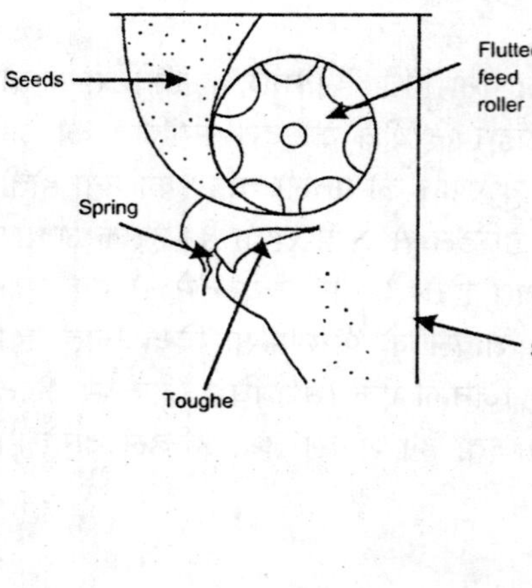

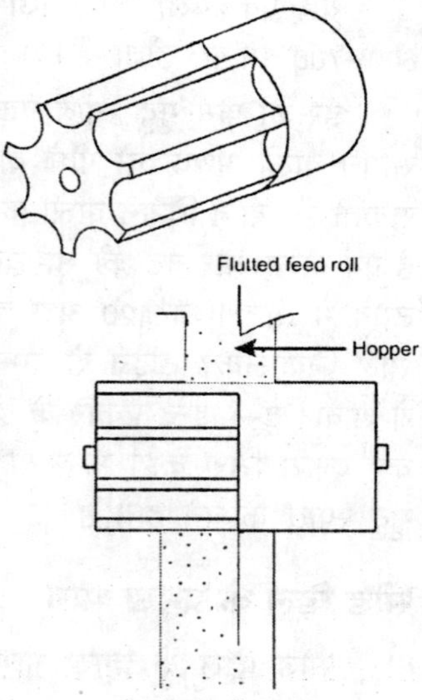

Seed rate adjustment

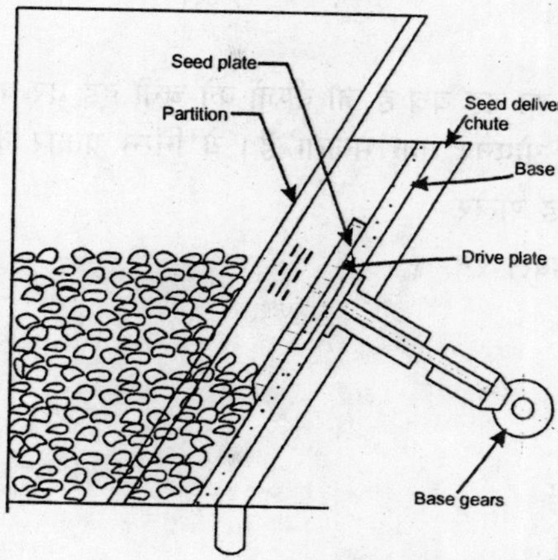

Internal double run feed

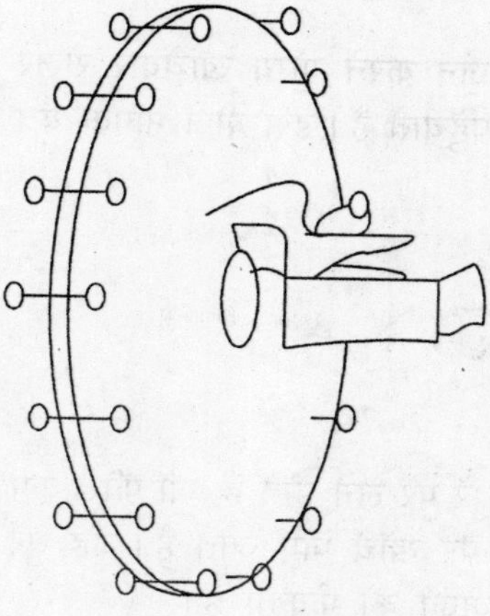

Cup feed

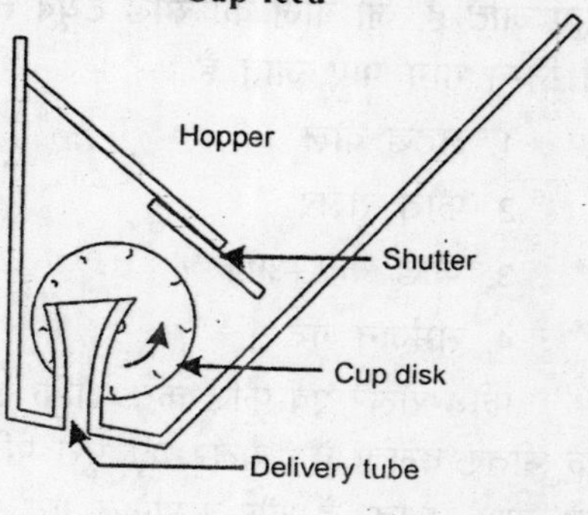

Seed metering mechanisms

1. फ्रेम – यह साधारणतयः एन्गिल आयरन का बना होता हैं, जिसमें मजबूती प्रदान करने हेतु ब्रेकेट एवं स्पात की पट्टिया लगी होती हैं। फ्रेम इतना मजबूत होता हैं कि कार्य के दौरान आने वाले सभी भारों को वहन कर सकता हैं।

2. सीड बाक्स :– यह मृदु स्पात की चादर अथवा जंग रोधक लोहे का बनता हैं और इसके ऊपर एक ढक्कन भी लगा रहता हैं। कभी–कभी इसके भीतर एक उद्दोलक भी लगा होता हैं, जिससे बीज के बहाव में कोई रूकावट न आए।

बीज मापक यंत्र

यह सीड ड्रिल का वह यंत्र हैं जो बीजों को चुनी हुई दर पर सीड बाक्स से लेकर आगे फरो ओपनर तक भेजता हैं। ये निम्न प्रकार के होते हैं।

1. फ्लूटेड फीड रोलर
2. इन्टरनल डबल रन
3. कप फीड
4. सेल फीड
5. ब्रश फीड
6. आगर फीड
7. पिकर वील
8. स्टार वील

1. **लूटेड फीड :–** इस विधि में समंजन करने योग्य खांचेदार रोलर पाए जाते हैं, जो बीज को सीड ट्यूब तक पहुँचाते हैं। इस बीज मापक यंत्र में निम्न भाग पाए जाते हैं :–

1. लटेंड वील
2. फीड रोलर
3. फीड कट–आफ
4. समंजन गेट

फीड रोलर एवं फीड कट–आफ एक धुरे पर लगे होते हैं, जो फीड कप के भीतर चलता हैं। रोलर की पूरी परिधि पर खॉचे पाए जाते हैं। यह धुरे के साथ चलता हैं और समंजित गेट पर बीजों को फेकता हैं।

जहां से ये सीड ट्यूब तक पहुँच जाते हैं।

लूटेड रोलर सीड बाक्स के आधार में लगे होते हैं एवं अपने लम्बे खांचों में बीजों को प्राप्त करते हैं तथा समंजन गेट के छिद्र से होकर सीड ट्यूब तक पहुँच जाते हैं। लूटेड वील को अगल–बगल सरकाने से, बीजों के सामने खुले खांचों की लम्बाई, घट या बढ जाती हैं। इस प्रकार बीज दर नियंत्रित हो जाती हैं। लूटेड वील की बंद एवं खुली अवस्था के बीच अनेकों बीज दर उपलब्ध हो जाते हैं। यह इन्टरनल डबल रन की अपेक्षा बीज मापन में अधिक सक्षम हैं।

2. इन्टरनल डबल रन :– यंत्र में एक दोहरे फेस वाली प्लेट पाई जाती हैं जिसके एक ओर मोटे बीज बोने हेतु बड़ें आकार के छिद्र पाए जाते हैं। यह प्लेट एक धुरे पर लगी होती हैं एवं केसिंग से ढकी रहती हैं और सीड बाक्स के आधार के नीचे लगी होती हैं। सीड बाक्स के आधार में स्थित छिद्रों के ऊपर गेट या कवर लगे होते हैं, जिससे प्रयोग में न आने वाले छिद्रो को ढका जा सके। धुरे की गति बदलने से बीज दर बदली जा सकती हैं।

3. कप फीड :– इस विधि में एक लम्बवत, गोल धूमने वाली पट्टिका पाई जाती हैं, जिसकी परिधि पर प्याले पाए जाते हैं। यह हापर मे से बीजो को ग्रहण करके नीचे सीड ट्यूब तक पहुँचाती हैं। इसके हॉपर मे दो भाग होते हैं, ऊपरी भाग ग्रेन बाक्स एवं निचला भाग फीड बाक्स कहलाता हैं। इनके बीच शटर पाया जाता हैं। इस यंत्र में एक धुरे पर अनेकों पट्टिकाएँ पाई जाती हैं, जिनकी परिधि पर अनेकों प्याले पाए जाते हैं। यह पूरा तंत्र सीड बैरल कहलाता हैं। धुरे के धूमने पर ये प्याले हापर से बीज ग्रहण कर लेते हैं और इनको सीड ट्यूब तक पहुँचा देते हैं। इन प्यालों के दो फेस होते हैं। एक बड़े बीजों के लिए, दूसरा छोटे बीजों के लिए, बीज दर, प्यालों के आकार एवं धुरे की गति पर निर्भर करता हैं।

4. सेल फीड :– इसमें एक गोलाकार प्लेट पाई जाती हैं, जिसकी परिधि पर सेल पाए जाते हैं। इन्हीं सेल्स में बीज इकट्ठा करके बाद मे सीड ट्यूब तक पहुँचाया जाता हैं।

5. ब्रश फीड :– इस यंत्र में एक गोल धूमने वाल ब्रश पाया जाता हैं जो हॉपर से बीज के बहाव को नियंत्रित करता हैं। प्लान्टर में इनका उपयोग अधिकाशतः किया जात हैं।

6. आगर फीड :– इसमें एक पेच या ऑगर पाया जाता हैं, जो बीजों को समान बहाव से आगे को भेजता हैं। हॉपर के आधार में अथवा एक ओर स्थित छिद्र मे से यह बीजों को सीड ट्यूब की ओर भेजता हैं। फर्टीड्रिल में इसका उपयोग अधिक प्रचलित हैं।

7. पिकर वील :– इस यंत्र में एक लम्बवत पट्टिका पाई जाती हैं। जिसमें किरणों के समान केन्द्र से बाहर की ओर फैली भुजाएं पाई जाती हैं जो बड़े बीजों को उपयुक्त जबडों की मदद से बोने का काम करती हैं।

8. स्टार वील :– इसमें एक दांतो वाला स्टार वील पाया जाता हैं जो क्षितिजाकार धरातल में गोल धूमता हैं। यह फर्टीलाइजर को मापकर आगे भेजता हैं।

फरो ओपनर

यह सीड ड्रिल में बीज बोने से पहले कूंड बनाने का काम करते हैं। बीज, मापक यंत्र से चलकर, सीड ट्यूब से होता हुआ बूट तक पहुँचता हैं फिर वह फरो में गिरा दिया जाता हैं।

फरो ओपनर निम्न प्रकार के होते हैं :–

(क) शू टाइप

(ख) हो टाइप

(ग) सिगिंल टाइप

(घ) डबल डिस्क टाइप

अ) शू टाइप :– यह फसल अवशेष युक्त मिट्टी में अच्छा कार्य करता हैं। जहां बीज शैय्या चिकनी नहीं बनाई जाती, वहां दो चपटे लोहों की वेल्डिग करके एक काटने वाली धार बनाते हुए इसे बनाया जाता हैं।

ब) हो टाइप :– इस फरों ओपनर में सिंगिल या डबल पाइन्टेड शावेल पाया जाता हैं, जो बूट के निचले भाग से जुड़ा रहता हैं।

इस प्रकार के फरो ओपनर पथरीली या पूर्व फसलों की दबी हुई जड़ों वाली भूमि में प्रयोग किए जाते हैं। इसके अन्तर्गत सिंगिल पाइन्टेड एवं डबल पाइन्टेड शावेल आते हैं। ये बूट से जुड़े रहते हैं। धक्कों को रोकने के लिए इसमें स्प्रिग भी लगे होते हैं। यह बनावट में साधारण, सस्ता एवं सरलता से मरम्मत योग्य होता हैं। सामान्यतः अधिकांश सीड ड्रिलों में इसका ही उपयोग होता हैं।

स) सिंगिल डिस्क टाइप :– इसमें एक अवतल तवा या डिस्क पाई जाती हैं। इसका उपयोग फसल अवशेष से मल्चिंग की जाने वाली भूमि में होता हैं। इसका तवा मुड़ा हुआ होता हैं और हार्डेन्ड स्टील का बना होता हैं। यह एक ऐसे कोण पर सेट रहता हैं जिससे कार्य करते समय मिट्टी एक ओर हट जाती हैं और एक छोटी मेंढ बन जाती हैं। दो स्क्रेपर इसे साफ रखते हैं। डिस्क मिट्टी में धुसकर घास पत्ती को काटता हैं और ढेलो को तोड़ता हैं।

द) डबल डिस्क टाइप :– इस फरों ओपनर में दो साधारण डिस्क पाए जाते हैं, लो एक, दूसरे से एक निश्चित कोण पर सेट रहते हैं। डिस्को की यह जोड़ी एक साफ

फरों बनाती हैं और मध्य में एक छोटी मेढ छोड़ देती हैं। बीज इन्हीं दोनो डिस्को के बीच गिराए जाते हैं। यह भी घास, पत्ती, टहनी आदि से परिपूर्ण मिट्टी के लिए उपयुक्त हैं। ट्रैंक्टरसे चलने वाली हाई सीड ड्रिलों में इसका उपयोग किया जाता हैं।

मिट्टी ढकने वाले उपकरण

बीजों की बुवाई के बाद मिट्टी भरने वाले उपकरणो मे पट्टा, चेन, ड्रैग पैकर्स, रोलर्स या प्रैस वील इत्यादि आते हैं। यह विभिन्न आकारों और प्रकारों मे उपलब्ध हैं।

स्थानान्तरण चक्र

मुख्य धुरे पर दो चक्र या पहिए लगे रहते हैं। पहियों में बीज गिराने हेतु उपयुक्त उपकरण लगे होते हैं।

सीड ट्यूब

यह बीजो को मापक यंत्र तक पहुँचाती हैं। फीड कप के निचले सिरे पर यह लगी रहती हैं, यह बीजों को फीड कप से फरों तक पहुँचाती हैं। बीजों का गमन बूट और फरो ओपनर से होकर फरों तक होता हैं। साधारणतयः पॉलीथीन और रबर ट्यूब, सीड ट्यूब के रूप में प्रयोग किए जाते हैं।

बूट

यह सीड ड्रिल का वह भाग हैं जो सीड ट्यूब या फर्टीलाइजर ट्यूब से बीज अथवा फर्टीलाइजर प्राप्त करके फरों तक पहुंचा देता हैं। यह एक खोखला ढला हुआ भाग होता हैं जिसमें सीड ट्यूब का निचला सिरा अन्दर डाल दिया जाता हैं एवं इसी से फरों ओपनर भी जुड़े रहते हैं।

सीड ड्रिल का समंजन

सही बीज दर के लिए सीड ड्रिल की जांच करने की विधि को सीड ड्रिल का समंजन कहते हैं। सीड ड्रिल को वास्तविक रूप से प्रयोग करने के पहले इसका समंजन अति आवश्यक हैं। समंजन के द्वारा सीडड्रिल की बीज दर पहले से पता लगा जाती हैं। खेत में प्रयोग से पहले सीड ड्रिल समंजन की निम्नलिखित विधि हैं।

1. सर्वप्रथम सीड ड्रिल के पहिए का व्यास "D" ज्ञात किया जाता हैं।

2. अब मशीन की प्रभावी चौड़ाई ज्ञात की जाती हैं। इसके लिए फरों ओपनर की संख्या को, फरो ओपनर के बीच की दूरी से गुण कर दिया जाता हैं। उदाहरणार्थ प्रभावी चौड़ाई

"W" = M × S

M = फरों ओपनर्स की संख्या

S = दो फरों ओपनर्स की बीच की दूरी भीतर में

W = कुल प्रभावी चौड़ाई 'मीटर में'

(क) एक हैक्टर में सीड ड्रिल चलाने हेतु लम्बाई = $\frac{10,000}{W}$ मीटर

(ख) एक हैक्टर के $\frac{1}{100}$ भाग में सीड ड्रिल चलाने हेतु लम्बाई $\frac{L}{100}$

$$= \frac{10,000}{W} \times \frac{1}{100} = \frac{100}{W} \text{ meter}$$

(ग) माना $\frac{100}{W}$ मीटर दूरी चलने के लिए स्पीड ड्रिल के के चक को "N" चक्कर घूमना पड़ता हैं।

$$\therefore \qquad \pi \text{ D N} = \frac{100}{W}$$

अर्थात $\quad N = \frac{100}{\pi D W}$

(घ) $\frac{100}{W}$ मीटर लम्बाई तय करने के लिए चक्रों की संख्या "N" ज्ञात करने के बाद, वास्तविक समंजन निम्न प्रकार से किया जाता हैं।

1. सीड ड्रिल के पहियों को जैक पर चढाकर उठा देना चाहिए जिससे पहिए मुक्त रूप से धुरे पर घूम सके। एक पहिए की परिधि पर चौक से या रिबन ब्रांध कर निशान लगा दें, जिससे चक्करों की संख्या ज्ञात हो सकें।

   पहियों को "N" चक्कर घुमाएं और प्रत्येक सीड ट्यूब में पालीथीन थैली बांधकर बीजों को इकट्ठा करे और तौल लें।

3. अब तौला हुआ बीज 1×100 हैक्टर क्षेत्र के लिए हैं। इसमें 100 से गुणा करके, वास्तविक प्रति हैक्टेयर बीज दर प्राप्त कर लें।
4. बीज का बहाव बदलने वाले लीवर को समंजित करें, जब तक कि वांछित बीज दर न प्राप्त हो जाए।

प्लान्टर

प्लान्टर का उपयोग प्रायः ऐसे बीजों के लिए किया जाता हैं, जो आकार में बड़े होते हैं और सामान्य सीड़ ड्रिल से उनकी बुवाई नहीं हो सकती हैं।

प्लान्टर के कार्य

1. फरों को खोलना
2. बीज को मापना
3. बीजों को फरों में डालना
4. बीजों को ढकना।

Edge drop

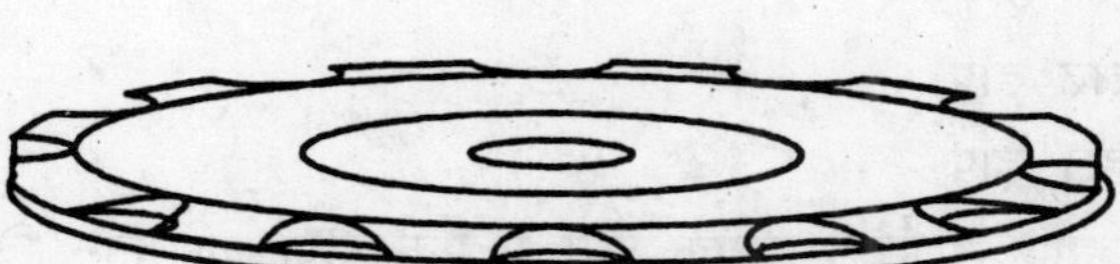

Flat drop

Hill drop

Seed Plates in Planter

एक प्लान्टर के निम्न भाग होते हैं :–

1. हॉपर
2. बीज मापक यंत्र
3. नाक आउट डिवाइस
4. कट आफ मकेनिज़्म
5. फरों ओपनर
6. दूसरे सहायक भाग

प्लान्टर में प्रत्येक कतार हेतु एक हॉपर होता हैं। हॉपर मृदु स्पात का बना होता हैं।

प्लान्टर के बीज मापक यंत्र

प्लान्टर में अनेको प्रकार के बीज मापक यंत्रों का प्रयोग किया जाता हैं, परन्तु सबसे प्रचलित यंत्र घूमने वाली प्लेट हैं, जो हॉपर के आधार में लगी होती हैं। कुछ प्लान्टरों में लम्बवत् रोटर पाए जाते हैं तो कुछ में तिरछे रोटर पाए जाते हैं।

क्षितिजाकार सीड प्लेट का उपयोग अधिकांश प्लान्टरों में किया जाता हैं।

क्षितिजाकार सीड प्लेट में परिधि पर उपयुक्त खांचे या छिद्र पाए जाते हैं, जिन्हें सैल्स कहते हैं। यह प्लेट तीन प्रकार की होती हैं।

1. एज ड्राप
2. प्लेट ड्राप
3. हिल ड्राप

एज ड्राप :– इसमें प्रत्येक रोल में एक बीज का वहन किया जाता हैं।

प्लेट ड्रापर :– इसमें प्रत्येक सेल में एक बीज प्लेट के ऊपर वहन किया जाता हैं।

हिल ड्रापरः– इसमें प्रत्येक सैल मे एक से अधिक बीजों का वहन किया जाता हैं, गोल, घूमती हुई प्लेट में बीज हॉपर से आते हैं। ये प्लेट एक कट आफ अरेन्जमेन्ट के अधीन कार्य करता हैं। यह केवल उन्हीं बीजों को आगे जाने देता हैं, जो सैल्स की भीतर पूरी तरह समा गए हों। यह

आवश्यकता से अधिक बीजों को व्रश से झाड़कर अलग कर देता हैं। नॉक आउट मकेकंनिज़्म एक ऐसा उपकरण हैं जो सैल्स एवं पिकर हेड से आवश्यकता से अधिक बीजों को धक्का देकर निकाल देते हैं। इसमें पाए जाने वाले रोलर एवं स्तार वील, स्प्रिग के दबाव से सैल्स में धुसकर बीजों को बाहर निकालते हैं।

प्लान्टर के कार्यकरण की परिशुद्धता अनेकों कारकों पर निर्भर करती हैं।

1. सीड प्लेट की गति
2. सैल्स का आकार और प्रकार
3. हॉपर के आधार का आकार
4. बीज के आकार मे एकरूपता

प्रश्न 1 : एक सीड ड्रिल का समंजन ज्ञात करते समय निम्न आंकडे प्राप्त हुए, तो बीज दर प्रति हैक्टर ज्ञात कीजिए?

1. फरो की संख्या = 10
2. फरो के बीच की दूरी = 20 सेमी.
3. पहिए (चक्र) का व्यास = 1.5 मीटर
4. चक्कर प्रति मिनिट = 500
5. एकत्रित बीज की मात्रा = 20 किग्रा.

Solution

Effeative Width of seed drill W = 10 × 20 = 200 Cm.

= 2 m.

Cireum ferance of wheel = $\pi \times 1.5$mm

Area Covered in one revolution = $\pi \times 1.5 \times 2$

= $3\pi m^2$

Area covered one 500 revolution = $500 \times 3 \times \pi$

= $4710 m^2$

In 4710 m2 Weight of seed dropped = 20 kg

1000 m2 weight of seed dropped = 10,000 × 20/4710 = 42 kg

Seed rate = 42 Kg Per heatare

समस्यायें

1. बुवाई की विभिन्न विधियों का वर्णन कीजिए।
2. सीड ड्रिल के क्या कार्य हैं। फटीड्रिल का सचित्र वर्णन कीजिए।
3. बुवाई एकक सहित 3 टाइन कल्टीवेटर का सचित्र वर्णन कीजिए।
4. सीड ड्रिल में प्रयुक्त विभिन्न बीज मापक यंत्रो का वर्णन कीजिए।
5. निम्न पर संक्षिप्त टिप्पणी लिखिए।
    1. बूट
    2. कवरिंग डिवाइस
    3. सीड ट्यूब
    4. फरो ओपनर
    5. लूटेट फीड रोलर
    6. चेक–रो प्लान्टिग
    7. हिल ड्राप प्लान्टिंग
    8. रोपाई
6. सीड ड्रिल का कैलिबरेशन क्यों किया जाता हैं? कैलिबरेशन विधि का वर्णन कीजिए।
7. प्लान्टर क्या विशिष्ट कार्य करता हैं? एक प्लान्टर का सचित्र वर्णन कीजिए।

14

कटाई एवं गहाई यंत्र
(Harvesting and Threshing Equipments)

फसल के पक जाने पर, खड़ी फसल को काटने की प्रक्रिया को कटाई या हारवेस्टिंग कहते हैं। यह तीन प्रकार से की जा सकती हैं।

1. हस्त चालित
2. पशु चालित
3. यंत्र चालित

हस्त चालित यंत्रो मे हॅसिया सबसे प्रचलित औज़ार हैं। इसका उपयोग फसलों एवं घासपात को काटने के लिए किया जाता हैं। इसमें मुख्य रूप से एक फाला एवं एक लकड़ी का हत्था पाया जाता हैं। हंसिए दो प्रकार की होती हैं।

1. साधारण
2. दरातीदार

फ़ाला इसका प्रमुख भाग हैं जो कार्बन स्टील का बना होता है। इसका आकार मुड़ा हुआ होता हैं। दरातीदार हसिया के दाते तेज़ धारदार होते हैं जिससे खेत में फसलों की कटाई दक्षता के साथ की जा सकें। इसका हत्था पकी हुई लकड़ी का बना होता हैं। हॅसियों से कटाई बहुत धीमी गति से होती हैं और इसमें श्रम की बहुत बर्बादी होती हैं।

मोअर

मोअर एक ऐसा यंत्र हैं जो घासों एवं चारा फसलों की कटाई के काम आता हैं। मोअर पांच प्रकार के होते हैं।

1. सिलिन्डर मोअर
2. रेसीप्रोकेटिंग मोअर
3. हॉरीजोन्टल रोटरी मोअर
4. गैंग मोअर
5. फ्लेल मोअर

उपरोक्त मे से रेसीप्रोकेटिंग मोअर सबसे प्रचलित मोअर हैं।

रेसीप्रोकेटिंग मोअर

शक्ति श्रोत के आधार पर यह दो प्रकार का होता हैं।

1. पशु चालित
2. ट्रैंक्टर चालित

ट्रैंक्टर चालित मोअर

इसमें निम्नलिखित भाग होते हैं।

1. फ़्रेम
2. शक्ति प्रेषण इकाई
3. कर्तन दण्ड
4. शूज़
5. लेजर प्लेट
6. वीयरिंग प्लेट
7. चाकू
8. ग्रास बोर्ड
9. पिटमैन
10. क्रैंक वील

1. फ्रेम :– फ्रेम मे गियर, क्लच और बियरिंग के लिए स्थान बना होता हैं। कर्तन दण्ड को उठाने वाला लीवर भी फ्रेम से जुड़ा रहता हैं। फ्रेम पर एक फलाई वील भी लगा होता हैं, जो कर्तन दण्ड को लगातार समान एवं स्थिर गति प्रदान करता रहता हैं।

2. शक्ति प्रेषण ईकाई :– बैल चालित मोअर की शक्ति प्रेषण इकाई में धुरा, गियर, क्रैन्क वील, क्रैन्क शाफट और पिटमैन पाए जाते हैं। धुरे को शक्ति पहिये से प्राप्त होती है एवं शक्ति का प्रेषण गियर बाक्स से होता है। पिटमैन को प्रत्यागामी गति प्रदान की जाती हैं, जो कटर बार चाकू

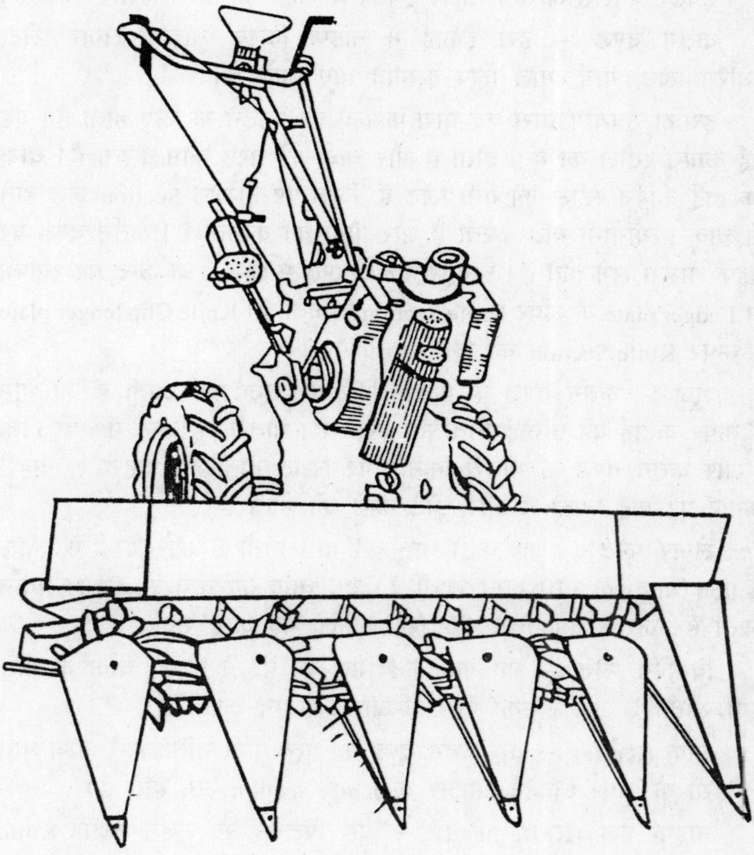

Reciprocating Mower

को चलाता हैं। पिटमैन और चाकू आपस में बाल और साकेट जोड़ के द्वारा जुड़े होते हैं।

ट्रैक्टर चालित आरोही मोअर ट्रैंक्टर के पी.टी.आ. द्वारा चलाए जाते हैं।

कर्तन दण्ड :– इस इकाई में नाइफ क्लिप, नाइफ, लेजर प्लेट, वीयरिंग प्लेट, गार्ड, गार्ड लिप इत्यादि पाए जाते हैं।

इसका उपयोग घास एवं चारा फसलों को काटने के लिए होता हैं। यह हाई कार्बन स्टील का बना होता हैं और चाकू की तरह काम करता हैं। चाकू एक हाई कार्बन स्टील की बनी प्लेट हैं, जिस पर तिकोने Section जड़े होते हैं। चाकू प्रत्यागामी गति करता हैं और पौधों को काटता हैं। कर्तन दण्ड पर नाइफ गार्ड्स लगे होते हैं। चाकू स्ट्रोक के अंत में Guard के केन्द्र पर रूकता हैं। Ledger plate के ऊपर Knife Section चलाता हैं। Knife Clip ledger plate के ऊपर Knife Section को कसे रखती हैं।

शूज़ :– कर्तन दण्ड के प्रत्येक सिरे पर शूज़ पाई जाती हैं जो भूमि के ऊपर कटाई की ऊंचाई नियंत्रित करती हैं। भीतरी शू काट में बड़ी होती हैं और कर्तन दण्ड के भीतरी किनारे पर स्थित होती हैं। बाहरी शू बाहरी किनारें पर पाई जाती हैं और छोटे काट की होती हैं।

लेजर प्लेट :– यह कड़ी धातु की बनी होती हैं और गार्ड में knife section (चाकू) के नीचे लगी रहती हैं। यह चाकू को नीचे से आधार प्रदान करती हैं, जिससे वह कैंची की तरह फसलों को काट सकें।

वियरिंग प्लेट :– यह एक कड़े धातु की पट्टी हैं जो चाकू के पीछे लगी रहती हैं, और उसको पीछे से आधार प्रदान करती हैं।

चाकू (Knife) :– यह कर्तन दण्ड का प्रत्यागामी गति करने वाला भाग हैं। इसी के ऊपर तिकोने आकार के Knife Section लगे होते हैं।

नाइफ हेड (Knife head) :– यह पिटमैन से जुड़ने वाला Knife Section का एक भाग हैं।

नाइफ बैक :– इसी से Knife Section रिवेट के द्वारा जुड़े रहते हैं।

ग्रास बोर्ड :– यह मोअर के कर्तन दण्ड वाले सिरे पर पाया जाता हैं और कटे हुए पौधों को काटी फसल की ओर गिराता हैं। शूज़ के ऊपर कर्तन दण्ड आसानी से फिसलता हुआ आगे बढता जाता हैं।

पिटमैन (Pitman) :– यह एक ओर क्रैन्क शाफट से जुड़ा रहता हैं और दूसरी ओर नाइफ सेक्शन से जुड़ा रहता हैं। यह साधारणतयः लकड़ी का बना होता हैं।

मोअर में एलाइनमेन्ट

फसलों की कटाई करते समय खड़ी फसलें मोअर के कर्तन दण्ड पर दबाव डालकर उसे थोड़ा पीछे ढकेल देती हैं। सही कार्यकरण स्थिति में क्रैन्क वील, पिटमैन और कटर बार एक ही सीध में होने चाहिए। यह रेखा कार्य की दिशा से समकोण पर होती हैं। इस उद्‌देश्य की प्राप्ति हेतु कर्तन दण्ड को कार्य की दिशा से 88 अंश पर सेट किया जाता हैं। इस प्रकार 2 अंश की आन्तरिक लीड देकर कर्तन दण्ड को सीध से थोड़ा आगे रखते हैं। जब खड़ी फसल का दबाव कर्तन दण्ड पर पड़ता हैं तब क्रैन्क वील पिटमैन और कटर बार एक सीध में आ जाते हैं, इस प्रकार एलाइनमेन्ट प्राप्त कर लिया जाता हैं तथा फसल की कटाई अच्छी प्रकार सम्पन्न हो जाती हैं। इसके अतिरिक्त कर्तन दण्ड की प्रति मीटर लम्बाई पर 2 सेमी. लीड देकर भी एलाइनमेन्ट प्राप्त कर लिया जाता हैं।

मोअर में रजिस्ट्रेशन

किसी मोअर को उचित रजिस्ट्रेशन में उस समय कहा जाता हैं जब प्रत्येक स्ट्रोक पर नाइफ सेक्शन की केन्द्र रेखा, गार्ड की केन्द्र रेखा पर रूकती हैं।

समंजन हेतु पूरे कर्तन दण्ड को पिटमैन के संदर्भ से थोड़ा अन्दर या थोड़ा बाहर कर दिया जाता हैं। उचित रजिस्ट्रेशन न होने पर कर्तन दण्ड पर असंतुलित भार पड़ता हैं, कटाई असमान होती हैं एवं चाकू मे फसले अधिकता से फंसने लगती हैं।

बैल चालित रीपर

यह आजकल प्रचलित होता जा रहा हैं। यह बैलो की एक जोड़ी के द्वारा खींचा जाता हैं। यह भूमि की सतह से 5–8 सेमी. ऊपर कटाई करता हैं। इस यंत्र मे फ्रेम, कर्तन दण्ड, चाकू, पहिए, पिटमैन, क्रैन्क वील आदि भाग पाए जाते हैं। फ्रेम मृदु स्पात का बना होता हैं। कर्तन, दण्ड का चाकू हाई कार्बन स्टील का बना होता हैं। शूज़ ढलवा लोहे के बने होते हैं। कार्य की क्षमता बढ़ाने हेतु बॉल बियरिंग का उपयोग किया जाता हैं। इसको चलाने हेतु दो श्रमिक आवश्यक होते हैं। एक यंत्र को चलाता हैं, दूसरा कटी फसल को अलग गिराता जाता हैं।

रीपर की देखभाल

1. पहिए की धुरे की एवं पिटमैन की बियरिंग का उचित स्नेहन करना चाहिए।
2. उचित अन्तराल पर कर्तन दण्ड के चाकुओं की धार तेज़ करवानी चाहिए। कार्य के प्रत्येक 30 घंटे बाद धार करवाना वांछित हैं।
3. यंत्र को खेत मे ले जाने से पहले सभी नट बोल्टों को कस देना चाहिए।

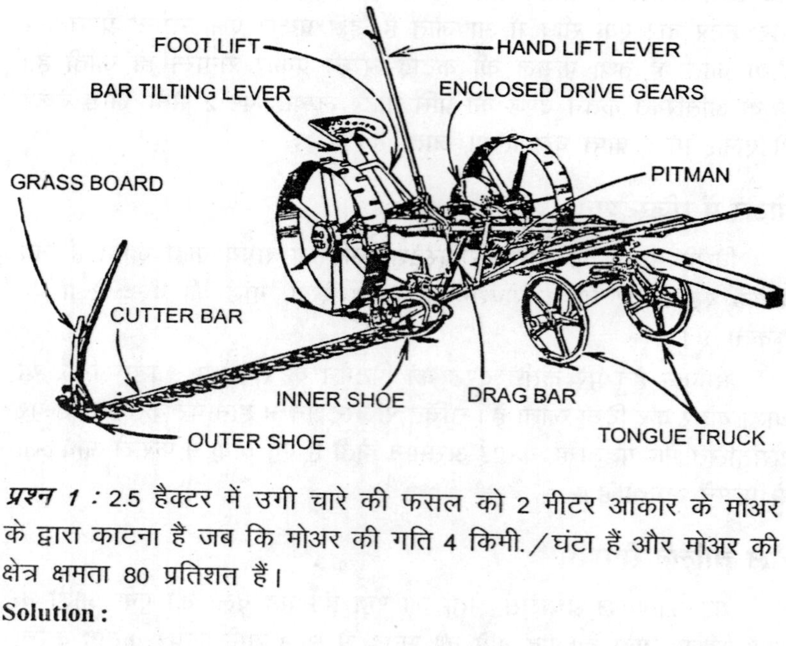

प्रश्न 1 : 2.5 हैक्टर में उगी चारे की फसल को 2 मीटर आकार के मोअर के द्वारा काटना है जब कि मोअर की गति 4 किमी./घंटा हैं और मोअर की क्षेत्र क्षमता 80 प्रतिशत हैं।

Solution :

$$H = \frac{1000 \times A}{W \times S \times Ef}$$

H = Hours of harvesting
A = Area of harvesting in ha
W = Width of harvesting in cm.
S = Speed of harvesting in Kmph
Ef = Field Efficiency in Percentage (Field efficiency in percentage)

$$H = \frac{1000 \times 2.5}{200 \times 4 \times 80/100} = 3.90 \text{ hours}$$

प्रश्न 2 : एक 1.2 मीटर चौड़े मोअर को जो कि 4.8 केमी/घंटे गति पर कार्य कर रहा हैं, को चलाने हेतु कितनी ब्रेक अश्वशक्ति की आवश्यकता होगी, जब कि मोअर पर 50 किलोग्राम प्रति मीटर का भार हैं और उसकी यांत्रिक क्षमता 80 प्रतिशत हैं।

Solution :

Total load = $50 \times 1.2 = 60$ kg

Speed of Mower = 4.8 km/hour

$$= \frac{4.8 \times 1000}{60}$$

$$\text{Horse Power} = \frac{PV}{4500}$$

$$= \frac{60 \times 4.8 \times 1000}{4500 \times 60} = 1.066 \text{ horse power (h.p.)}$$

$$\text{BHP} = \frac{\text{IHP}}{\text{Field Efficiency}} = \frac{1.066}{80/100} = 1.33 \text{ hp}$$

Hence BHP = 1.33 hp

समस्याऐं

1. मोअर क्या काम करता हैं? देशी कटाई की विधियों का वर्णन कीजिए।
2. मोअर कितने प्रकार के होते हैं? रैसीप्रोकेकटिंग मोअर का एक स्वच्छ नामांकित चित्र बनाइए।
3. मोअर के कितने भाग होते हैं? सभी भागों का वर्णन कीजिए।
4. मोअर के कटर–बार के अनुप्रस्थ काट का नामांकित चित्र बनाइए। रजिस्ट्रेशन और एलानमेन्ट से आप क्या समझते हैं।
5. एक बैल चालित रीपर का सचित्र वर्णन कीजिए।
6. 2 हैक्टर क्षेत्रफल में उगी गेहूँ की फसल को 2 मीटर आकार के रीपर द्वारा कितने घंटों मे काटा जा सकेगा, जबकि रीपर की गति 4 किमी/घंटा हैं और रीपर की क्षेत्र क्षमता 75 प्रतिशत हैं।

15
गहाई
(Threshing)

भूसे और बाली से दाने निकालने की विधि को गहाई कहते हैं।

गहाई की विधियां

सामान्य रूप से गहाई तीन प्रकार से की जाती हैं।

1. श्रमिकों द्वारा गहाई
2. पशुओं द्वारा गहाई
3. मशीनों द्वारा गहाई

श्रमिकों द्वारा गहाई

श्रमिकों द्वारा गहाई में समय और श्रम दोनो ही अधिक लगते हैं। इस विधि में कटी फसल को फर्श पर डालकर डंडे से पीटा जाता हैं। यह थोड़ी फसल की गहाई हेतु उपयुक्त होती हैं।

पशुओं द्वारा गहाई

यह विधि भारतीय ग्रामों में अधिक प्रचलित है। कटी फसल को एक स्वच्छ गहाई क्षेत्र में फैलाकर, केन्द्र में स्थित एक बांस में बैलों को बांध दिया जाता हैं। यह बैल आपस में पहले से बंधे रहते हैं। बैल बिछी फसल पर गोल घूमते हुए चक्कर पर चक्कर लगाते हैं, तथा अपने खुरों से फसल को रौदते जाते हैं, जब तक दाने पूरी तरह से भूसे से अलग न हो जाए। एक श्रमिक पीछे से बैलों को हांकता हैं।

मशीनों द्वारा गहाई

मशीनीकरण के विकास के साथ–साथ गहाई मशीनों या थ्रेशर का प्रयोग अधिक प्रचलित होता जा रहा हैं।

अधिकांशतः गेहूँ और धान की गहाई के लिए थ्रेशर का प्रयोग किया जाता हैं।

गेहूँ की गहाई

गेहँ की गहाई दो प्रकार से की जाती हैं।

1. बैंक चालित थ्रेशर
2. शक्ति चालित थ्रेशर

आलपैड थ्रेशर

यह थ्रेशर गेहूँ जौ, चना आदि की गहाई को खलिहान के ऊपर सम्पन्न करता हैं। यह बैलों की एक जोड़ी के द्वारा चलाया जाता हैं। इस थ्रेशर में अनेकों लहरदार तवे पाए जाते हैं, जो मोटे टीन की चादर के बने होते हैं तथा दो या तीन धुरों पर लकड़ी अथवा एन्गिल आयरन के फ्रेन के ऊपर जड़े रहते हैं। सबसे ऊपर चालक के लिए एक सीट और प्लेटफार्म पाया जाता हैं। स्थानान्तरण के लिए इसमें दो या तीन पहिए पाए जाते हैं। इसके मुख्य भाग निम्नलिखित हैं :–

1. फ्रेम :– यह आकार में आयताकार होता हैं। यह मृदु स्पात अथवा एन्गिल आयरन का बना होता हैं।

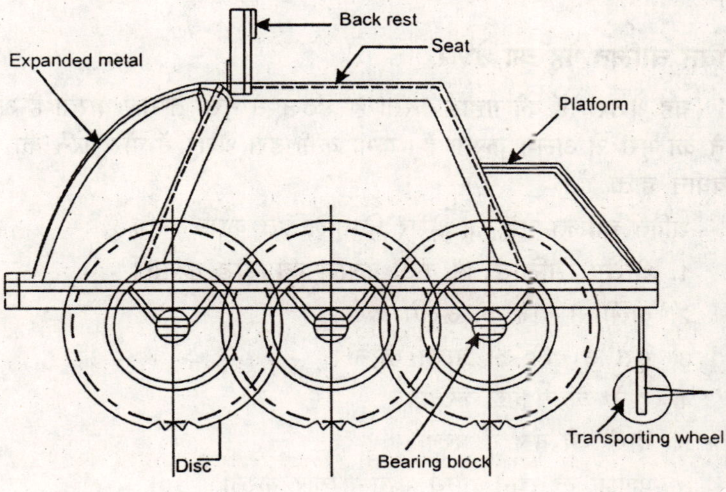

Alpad thresher

2. तवे :– ये दो या तीन कतारों में लगे रहते हैं तथा इनकी संख्या 14 से 20 तक होती हैं। तवे इस प्रकार लगे होते हैं कि दो कतारों के तवे एक दूसरे के पीछे न जाने पाएं। ये तवे स्पेसर के द्वारा अलग अलग बने रहते हैं। तवों के बीच में धुरे के लिए छिद्र कटा रहता हैं। मशीन के ऊपर लोहे की जाली लगी होती हैं जो तवोंके दरातों से चालक को बचाती हैं।

3. डिस्क स्पेसर :– यह ढलवा लोहे का बना होता हैं और दो तवों के बीच में लगा होता हैं। इनके केन्द्र में धुरे के लिए उपयुक्त छिद्र बना होता हैं।

4. डिस्क धुरा :– यह एक लम्बा धुरा हैं, जिसके ऊपर स्पेसर की सहायता से अनेकों तवे लगे रहते हैं।

5. बियरिंग ब्लाक :– प्रत्येक धुरे के लिए दो ढलवा लौह के बने बियरिंग ब्लाक पाए जाते हैं। प्रत्येक बियरिंग ब्लाक में धुरों के सिरों को फिट करने हेतु केन्द्र में छिद्र बने होते हैं। ये फ्रेम से दृढ़ता के साथ जुड़े रहते हैं एवं इनमें स्नेहन का भी उचित प्रावधान होता हैं

यह थ्रेशर बैलों की एक जोड़ी के द्वारा चलाया जाता हैं। खलिहान में गोलाई से सूखी फसल को फैंलाकर ऑलपैंड थ्रेशर उन पर चलाया जाता हैं। तब तक गहाई की जाती हैं जब तक पूरी फसल दानों और भूसे के मिश्रण में परिवर्तित नहीं हो जाती। इसकी क्षमता लगभग 5.6 कुण्टल दाने की होती हैं।

शक्ति चालित गेहूं का थ्रेशर

यह थ्रेशर गेहूँ की गहाई करता हैं, डंठल से भूसा तैय्यार करता हैं और दाने को भूसे से अलग करता हैं। कभी कभी इस थ्रेशर में बोरे भरने का भी प्रावधान होता हैं।

शक्ति चालित गेहूँ का थ्रेशर निम्नलिखित कार्य करता हैं :–

1. थ्रेसिंग सिलिन्डर में कटी फसल को फीड करना।
2. बाली से दाने को अलग करना।
3. भूसे से दाने को अलग करना।
4. दाने की सफाई करना।
5. दानों को बोरे में भरना।
6. पशुओं के खाने योग्य भूसा तैय्यार करना।

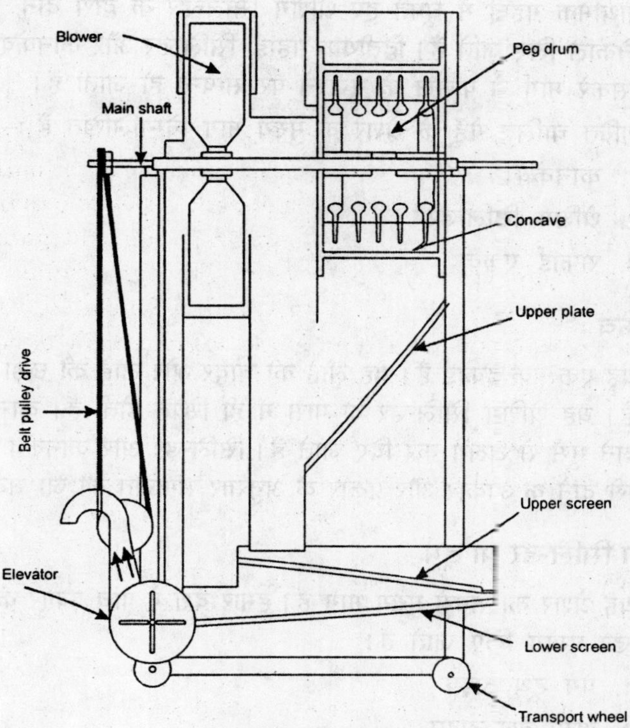

Power Wheat Thresher

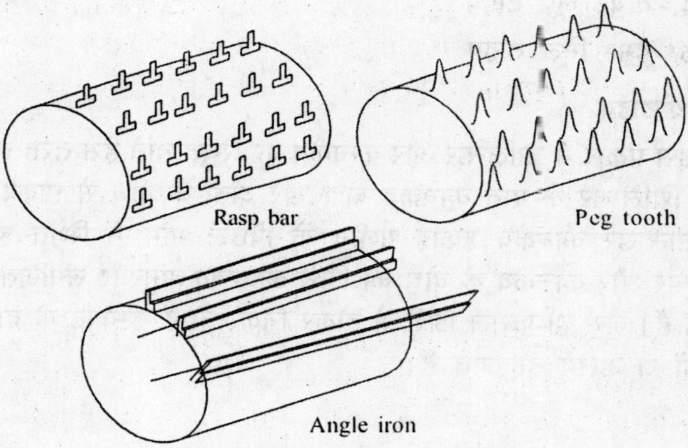

Types of threshing drums

प्राथमिक गहाई में घूमते हुए थ्रेशिंग सिलिन्डर के द्वारा दाने, बालियों में से निकाल लिए जाते हैं। द्वितीयक गहाई, सिलिन्डर और कानकेव केबीच स्थित सकरे मार्ग से फसल के गुजरने पर सम्पन्न हो जाती हैं।

शक्ति चालित गेहूँ के थ्रेशर के मुख्य भाग निम्नलिखित हैं :–

1. कानकेव
2. थ्रेशिंग सिलिन्डर
3. सफाई एकक

कानकेव

यह एक वक्र इकाई हैं। यह लोहे की चादर ओर लोहे की छड़ों से बनी होती हैं। यह थ्रेशिंग सिलिन्डर के पास में ही स्थित होती हैं। कानकेव के द्वारा दाने भूसे से अलग कर दिए जाते हैं। सिलिन्डर और कानकेव के बीच की झिरी दाने के आकार और प्रकार के अनुसार समंजित की जा सकती हैं।

थ्रेशिंग सिलिन्डर या ड्रम

यह थ्रेशर का सबसे मुख्य भाग हैं। हमारे देश में पांच प्रकार के थ्रेशिंग सिलिन्डर प्रयोग किए जाते हैं।

1. पेग टूथ टाइप
2. रास्प बार टाइप
3. एंगिल बार टाइप
4. वायर लूप टाइप
5. हैमर मिल टाइप

पेग टुथ टाइप

इस प्रकार में सिलिन्डर और कानकेव पर स्थित दांते इस तरह लगे रहते हैं कि सिलिन्डर के दांते कानकेव के बिखरे दांतों के बीच से होकर गुजरते हैं। सिलिन्डर कानकेव इकाई मशीन के पिछले भाग में स्थित होती हैं। सिलिन्डर और कानकेव के बीच की झिरी आवश्यकतानुसार संमजित की जा सकती हैं। जैसे ही फसल झिरी से होकर निकलती हैं, इम्पैक्ट के द्वारा दाने, बालियों से अलग हो जाते हैं।

रास्प टाइप

इस प्रकार के सिलिन्डर की परिधि पर उभारों वाली छड़ लगी होती हैं। गहाई सिलिन्डर के उभारों वाली छड़ों एवं कानकेव की साधारण छड़ों के बीच सम्पन्न होती हैं। घूमता हुआ सिलिन्डर झिरी के बीच से गुजरती हुई फसल की बालियों से दानों को अलग कर देता हैं। साधारणतयः सिलिन्डर पर सर्पिलाकार रूप में रास्प बार लगे होते हैं।

एंगिल बार टाइप

इस थ्रेशिंग सिलिन्डर की परिधि पर एंगिल आयरन बार लगे होते हैं। इन छड़ों के शीर्ष पर रबर पैड लगे होते हैं। कानकेव की जाली और लोहे के बार पर भी रबर की फेसिंग होती हैं। सिलिन्डर और कानकेव की झिरी प्रवेश मार्ग पर 13 से 19 मिमी. होती हैं और बाद में घटकर 6 से 9 मिमी. रह जाती हैं।

वायर लूप

टाइप थ्रेशिंग सिलिन्डर की बाहरी परिधि पर अनेकों वायर लूप उभरे पाए जाते हैं। इस टाइप का उपयोग धान की गहाई के लिए होता हैं।

हैमर मिल टाइप

इस थ्रेशिंग सिलिन्डर के बीटर हैमर मिल के आकार के होते हैं। ये बीटर, बीटर आर्म के सिरे पर लगे होते हैं। बीटर आर्म दृढ़ता पूर्वक हब से जुड़े रहते हैं। जो कि मुख्य धुरे पर लगा होता हैं।

सफाई एकक

सफाई एकक अथवा क्लीनिंग यूनिट गहे हुए दानों को अलग करके साफ करता हैं, इस इकाई में दो या दो से अधिक दोलन करने वाली छलनियां एक पंखा एवं एक एसपाइरेटर नाम की चूषण नलिका होती हैं। साधारणतयः दो नलिकाएं होती हैं, एक प्राथमिक एवं दूसरी द्वितीयक। प्राथमिक एसपाइरेटर नलिका भूसे धूल एवं बाह्य पदार्थो को अलग करती हैं। द्वितीयक नलिका दानों की अन्तिम सफाई करती हैं।

थ्रेशर में कठिनाईयाँ एवं निवारण

'क'– दोष : टूटे दानों का निकलना

	कारण	निवारण
1.	थ्रेशिंग ड्रम की अधिक गति	गति को कम करें
2.	सिलिन्डर कानकेव झिरी का बहुत कम होना	झिरी को बढाएँ

'ख' –दोष : साफ दाने न निकलना

1.	छलनियों का ढाल सही न होना।	ढाल समंजित कर ठीक करें
2.	ब्लोअर (पंखे) की कम गति	ब्लोअर का बेल्ट कसें

'ग'–दोष : दानो का भूसे के साथ मिलकर निकलना।

1.	ब्लोअर की अधिक गति	गति को कम करें
2.	छलनियों को ढाल सही न होना	ढाल सही करें

'घ'–दोष: बड़े आकार का भूसा निकलना

1.	थ्रेशिंग ड्रम की गति कम होना।	धिरनी के आकार की जांच करके ड्रम को सही गति प्रदान करें।

'ङ'–दोष : दाने के छिद्र से दानों का न निकलना।

1.	कन्वेयर बैल्ट की चालन दिशा उल्टी होना।	कन्वेयर की चालन दिशा बदल दें।
2.	कन्वेयर बैल्ट का फिसलना	कन्वेयर की स्लिपेज की जांच करें।

थ्रेशर के प्रयोग में सावधानियाँ

1. थ्रेशर को जहां तक हो सके समतल भूमि पर ही स्थापित करना चाहिए।
2. मशीन की दिशा हवा के बहाव की दिशा के अनुरूप होनी चाहिए। भूसे का निकासी द्वार बहने वाली हवा की दिशा में ही होना चाहिए।
3. थ्रेशर का स्टैन्ड भूमि खोदकर भीतर मजबूती से गाड़ देना चाहिए। जिससे चलते समय थ्रेशर में न्यूनतम कम्पन दिशाई दें।
4. थ्रेशर को निर्माता द्वारा निदेर्शित गति पर ही चलाना चाहिए।

5. विद्युत मोटर की अश्वशक्ति थ्रेशर पर निर्देशित अश्वशक्ति के बराबर या अधिक होनी चाहिए।
6. थ्रेशर पर उपयुक्त आकार की धिरनियों का उपयोग ही करना चाहिए।
7. थ्रेशर के परनाले में फसल की फीडिग लगातार और एक समान होनी चाहिए।
8. फसल को ठीक प्रकार सुखा कर ही थ्रेशर में फीड करना चाहिए।
9. प्रयोग से पहले थ्रेशर के सभी नट बोल्ट कस लेने चाहिए और सभी बिन्दुओं और कप में ग्रीस भर देनी चाहिए।
10. प्रयोग से पहले थ्रेशर के ड्रम को हाथ से चला कर देख लेना चाहिए, कि कहीं भीतर कुछ फंसा तो नहीं हैं।
11. फीडिंग करते समय यह ध्यान रखना चाहिए कि फसल के साथ लकड़ी का टुकड़ा या पत्थर आदि थ्रेशर के भीतर न चले जाएं।
12. छलनियों की जांच समय समय पर करते रहना चाहिए ताकि छलनियों की सफाई की जा सकें और वो फंसने न पाए।
13. फीडिग करते समय चालक को अपना हाथ गहराई में नहीं डालना चाहिए।
14. थ्रेशर को लगातार 8 से 10 घंटे चलाने के बाद, कुछ घंटों का विश्राम अवश्य देना चाहिए।
15. थ्रेशर के निकट दो ड्रम पानी भरकर अवश्य रखने चाहिए।
16. थ्रेशर चालक को सदैव कसा हुआ कपड़ा ही पहनना चाहिए।
17. फसल की समाप्ति पर बचे खुचे छोटे डण्ठल को फीड नहीं करना चाहिए, अन्यथा गहराई में भीतर हाथ जा सकता हैं।
18. थ्रेशर के पास रात के समय तेज़ प्रकाश की व्यवस्था होनी चाहिए।
19. जो श्रमिक थक जाए, उसे विशेषकर रात के समय थ्रेशर पर काम नहीं करने देना चाहिए।
20. थ्रेशर के पास से गुजरने वाले बिजली के तारों को कपड़े या पॉलीथीन की पन्नी के चीथडों से नही जोड़ना चाहिए, अन्यथा आग लगने का डर बना रहता है। जोड़ने के लिए इन्सुलेशन टेप उचित होता हैं।

21. कार्य के उपरान्त संग्रह करने से पहले टूटे नट बोल्ट बियरिंग और दूसरे भाग बदलकर सभी स्थानों पर ग्रीसिग कर देना चाहिए। बेल्ट इत्यादि निकालकर बाहरी भागों पर पेन्ट चढाकर थ्रेशर को किसी ढके हुए स्थान में संग्रहित कर देना चाहिए।

धान की थ्रेशिंग

भारत में धान की अनेकों अधिक उपज देने वाली किस्मों के आ जाने से उत्पादन अत्याधिक बढ गया हैं। और धान की थ्रेशिंग जल्दी ही कर लेने की आवश्यकता हो गई हैं। देशी विधियों से गहाई करने में बहुत अधिक समय लगता हैं, अतः धान की गहाई के लिए उन्नत मशीने उपलब्ध हैं, जो कम समय में धान की अच्छी गहाई करती हैं।

पैडल धान गहाई यंत्र

इस थ्रेशर के मुख्य भाग निम्नलिखित हैं :–

1. बाड़ी फ्रेम
2. सिलिन्डर
3. चालन यंत्र
4. धुरा

बाडी फ्रेम

बाडी फ्रेम में आधार साइड फ्रेम, अगली और पिछली ग्रेन शील्ड आते हैं।

आधार मृदु स्पात सेक्शन अथवा लकड़ी का बना होता हैं और साइड फ्रेम से जुड़ा रहता हैं। साइड फ्रेम मृदु स्पात के बने साइड बोर्ड को सम्भाले रहता हैं। अगली ग्रेन शील्ड लकड़ी के तख्तों की बनी होती हैं और साइड फ्रेम ये जड़ी रहती हैं।

सिलिन्डर

सिलिन्डर यदि एक श्रमिक द्वारा चलाया जाता हैं, तो 450 मिमी.लम्बा होता हैं और यदि दो श्रमिक उसे चलाते हैं तो 700 मिमी. लम्बा होता हैं। केन्द्र में इसको और भी मजबूत बना दिया जाता हैं। यह लकड़ी के तख्तों को जोड़कर बनाया जाता हैं एवं इन पर लूप के आकार में लोहे के मोटे तार,

गहाई हेतु उभरे रहते हैं। सिलिन्डर में लगे तख्ते मार्टिस और टेनन जोड़ के द्वारा जुड़े रहते हैं।

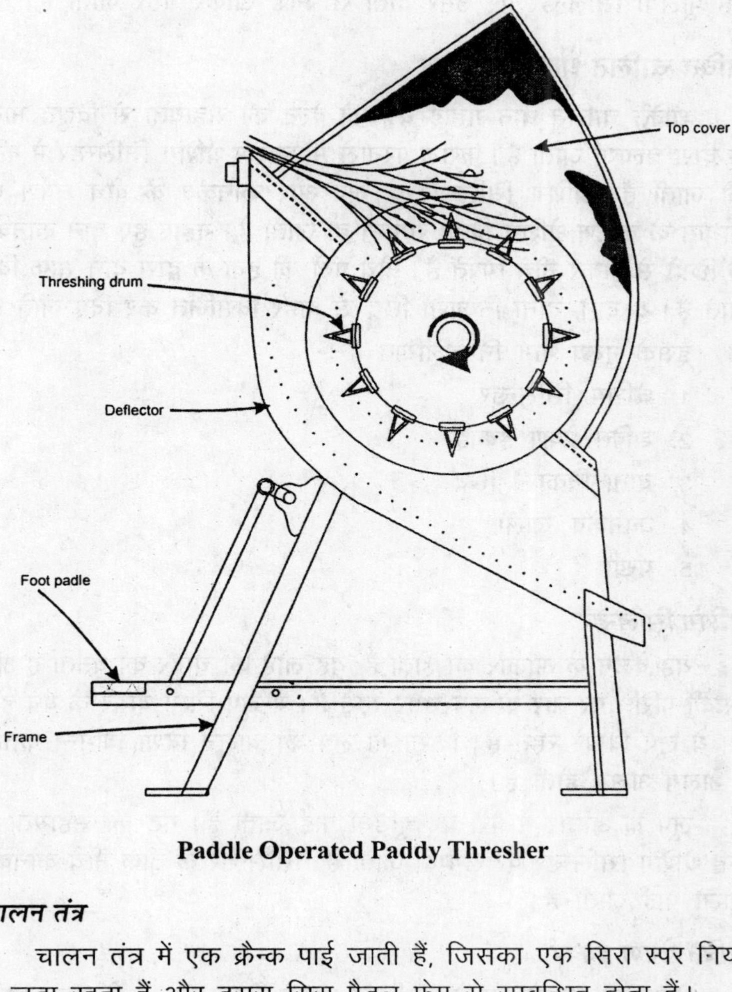

Paddle Operated Paddy Thresher

चालन तंत्र

चालन तंत्र में एक क्रैन्क पाई जाती हैं, जिसका एक सिरा स्पर गियर से जुड़ा रहता हैं और दूसरा सिरा पैडल फ्रेम से सम्बन्धित होता हैं।

धुरा

यह मृदु स्पात का बना होता हैं।

यह थ्रेशर कृषकों के बीच बहुत लोकप्रिय हो गया हैं। धान की फसल की पूलियों को हाथ में पकड़कर पैर के द्वारा पैडल को चलाया जाता हैं। यह पूलिया सिलिन्डर पर उभरे दांतो से रगड़ खाकर गहर जाती हैं।

शक्ति चालित धान गहाई यंत्र

शक्ति चालित धान गहाई यंत्र को बेल्ट की सहायता से विद्युत मोटर के द्वारा चलाया जाता हैं। फसल परनाले में रखकर थ्रेशिंग सिलिन्डर में फीड की जाती हैं। थ्रेशिंग सिलिन्डर के लूप और कानकेव के बीच घर्षण एवं आघात के कारण थ्रेशिग क्रिया सम्पन्न हो जाती हैं। गहाए हुए दाने कानकेव के छिद्रो से होकर नीचे गिरते हैं। नीचे पंखे की हवा के द्वारा दाने साफ किए जाते हैं। ये दाने, दाना निकासी छिद्र से बाहर विसर्जित कर दिए जाते हैं।

इसके मुख्य भाग निम्नलिखित हैं :–

1. थ्रेशिंग सिलिन्डर
2. शक्ति प्रेषण इकाई
3. दाना निकासी छिद्र
4. कानकेव जाली
5. पंखा

थ्रेशिंग सिलिन्डर

यह बेलन के आकार का होता हैं, यह लोहे की चादर का बनता हैं और इसकी परिधि पर तार के लूप उभरे रहते हैं। ये लूप स्प्रिंग वायर के बने होते हैं। ये लूप बिखरे रहते हैं। किसी भी लूप की चालन दिशा विभिन्न कतारों में अलग अलग होती हैं।

लूप के आधार मे पैरो पर चूडियॉ पाई जाती हैं। नट की सहायता से इन्हें थ्रेशिंग सिलिन्डर पर लगाया जाता हैं। सिलिन्डर के ठीक नीचे कानकेव जाली पाई जाती हैं।

शक्ति प्रेषण इकाई

थ्रेशर को चलाने हेतु तेल इन्जिन अथवा विद्युत मोटर की आवश्यकता पड़ती हैं। थ्रेशिंग सिलिन्डर के धुरे पर लगी धिरनी को पट्टे की सहायता से चलाया जाता हैं। पंखे को चलाने के लिए दूसरी धिरनिया पाई जाती हैं, जो थ्रेशिंग सिलिन्डर के धुरे पर लगी धिरनियों से शक्ति प्राप्त करती हैं।

दाना निकासी छिद्र

गहाया हुआ दाना पेच नुमा आगर के द्वारा एक ओर निकासी कर दिया जाता हैं। उत्थापक इन दानों को उठाकर बोरों मे भरने के लिए अग्रेषित कर देता हैं।

कानकेव जाली

थ्रेशिंग सिलिन्डर में डाली गई फसल को कानकेव जाली नीचे से संभाले रहती हैं। कानकेव जाली धातु की पतली चादर से बनी होती हैं और इसमें छिद्र पाए जाते हैं। यह अर्धचन्द्राकार होती हैं। यह परनाले से लेकर थ्रेशर के पिछले भाग तक फैली होती हैं।

पंखा

थ्रेशर की पूरी चौड़ाई में स्थित एक पंखा पाया जाता हैं, यह थ्रेशिंग सिलिन्डर के समानान्तर एक धुरे पर घूमता है, पंखे का निकासी छिद्र दानों के ऊपर हवा फेंकता हैं। पंखा एक धातु की बनी केसिंग से ढका रहता हैं। पंखे की हवा नीचे गिरते हुए दानों पर पड़ती हैं जो भूसे को दानों से अलग कर देती हैं।

कम्बाइन

इस मशीन मे मूल रूप से एक चलायमान थ्रेशर होता हैं जिसमें एक कर्तन दण्ड लगा होता हैं। यह कर्तन दण्ड मोअर के कर्तन दण्ड की तरह ही होता हैं और फसल की कटाई करता हैं। फसल चलायमान फीडर के द्वारा स्वतः ही सिलिन्डर और कानकेव के बीच फीड कर दी जाती हैं। इन दोनों के बीच आने पर फसल की गहाई सम्पन्न हो जाती हैं। अब दानों को बोरो या किसी गाड़ी मे भर दिया जाता हैं, भूसा खेत में ही छोड़ दिया जाता हैं, जो भूमि में सड़कर उसकी उर्वरा शक्ति को बढाता हैं। यदि भूसे को पशुओं के खिलाने हेतु रखना हैं तो इसको श्रमिकों द्वारा खेत से इकट्ठा करना पड़ता हैं।

कम्बाइन के लाभ

1. यह कटाई और गहाई के व्यय में बचत करती हैं।
2. यह श्रम की आवश्यकता को कम करती हैं।

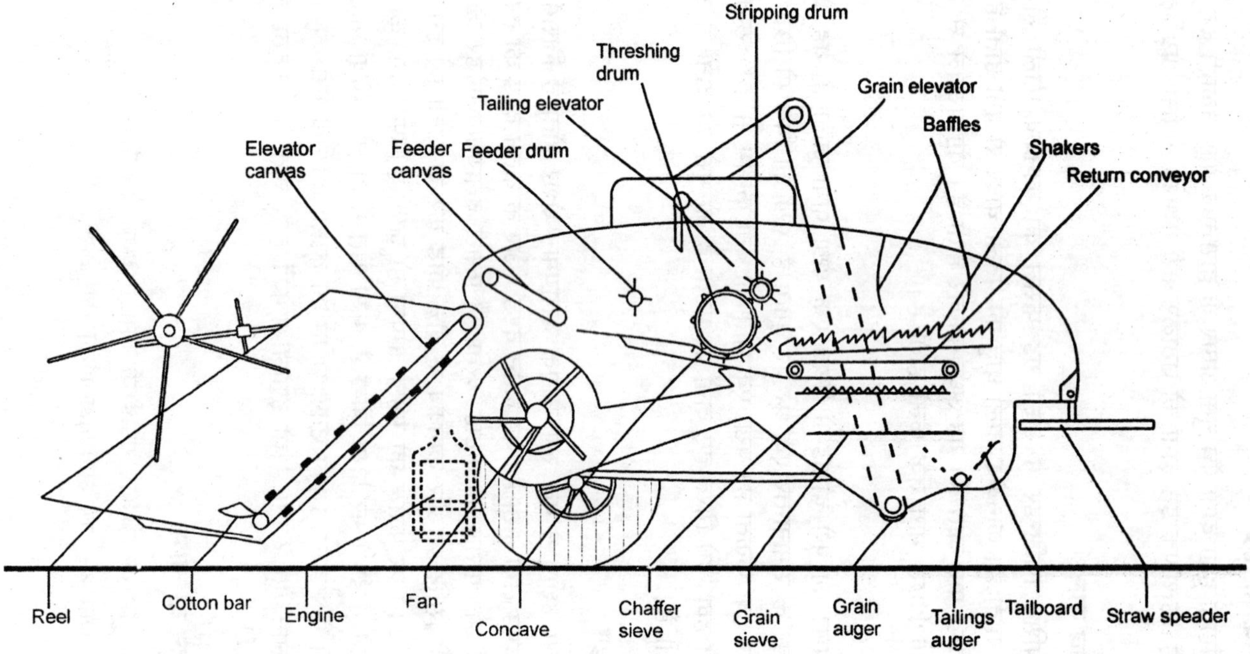

Combine Harvester

3. यह फसल को आग वर्षा एवं अन्य अपरिहार्य मौसमी कारणों से नष्ट होने नहीं देती, क्योंकि फसल की कटाई, गहाई एवं बोराबन्दी त्वरित गति से सम्पन्न हो जाती हैं।
4. यह खेत को शीध्रता से साफ कर देती हैं, अतः ग्रीष्म कालीन जुताई एवं अन्य कृषि कार्यो को जल्दी ही सम्पन्न कर लेने की सुविधा रहती हैं।
5. चूकि दाना बोरो में बन्द तैय्यार स्थिति में उपलब्ध होता हैं, अतः समय की बहुत बचत होती हैं।
6. यदि भूसे से कार्बनिक खाद बनाना उद्‌देश्य हो तो कम्बाइन का भूसे को खेत में फैंलाना एक लाभ माना जा सकता हैं।

कम्बाइन की हानियॉं

1. अत्याधिक प्राथमिक मूल्य।
2. मिश्रित खेती में इसका प्रयोग सम्भव नहीं होगा।
3. छोटे छोटे बिखरे खेतों में उगी फसल की कम्बाइन द्वारा कटाई, गहाई, बोराबन्दी आदि कायकलाप सर्वथा असम्भव हैं।
4. इसके प्रयोग से कृषि श्रमिक बेरोजगार हो जाते हैं।
5. इसके द्वारा भूसे की भारी हानि होती हैं, जो पशुओं के चारे के रूप में बिछावन के रूप में प्रयोग में आता हैं।
6. इसके चालन एवं देखभाल में अधिक व्यय आता हैं।
7. इसके प्रयोग से मिलने वाले दाने में नमी रहने की संभावना बनी रहती हैं अतः भण्डार गृह में कीड़ों एवं रोगो के आक्रमण को संभावना रहती हैं।
8. इसका उपयोग सीमित समय के लिए होता हैं एवं अन्य कृषि कार्यो में इसका उपयोग हो ही नहीं सकता।

कम्बाइन के प्रकार

कम्बाइन दो प्रकार की होती हैं।

1. ट्रैंक्टर चालित कम्बाइन
2. स्वयं चालित कम्बाइन

ट्रैंक्टर चालित कम्बाइन

यह ट्रैंक्टर द्वारा चलाई जाती हैं। सामान्यतः छोटी कम्बाइन ट्रैंक्टर के द्वारा ही चलाई जाती हैं एवं इसके साथ ही उसके कटाई और गहाई एकक ट्रैंक्टर के ही पावर टेक आफ से चलाए जाते हैं।

स्वयं चलित कम्बाइन में अलग से एक सहायक इन्जिन पाया जाता हैं। जो कम्बाइन के सभी भागों को चलाता हैं। ट्रैंक्टर केवल कम्बाइन को खींचता हैं।

स्वयं चालित कम्बाइन

इसमें स्वयं का एक बड़ा इन्जिन होता हैं, जो कम्बाइन को खींचता भी हैं और इसके सभी भागों को चलाता भी हैं। इस कम्बाइन का उपयोग स्थिर थ्रेशर के रूप में भी हो सकता हैं, यदि इसके पहियों को मिलने वाली शक्ति को काट दिया जाय। ये कम्बाइन छोटे आकार की ही होती हैं, जैसे 45 से 60 अश्वशक्ति वाली कमबइन।

इस कम्बाइन में निम्नलिखित लाभ एवं हानियां होती हैं।

लाभ

1. इसको चलाने के लिए केवल एक चालक आवश्यक हैं।
2. इसको चलाना और दूसरे स्थान तक ले जाना सरल होता हैं।
3. इसका कर्तन दण्ड सामने ही लगा रहता हैं, अतः कोई पौधा इसके चलने पर पहियों से दब नहीं पाता।
4. यह एक छोटे आकार की इकाई हैं, अतः छोटे क्षेत्रो हेतु उपयुक्त हैं।
5. यह मुड़ने के लिए कम स्थान लेती हैं।
6. यह विभिन्न गतियों पर चलाई जा सकती हैं।

हानियां

1. इसका प्राथमिक मूल्य अधिक होता है।
2. इसके इन्जिन का दूसरे कृषि कार्यो हेतु उपयोग नहीं हो सकता।

16

फार्म भवन
(Farm Buildings)

इस अध्याय में फार्म प्रक्षेत्र एवं फार्म भवनों का हम अध्ययन करेंगे।

फार्म प्रक्षेत्र

फार्म में वह स्थान जहां सभी कृषि भवन स्थित होते हैं, कार्य प्रक्षेत्र कहलाता हैं। इन कृषि भवनों में फार्मगृह, डेरी बार्न, दूध दुहाई केन्द्र, कुक्कुट ग्रह, साइलों आदि आते हैं।

फार्म प्रक्षेत्र की स्थिति

फार्म प्रक्षेत्र की स्थिति उचित होनी चाहिए। प्रत्येक भवन का डिज़इन ऐसा होना चाहिए कि वह अपना उद्देश्य पूर्ण रूप से सम्पन्न कर सके, रहने वाले लोगो का स्वास्थ्य उचित बना रहें एवं पशुओ के निवास स्थान स्वच्छ बने रहें। इसके अतिरिक्त यह निश्चित करना चाहिए कि प्राथमिक व्यय में मितव्ययिता बरती जा सकें एवं श्रमिकों का प्रबन्धन उचित रूप से किया जा सकें।

फार्म प्रक्षेत्र का चुनाव करते समय निम्न बाते ध्यान में रखनी चाहिए।

1. प्रबन्धन की दृष्टि से फार्म प्रक्षेत्र या तो खेतों के मध्य में होना चाहिए या फिर लम्बी भुजा के मध्य में होना चाहिए।
2. फार्म प्रक्षेत्र आवागमन की दृष्टि से सड़कों के निकट होना चाहिए, ताकि फार्म पर आवश्यक खाद, बीज आदि सरलता व शीध्रता से पहुॅच सके एवं फार्म पर उत्पन्न खाद्यान्न दुग्ध एवं दुग्ध पदार्थ आदि बाजार तक पहुॅचाए जा सकें।

3. फार्म प्रक्षेत्र के निकट एक स्थाई जल श्रोत भी होना चाहिए, जैसे नदी, तालाब, नहर, झरना, कुंआ, ट्यूब वेल आदि।
4. फार्म प्रक्षेत्र की ऊंचाई अन्य स्थानों से अधिक होनी चाहिए ताकि जल निकास उचित बना रहें।
5. फार्म प्रक्षेत्र ऐसे स्थान पर बनाना चाहिए, जो तेज़ हवाओं और जंगली जानवरों से सुरक्षित हो। उसके चारों ओर धने लम्बे पेड़ होने चाहिए, जो तेज हवाओं की गति को कम कर सकें एवं धूप से मनुष्य एवं पशुओं को बचाएं रख सके।

फार्म प्रक्षेत्र का आकार एवं विन्यास

फार्म प्रक्षेत्र में आवासीय भवन, भण्डार गृह, डेरी बार्न, बैल आवास, कुक्कुट गृह, खलिहान, सड़के आदि होते हैं।

आवासीय भवन अन्य भवनों से विशेष रूप से पशु आवास से काफी दूर होने चाहिए, ताकि डेरी बार्न एवं कुकुक्ट गृह से मक्खियॉ एवं दुर्गन्ध आवासीय परिसर तक न पहुॅच सके एवं पशु–पक्षियों का अवॉक्षित शोर मनुष्यों को परेशान न कर सकें।

हवा बहने की दिशा को ध्यान में रखते हुए मानव आवास एवं पशु–पक्षी आवास इस प्रकार स्थित होने चाहिएं कि हवा बहकर मानव आवास से पशु–पक्षी आवास की ओर जाएं। विभिन्न भवनों का विन्यास इस प्रकार होना चाहिए कि जिन भवनों में आवागमन अधिक होता हो, वह एक दूसरे के निकट स्थित होने चाहिए। दुग्ध गृह डेरी बार्न से लगभग 20 फीट दूरी पर होना चाहिए।

फार्म प्रक्षेत्र की योजना में भावी विस्तार का भी प्रावधान होना चाहिए। यह ध्यान रखना चाहिए कि न्यूनतम लागत में अधिकतम सुविधाएं प्राप्त की जा सकें। भवनों में बेल बूटे बनाकर अनावश्यक सजावट नहीं करनी चाहिए, क्योंकि इससे सुविधाएं तो नहीं बढेगी पर लागत बहुत बढ जाएगी।

फार्म गृह की योजना

फार्म गृह, फार्म प्रक्षेत्र का हदय माना जाता हैं। इसका डिज़ाइन और निर्माण इस प्रकार का होना चाहिए कि इसमें रहने वालो को अधिकतम आराम मिले और इसके प्रति उनका आकर्षण बना रहे। फार्म गृह एक निवास ही नहीं वरन् एक सामाजिक जीवन का केन्द्र हैं। यही निवास करने वाले को

स्वास्थ्य लाभ, आराम प्रसन्नता प्राप्त होती हैं, जीवन की सभी गतिविधियॉ यही सम्पन्न होती हैं। इसमें भोजन बनाने, भेजन ग्रहण करने एवं सोने की विशेष व्यवस्था होनी चाहिए। सूर्य के प्रकाश का अधिकतम लाभ प्राप्त करने हेतु फार्म गृह उत्तर अथवा दक्षिण दिशा की ओर खुलना चाहिए। यदि इसका

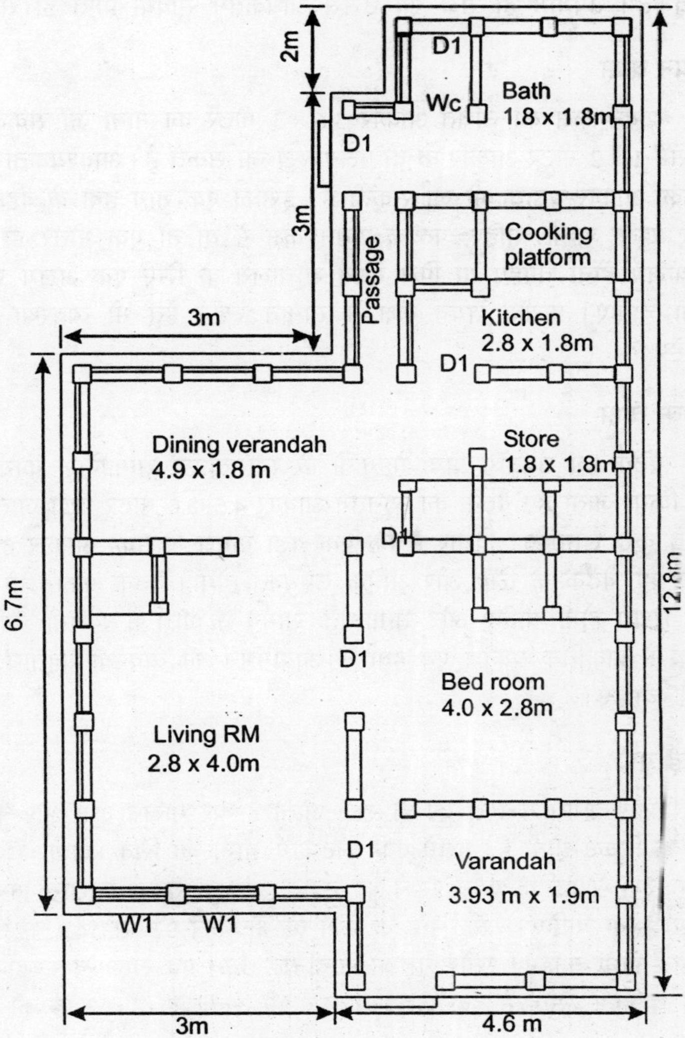

Farm House Design

निकास मुख्य सड़क अथवा नदी अथवा झरने की ओर हो तो सुन्दरता एवं सुविधा ओर भी बढ़ जाती हैं।

फार्म गृह डिज़ाइन

फार्म गृह का डिज़ाइन इस प्रकार का होना चाहिए, जिससे उसका अधिकतम उपयोग हो सकें एवं उससे अधिकतम सुविधा प्राप्त हो सकें।

शयन कक्ष

शयन कक्ष का उचित आकार 3.6 × 3 मीटर का माना जा सकता हैं, जिसमें 1 × 2 मीटर आकार के दो पलंग रखे जा सकते हैं। आवश्यकतानुसार इसका आकार बढाया भी जा सकता हैं। इसका एक भाग हवा के बहाव के लिए खुला रहना चाहिए, प्रत्येक शयन कक्ष में या तो एक भीतर ही बना शौचालय होना चाहिए या फिर मुख्य शौचालय के लिए एक अलग रास्ता होना चाहिए। प्रत्येक शयन कक्ष में सामान रखने हेतु भी व्यवस्था होनी चाहिए।

बैठक कक्ष

बैठक का उपयोग प्रायः मेहमानों के स्वागत एवं सामाजिक कार्यक्रमों हेतु किया जाता हैं। बैठक का न्यूनतम आकार 4.5×3.6 मीटर रखा जाता हैं, किन्तु कुछ लोगों का विचार हैं कि एक बड़ा कमरा जिसका आकार 6×4.5 मीटर हों, बैठक के लिए और अधिक उपयुक्त होगा। बैठक मकान के एक ओर स्थित होनी चाहिए और सामान्यतः सामने के पोर्च में खुलनी चाहिए। बैठक में प्राकृतिक प्रकाश एवं हवा के आवागमन की व्यवस्था बहुतायत से होनी चाहिए।

रसोई गृह

रसोई शयन कक्ष से दूर ही रखी जाती है, पर भोजन कक्ष और बैठक कक्ष के निकट होती हैं। इसमें एक प्लेटफार्म, पानी का सिंक, दीवार में बनी अलमारियॉ, रसोई के बर्तन रखने का स्थान एवं एक रसोई खाद्यान्न भण्डार अवश्य होना चाहिए। रसोई गृह के फर्श का क्षेत्रफल 9.5 से 14.0 वर्गमीटर के बीच होना चाहिए। रसोई गृह से सम्बन्धित ईंधन एवं खाद्यान्न भण्डार भी होना चाहिए। रसोई मे हवा का आवागमन भी आवश्यक हैं। रसोई की एक

खिड़की और एक दरवाजा सीधे ही किचेन गार्डन में खुलने चाहिए। यदि सम्भव हो तो रसोई पूर्व की ओर खुलनी चाहिए ताकि सूर्य की प्रथम किरणें उसमें प्रवेश कर सकें।

शौचालय

भारतीय परिस्थितियों में स्नानागार और सण्डास अलग अलग बनाए जाते हैं। स्नानागार में नल एवं शावर दोनो का प्रावधान होना चाहिए। यदि छत के ऊपर बड़ी पानी की टंकी नहीं हैं तो स्नानागार में एक छोटी पानी की टंकी होनी चाहिए। तौलिया के लिए हैंगर और साबुन के रखने के लिए दीवार में ही स्थान बना होना चाहिए।

सण्डास के लिए भारतीय सण्डास सीट अधिक उपयुक्त रहेगी। स्नानागार और सण्डास दोनो में ही एक बल्व एवं एक रोशनदान होना आवश्यक है। इनके ही निकट एक नल युक्त वाश बेसिन एवं वाश बेसिन के ऊपर एक दर्पण लगा होना चाहिए। दीवार में ही भीतर बना एक रैक होना चाहिए जिसमे महिलाओं के सौन्दर्य प्रसाधन एवं पुरूषों के प्रसाधन रखे जा सकते हैं। इन दोनो ही कक्षों का आकार 1.2×1.8 मीटर रखा जा सकता हैं।

भण्डार गृह

भण्डार गृह रसोई के पास होना चाहिए, एक छोटे परिवार हेतु 3×1.8 मीटर आकार का भण्डार गृह उपयुक्त रहेगा। इसके चारों ओर दीवार में शैल्फ होनी चाहिए।

अतिथि गृह

अतिथि गृह केवल बैठक में या फिर सामने के बरामदे में खुलना चाहिए। यहां से मुख्य शौचालय तक जाने के लिए एक अलग रास्ता होना चाहिए अथवा इसमें एक छोटा शौचालय भी होना चाहिए। इसका प्रचलित आक़र 3.6×3 मीटर हैं।

उपरोक्त के अतिरिक्त फार्म गृह के सामने एक पोर्च, फार्म आफिस, बच्चों के अध्ययन का कक्ष एवं एक घिरा हुआ आंगन भी घर के पीछे होना चाहिए।

निर्माण विवरण

दो फाटक वाले दरवाजे और खिड़कियॉ अधिक उपयुक्त मानी जाती हैं। बैठक और शयन कक्ष के दरवाजों का आकार 2.1×0.9 मीटर होना चाहिए, जबकि रसोई और शौचालय के दरवाजों का आकार 2×0.75 मीटर होना चाहिए। लोहे की चौखट की अपेक्षा लकड़ी की चौखट अच्छी मानी जाती हैं। चौखट का सबसे निचला सिरा काटकर अलग कर दिया जाता हैं।

दो फाटक वाली खिड़की का आकार 1.2×0.9 मीटर रखा जाता हैं। खिड़की का सबसे निचला सिरा फर्श से 0.75 मीटर ऊपर रखा जाता हैं, जिससे सभी खिड़कियों के शीर्ष दरवाजों के समान एक ही ऊंचाई पर होंने चाहिए। लकड़ी की चौखट 10×7.5 सेमी. क्रास सेक्शन की बनी होती हैं। दरवाजों और खिड़कियों पर जाली भी लगाई जा सकती हैं। ताकि, मक्खियॉ अन्दर न आ सकें। खिड़कियों की चौखट में 12 या 15 मिमी. आकार की लोहे की छड़ लगी होती हैं, जिनके बीच की दूरी 7.5 सेमी. होती हैं।

फर्श एवं छत

ऊॅची छत गर्मियों में ठंडी रहती हैं, पर इस पर खर्च बहुत आता हैं। एक मंजिला भवन में छत की ऊंचाई 3.3 मीटर रखी जाती हैं, पर दो मंजिला भवन में पहली मंजिल 3.0 मीटर ऊंची एवं दूसरी मंजिल 2.7 मीटर ऊंची एवं दूसरी मंजिल 2.7 मीटर ऊंची होती है। छतें और बीच के फर्श सामान्यतः आर.सी.सी. या आर.बी.सी. के बनाए जाते हैं, पर निचली मंजिल का फर्श पत्थर या ईंट की एक परत से बनाया जाता हैं। इसको ऊपर से सीमेन्ट गारे से प्लास्टर कर दिया जाता हैं। दीवारों को जोड़ने वाले एवं फर्श और दीवार को जोड़ने वाले कोनों को गोलाकार बना देना चाहिए, जिससे उनमें धूल इकट्ठी न हो सकें।

दीवारें

दीवार बनाने हेतु पत्थर या ईंट का उपयोग किया जाता हैं। भारत में सामान्य रूप से ईंट की दीवार का उपयोग होता हैं। सामान्यतः 22.5 सेमी. मोटी दीवार जो सीमेन्ट या चूने के गारे से जोड़ी गई हों, मजबूत रहती हैं। पर 37.5 सेमी. मोटी दीवार छत के एवं स्वयं के भार को भली भांति वहन कर सकती हैं। सभी बीच की दीवारें 22.5 सेमी. मोटी होनी चाहिए। बाहर

की सभी दीवारें सीमेन्ट से प्लास्टर करके चूने से पोत देनी चाहिए अथवा ईंटो के जोड़ो पर सीमेन्ट द्वारा प्रोइन्टिंग कर देनी चाहिए।

समस्यायें

1. फार्म प्रक्षेत्र से आप क्या समझते हैं? फार्म प्रक्षेत्र का चुनाव करते समय कौन कौन सी बातें ध्यान में रखनी चाहिए।
2. फार्म प्रक्षेत्र का विन्यास एवं आकार कैसा होना चाहिए?
3. पांच व्यक्तियों हेतु एक आदर्श फार्म गृह का ड़िजाइन बनाइए एवं संक्षिप्त विवरण भी दीजिए।
4. फार्म गृह के निर्माण विवरण को सविस्तार लिखिए।
5. निम्न पर संक्षिप्त टिप्पणी लिखिए।

   (क) फार्म प्रक्षेत्र

   (ख) शयन कक्ष

   (ग) रसोई गृह

   (घ) फर्श एवं छत निर्माण

   (च) शौचालय

   (छ) शयन कक्ष

17

पशु आवास
(Animal Shelter)

भारत के कृषक अपने बैलों, दुधारू पशुओं, भेड़, बकरियों एवं मुर्गियों आदि को उनके उचित आवास में रखने की आवश्यकता को जानते हैं, ताकि उनसे अच्छा लाभ प्राप्त हो सकें। कुछ विशिष्ट फार्म पर केवल एक ही पशु रखा जाता हैं। इस अध्याय में हम इन आवासों का अध्ययन करेगें।

गौशाला या डेरी बार्न

डेरी बार्न की योजना बनाते समय उसका आकार एवं खेत, सड़के, जल निकास, हवा की दिशा और धरातल के संदर्भ से उसकी स्थिति आदि पर विचार किया जाता हैं। दुधारू गायों और बछड़ों की आवश्यकता को भी ध्यान में रखा जाता हैं। भूसा, हरे चारें एवं खली चूनी भण्डार की स्थिति भी योजना में विचार की जाती हैं।

दूध छानने, तौलने, ठंड़ा करने और दूध के बर्तनों को साफ करने मे काफी श्रम की आवश्यकता पड़ती हैं। अतः दुग्ध कक्ष की स्थिति की योजना बनाते समय इन सब बातों का ध्यान रखना चाहिए। एक नये डेरी बार्न की योजना बनाते समय भविष्य में उसके विस्तार पर भी विचार करना चाहिए। फार्म पर एक वर्ष मे जितना भूसा उत्पन्न होता हैं, उसी के अनुसार दुधारू पशुओं की संख्या का चयन किया जाता हैं। साधारणतयः खली, चूनी और दाना बाजार से खरीदा जाता हैं, पर भूसा फार्म पर ही उपलब्ध हो जाता हैं।

डेरी बार्न की स्थिति इस प्रकार की होनी चाहिए कि सड़क से एवं फार्म गृह दोनो से वहां तक पहुँचने के लिए एक अच्छा रास्ता हों। दुग्ध कक्ष की सबसे अच्छी स्थिति एक साफ सुथरी, उचित जल निकास वाली होनी

चाहिए, जो डेरी बार्न के निकट हो, पर उससे 6 मीटर दूरी पर स्थित हों। यह रास्ते के किनारे होनी चाहिए और इसके दरवाजे मे जाली लगी होनी चाहिए, ताकि मक्खियॉ भीतर न आने पाए। डेरी बार्न बाड के द्वारा धिरे होने चाहिए और पूर्व–पश्चिम दिशा में स्थित होने चाहिए। चारा और दाना भण्डार की स्थिति ऐसी होनी चाहिए, कि डेरी बार्न से वहां आने जाने में न्यूनतम समय लगे। डेरी बार्न के चारों ओर जल की निकासी उचित होनी चाहिए, जिसके लिए भूमि का ढलान उचित बना देना चाहिए।

वर्षा के जल के अतिरिक्त पशुओं की सफाई का जल के बार्न की सफाई का जल एवं डेरी के बर्तनों की सफाई का जल सुरक्षित रूप से निष्कासित किया जाना आवश्यक हैं। डेरी बार्न तक जने वाला रास्ता पक्का होना आवश्यक हैं ताकि उस न जल ही इकट्ठा हो सकें और न हीं कीचड़ सम्भावना बन सके, यदि रास्ते में जल और कीचड़ उपस्थित होगा तो गोबर गाड़ी प्रतिदिन सही ढ़ग से गोबर का स्थानान्तरण नहीं कर पाएगी। बार्न के निकट एक क्षेत्र को घेर कर उसे खाद संग्रह हेतु प्रयोग किया जाना चाहिए।

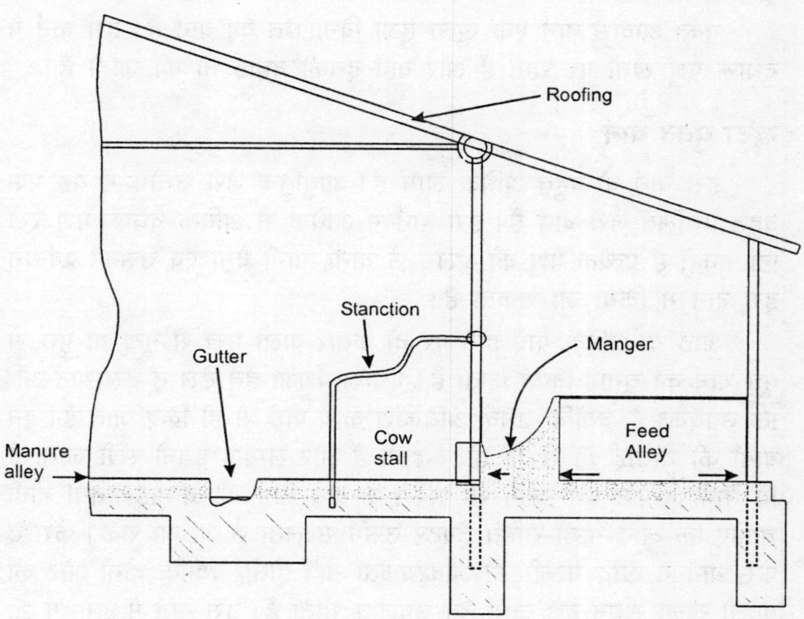

गौशाला या डेरी बार्न के प्रकार

डेरी बार्न तीन प्रकारके होते हैं।

1. खूँटा युक्त बार्न
2. परिवर्तित प्रवास बार्न
3. मुक्त आवास बार्न

खूँटा युक्त बार्न

इस बार्न में दुधारू पशु का एक ही भवन में रखे जाते हैं एवं उनकी दुहाई भी वही होती हैं।

परिवर्तित प्रवास बार्न

इस बार्न मे दुधारू पशु ढके हुए अथवा आंशिक रूप से ढके हुए भवन में रखे जाते हैं पर उनकी दुहाई कई समूहों में एक अलग स्थान पर होती हैं, जिसे दुहाई कक्ष कहते हैं।

मुक्त आवास बार्न

मुक्त आवास बार्न एक खुला हुआ बिना छत का बार्न हैं। इस बार्न में दुधारू पशु खेतों पर रहते हैं और वहीं इनकी दुहाई भी की जाती हैं।

खूँटा युक्त बार्न

इस बार्न के बहुत अधिक लाभ हैं। आधुनिक डेरी उघोग में यह एक बहुत प्रचलित डेरी बार्न हैं। इस बार्न में अधिक से अधिक दुधारू पशु रखे जा सकते हैं प्रत्येक पशु को अलग से दाना, पानी देना एवं उसका प्रबन्धन इस बार्न में किया जा सकता हैं।

आठ या अधिक गाऐं होने पर दो कतार वाला मुख से मुख या पूंछ से पूंछ बार्न का चुनाव किया जाता हैं। दुधारू पशुओं हेतु टेल टू टेल बार्न अधिक उपयुक्त हैं, क्योंकि उनके अधिकांश कार्य पीछे से ही किए जाते हैं। इन बार्नो की चौड़ाई 10 से 11 मीटर होती हैं और लम्बाई इतनी रखी जाती हैं कि सभी दुधारू पशु इसमें रह सकें। केन्द्रीय मार्ग की चौड़ाई इतनी होनी चाहिए कि खाद गाड़ी सहित ट्रैंक्टर उसमें सरलता से आ जा सकें। फेस टू फेस बार्न मे खाद गल्ली की आवश्यकता नहीं होती, क्योंकि दोनो ओर का बाहरी खुला स्थान इस कार्य हेतु उपलब्ध रहता हैं। इस बार्न में लगभग 20 प्रतिशत फर्शीय क्षेत्रफल की बचत होती हैं एवं निर्माण व्यय भी कम हो जाता हैं। यह बार्न बैलों हेतु उपयुक्त होता हैं।

इस बार्न की अधिकतम लम्बाई 40 मीटर से अधिक नहीं होनी चाहिए, जिससे एक बार्न में लगभग 72 गाऐं रखी जा सकें। यदि और अधिक गाऐं रखी जानी हो, तो क्रास के आकार मे 90 अंश पर केन्द्र में दोनो ओर बराबर लम्बाई की क्रास ड्राइव बना दी जाती हैं। जो कार्य की क्षमता और सुगमता को बढ़ा देती हैं। बार्न का फर्श सीमेन्ट कन्क्रीट या प्रथम श्रेणी की ईंटों को सीमेन्ट गारे से जोड़कर बनाया जाता हैं, ताकि वह स्वच्छ और टिकाऊ बना रहें। गायों को साफ रखने हेतु प्रतिदिन गोबर की निकासी एवं दूषित जल और मूत्र की निकासी आवश्यक हैं।

खूंटा युक्त बार्न में नालियां 45 सेमी चौड़ी एवं 15 सेमी गहरी होनी चाहिए। निकासी जल के रूकावट रहित बहाव हेतु 2 प्रतिशत न्यूनतम ढाल भी रखा जाता आवश्यक हैं। गंटर के आधार में एक अर्ध चन्द्राकार मूत्र नलिका भी बनी होनी चाहिए जिससे बिना अवरोध मूत्र गटर से बाहर निकल जाए।

गौस्थान

इसके फर्श की ऊपरी सतह ऐसी होनी चाहिए कि पशुओं के पैर इस पर फिसलने न पाएं। फर्श की सतह खुरदुरी होनी चाहिए पर इसके ऊपर जल इकट्ठा नहीं होनी चाहिए। फर्श तैय्यार करते समय उसमें एक्सपेन्डेड मेटल प्रेस करके उसे न फिसलने वाला बनाना चाहिए। विभिन्न लम्बाइयों के दुधारू पशुओं को समाहित करने हेतु गौस्थान की विभिन्न लम्बाई रखी जाती हैं। फर्श में उचित ढाल रखा जाता है, जिससे पानी का उचित ढाल रखा जाता हैं, जिससे पानी का उचित निकास नाली में हो सकें।

चरनी

चरनी की चौड़ाई 75 से 90 सेमी. के बीच होनी चाहिए। चरनी का पिछला सिरा फर्श से 60 सेमी. ऊपर रखना चाहिए। जिससे पशु चारे को चारा गल्ली में न फेंक सकें। चरनी भीतर से वक्राकार होती हैं।

चारा गल्ली

चरनी और बाहर की दीवार के बीच का मार्ग चारा गल्ली कहलाता हैं। जिससे होकर साइलेज से भरी हाथ गाड़ी चलाई जाती हैं। चारा गल्ली की चौड़ाई 1.2 मीटर रखनी चाहिए। चारा गल्ली, केन्द्रीय मार्ग गोबर गल्ली एवं गौस्थान के फर्श पर ही ऊंचाई पर बनने चाहिए।

दीवारें एवं छत

बार्न की दीवारों की ऊंचाई 2.4 मीटर रखनी चाहिए। यदि ढालू छत रखनी हैं तो 10 से 11 चौड़े बार्न हेतु छत की अधिकतम ऊंचाई 5 से 5.5 मीटर के बीच होनी चाहिए। उच्च श्रेणी की ईंटों को सीमेन्ट या चूने के गारे से जोड़कर बाहर सीमेन्ट गारे से छपाई कर दिया जाता हैं। वर्ष में एक बार पुताई भी की जाती हैं। छत की कैंची लोहे या इमारती लकड़ी की बनी होती हैं। इसके ऊपर टीन की चादर या किरमिच की चादर लगा दी जाती हैं। किरमिच की चादर अच्छी कुचालक हैं अतः इसे प्राथमिकता दी जाती हैं।

खिड़की और दरवाजे

दो कतार वाले बार्न में दरवाजा दोनो ही ओर 2.4 से 2.7 मीटर चौड़ा होना चाहिए। सामान्यतः फिसलने वाला या सिकुड़ने वाला गेट प्रयोग किया जाता हैं। बार्न में समुचित प्रकाश हेतु प्रति पशु 0.37 वर्ग मीटर विन्डों एरिया की आवश्यकता होती हैं। अतः या तो बगल की दीवारों को रखा ही नहीं जाता या इनको छिद्राकार बना दिया जाता हैं।

परिवर्तित प्रवास बार्न

भारत में व्यावसायिक स्तर पर इस बार्न का प्रयोग नहीं किया जाता, पर कृषकों द्वारा इसका प्रयोग किया जा सकता हैं। इस बार्न में पशु स्वतंत्र रूप से विचरण कर सकता हैं, केवल चरनी और प्रवास स्थान को साधारण रूप से एवं कम लागत में बना दिया जाता हैं। केवल एक छोटे से क्षेत्र को जिसमें चरनी बनाई जाती हैं, छोड़कर बाकी सभी स्थानों पर पक्का रास्ता नहीं होता। पूरा बार्न नहीं ढ़का जाता, केवल कुछ छोटे आवास ढके होते हैं, जो विभिन्न स्थानों में बनाए जाते हैं। ये आवास पशुओं का धूप और वर्षा से बचाते हैं।

Cow Stall Dimensions for Different Breeds

S.N.	*Breed*	*Width m*	*Length*	
			Small m	*Large m*
1.	Red Sindhi	1.05	1.2	1.42
2.	Hariana	1.12	1.35	1.5
3.	Sahival	1.2	1.42	1.65
4.	Heifer	0.9	1.12	1.27

Average Floor Area Required per Animal

S.No.	Type of Animal Shelter	Floor (sq.m.)
1.	Cow stall plus alleys	0.00
2.	Cow pen	11.10
3.	Calf pen	2.20
4.	Bull pen	16.70
5.	Buffalo pen	13.90
6.	Buffalo stall plus alleys	7.40

पशुओं के रहने और आहार खिलाने हेतु प्रति पशु 9–11 वर्ग मीटर क्षेत्रफल आवश्यक होता हैं।

इस बार्न की सफलता इस तथ्य में निहित हैं कि इसमें प्रति पशु अत्याधिक फर्श क्षेत्रफल उपलब्ध हो जाता हैं। आवास के ऊंपर कैंची की सहायता से किरमिच की चादर लगा दी जाती हैं। चरनी की प्रति पशु चौड़ाई 70 से 75 सेमीं होती हैं। दुधारू पशुओं की दुहाई हेतु एक अलग स्थान होता हैं, जिसे दुग्ध कक्ष कहते हैं।

दुग्ध कक्ष

यह वह स्थान हैं जहां दुहाई की जाती हैं। दुधारू पशुओं को इस दुग्ध कक्ष में सरलता से प्रवेश करने की सुविधा होनी चाहिए। इसके साथ ही वापस अपने प्रवास स्थान पर सरलता से लौटने की सुविधा भी होनी चाहिए। इस बात की भी व्यवस्था होनी चाहिए कि दुहें गए एवं बिना दुहें पशु अलग अलग रखे जाएं।

क्र.सं.	*तुलना का आधार*	*Loose Housing*	*Stanchion born*
1	फर्श क्षेत्रफल प्रति गाय	9–11 वर्गमीटर	5.5–7.5 वर्गमीटर
2	बार्न उपकरण	बहुत कम केवल एक एक चरनी	स्टोनशियन पानी के बर्तन आदि सारे उपकरण
3	बार्न निर्माण व्यय	कम लागत	तिगुनी लागत
4	स्वास्थ्य एवं सुविधा	भूसे के बिछावन पर अधिक आराम, चोट लगने से सुरक्षा।	कडे फर्श पर असुविधा कम आराम, फिसलने पर चोट लगने का खतरा।
5	रोगों का फैलाव	रोग फैलने की अधिक सम्भावना	रोग फैलने की कम संभावना, रोगी पशु की पहचान, सरल एवं तुरन्त ईलाज।

6	पशुओं में लड़ाई	लड़ाई की अधिक सम्भावना, अतः सींग काटे जाए	लड़ाई की कोई सम्भावना नहीं।
7	स्वच्छ दुग्ध उत्पादन	दुग्ध कक्ष में स्वच्छ दुग्ध उत्पादन	बार्न की प्रतिदिन उचित सफाई होने पर स्वच्छ दुग्ध उत्पादन
8	चारे की खपत	अधिक	अपेक्षाकृत कम
9	खाद	अच्छी खाद उपलब्ध	उपलब्ध खाद अच्छी नहीं होती।
10	श्रमिकों की मांग	श्रम की बहुत बचत	बार्न सफाई में अधिक श्रम
11	पशुओं की संख्या परिवर्तन	कोई कठिनाई नहीं	बोर्न के आकार में बदलाव में परिवर्तन
12	पशु प्रदर्शन	खराब प्रदर्शन	सर्वश्रेष्ट प्रदर्शन

समस्यायें

1. डेरी बार्न निर्माण करते समय किन किन बातों का ध्यान रखना चाहिए?
2. डेरी बार्न कितने प्रकार के होते हैं? स्टेन्शियन (खूंटा युक्त) बार्न का एक स्वच्छ नामांकित चित्र बनाइए।
3. स्टेन्शियन डेरी बार्न के मुख्य उपकरणों का वर्णन करते हुए, उसकी संरचना समझाइए।
4. निम्न पर संक्षिप्त टिप्पणी लिखिए।
   अ) चरनी
   ब) गौस्थान
   स) चारा गल्ली
   द) दुग्ध कक्ष
   य) स्टेन्शियन (खूंटा)
5. स्टेन्शियन बार्न और लूज हाउसिंग बार्न की तुलना कीजिए।
6. लूज हारसिंग बार्न का वर्णन करते हुए, मुक्त आवास बार्न की विशेषता लिखिए।

18

कुक्कुट गृह
(Poultry House)

मुर्गियों को कुक्कुट गृह में इसलिए रखा जाता हैं कि वे आराम के साथ रहें, उनका स्वास्थ्य ठीक रहें, उनसे अधिकतम उत्पादन प्राप्त हो संकें एवं मुर्गियों के आहार की बर्बादी न होने पाए। इसके अतिरिक्त एक उचित कुक्कुट गृह इस बात को निश्चित करता हैं कि भीतर नमी का स्तर कम से कम रहें अन्यथा पक्षियों को गंभीर रोग लगने का भय बना रहता हैं। अतः कुक्कुट ग्रह के भीतर हवा का आवागमन उचित रहना चाहिए, पर तेज और गर्म हवाओं का प्रवेश नहीं होना चाहिए।

तेज हवाओं को रोकने हेतु मलबरी की झाड़ी या दूसरी सदाबहार झाडियॉ उपयुक्त होती हैं। ऐसी झाड़ियों को भी लगाना चाहिए जो छायादार हो और गर्मी में ठंडक और जाड़े में सर्द हवाओं से बचाव कर सकें। कुक्कुट गृह में जल निकासी की भी उचित व्यवस्था होनी चाहिए। भीतर नमी बिल्कुल नहीं होनी चाहिए। इसके लिए बलुअर मिट्टी उचित होती हैं, जो अति शीध्र मलमूत्र की नमी सोख लेती हैं। ऐसी भूमि जिसमें दरारें बन जाती हैं, बिल्कुल भी नहीं चुनना चाहिए, इन दरारों में चूहें, सांप, बिच्छु आदि प्रवास करते हैं। इनकी स्थिति बहुत दूर जंगल के पास नहीं होनी चाहिए, क्योंकि कौवे, उल्लू, बिल्लियॉ, गीदड़ एवं आवारा कुत्ते इनके बहुत बड़े शत्रु हैं। कुक्कुट गृह, फार्म गृह, डेरी बार्न आदि से दूर सड़क के निकट स्थित होना चाहिए, पर इनकी स्थिति सुरक्षित होनी चाहिए।

कुक्कुट गृह में प्रकाश की उचित व्यवस्था होनी चाहिए। भीतर अत्याधिक प्रकाश आवश्यक होता हैं, जो इनकी प्रसन्नता का कारण हैं। आदर्श परिस्थितियों हेतु कुक्कुट गृह का खिड़की क्षेत्रफल अधिक होना चाहिए।

फर्श से खिड़की की ऊंचाई 75 सेमी. से अधिक नहीं होनी चाहिए।

आवासीय आवश्यकता :– मुर्गियों के लिए आवश्यक फर्श का क्षेत्रफल मुर्गी की नस्ल पक्षियों का आाकार, पक्षियों की संख्या और मौसम पर निर्भर करता हैं।

Floor Space Required to House Hens

Bird Size	*No. of hens in hours*	*Floor space per hen/ Sq. m*
Small Breeds	25	0.37
	100	0.32
	200	0.28
	400	0.25
Large Breeds	25	0.42
	100	0.37
	200	0.33
	400	0.30

कुक्कुट गृह के प्रकार

व्यवसायिक स्तर पर मुर्गीपालन में अधिक पक्षियों को एक साथ रखना पड़ता हैं। बड़े आवास, श्रम एवं निर्माण सामग्री की तो बचत करते ही हैं, साथ ही साथ मशीनों के प्रयोग को भी सम्भव बनाते हैं जो और भी अधिक बचत करने में सहायक होते हैं। घरेलू एवं अनुसंधान हेतु कूछ ही पक्षियों को रखा जाता हैं, अतः छोटे एवं एक मजिला आवास ही उपयुक्त होते हैं। फर्श बनाने में प्रयुक्त सामग्री के आधार पर कुक्कुट गृह तीन प्रकार के होते हैं :–

1. तार के फर्श वाला कुक्कुट गृह
2. घनी बिछालीदार कुक्कुट गृह
3. पिंजरा गृह

तार के फर्श वाला कुक्कुट गृह

इस कूक्कुट गृह का फर्श 12–14 गेज एक्सपेन्डेड मेटल अथवा, वेल्डेड वायर जाली का बना होता हैं। यह फर्श भूमि से लगभग 45 सेमी. ऊपर रखा जाता हैं एवं इसका ढाल 15 प्रतिशत होता हैं। कुक्कुट गृह की पूरी लम्बाई में सभी घोसले सारे खम्भों पर स्थित होते हैं। इसका फर्श या तो मोटे कपड़े का बना होता हैं या फिर लकड़ी के पटरों का बना होता हैं और इसमें 12–15 प्रतिशत ढाल भी होता हैं, जो केन्द्रीय मार्ग की ओर होता हैं। फर्श के अन्तिम

सिरे पर 5 सेमी. ऊंचा अण्डा रोधक पाया जाता हैं, जो अंडा एकत्रित करने में सहायक होते हैं। दाना व पानी की नादों की स्थिति इस प्रकार होनी चाहिए कि कार्य करने में सुविधा हों। आराम करने के लिए क्षितिजाकार विश्राम पट्टी लगे रहते हैं। धरातल की मिट्टी की धुरमुस द्वारा कुटाई भली भांति कर देनी चाहिए। केन्द्रीय मार्ग का फर्श ईंटों द्वारा बनाया जाता हैं। छत टीन की चादर या किरमिच की चादर के द्वारा ढकी होनी चाहिए। छत का ढाल 20 प्रतिशत रखा जाता हैं एवं कुक्कुट गृह के चारों ओर एक मीटर का ओवरहैंग रखा जाता हैं।

400 पक्षियों के लिए कुक्कुट गृह का आकार 23×5.5 मीटर होना चाहिए, एवं केन्द्र में 1.8 मीटर चौड़ा केन्द्रीय मार्ग होना चाहिए। पूरे कुक्कुट गृह को 1.25 सेमी. मैश की जाली से घेर देना चाहिए।

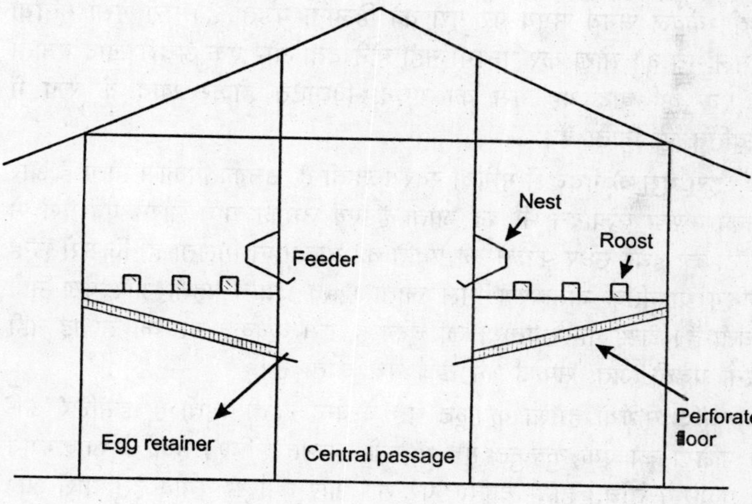

Wire Floored Poultry House

घनी बिछालीदार कुक्कुट गृह

इस कुक्कुट गृह में पक्षियों को सदैव भीतर बंद रखा जाता हैं। भूमि पर 15–20 सेमी. मोटी भूसे की परत बिछा दी जाती हैं, इसी पर मुर्गिया रहती हैं। भूसे में छोटे छोटे टुकडों में काटा हुआ धान का भूसा, चावल की बाली एवं सूखी पत्तियॉ होती हैं। यह भूसे का गद्दा गेहूँ व जौ के भूसे अथवा सूखी घास अथवा मक्के और बाजरे के डंठल के द्वारा भी बनाया जा सकता हैं।

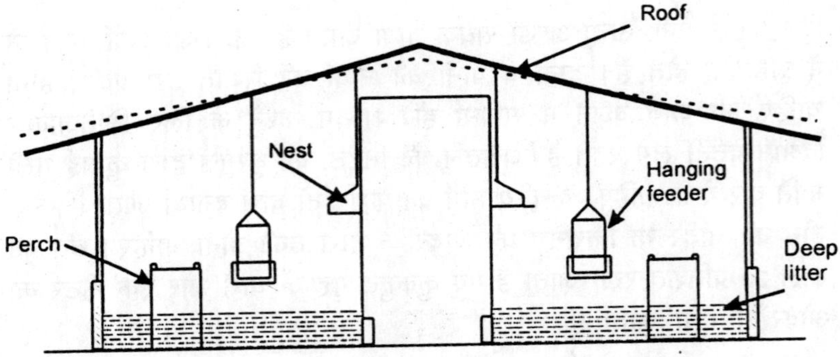

Deep Litter Poultry House

इस कुक्कुट गृह का लाभ यह हैं कि इसके फर्श की सफाई नहीं करनी पड़ती, केवल समय समय पर भूसे को हिलाना पड़ता हैं। पूरा भूसा मुर्गियों के मल मूत्र को सोख कर गन्दगी नहीं होने देता और एक अच्छी खाद बनाता हैं। एक वर्ष बाद यह भूसे का गद्दा विघटित होकर खाद के रूप में परिवर्तित हो जाता हैं।

इस भूसे के गददे में मुर्गियां स्वस्थ रहती हैं, उनका विकास होता हैं और उनका अण्डा उत्पादन भी बढ़ जाता हैं एवं उनकी चोंच मारने एवं पैरों से मिट्टी को इधर उधर फेंकने की प्रवृति को प्रोत्साहन मिलता हैं, जिससे उन्हें लगभग प्राकृतिक वातावरण मिल जाता हैं, वे प्रसन्न रहती और पंख नहीं नोचती हैं। जैसा पहले बताया जा चुका हैं, इस कुक्कुट गृह की सफाई नहीं करनी पड़ती, अतः सफाई का खर्च बच जाता हैं।

चूंकि मुर्गियॉ हमेशा कुक्कुट गृह में बन्द रहती रहती हैं, इसलिए अधिक पक्षियों को एक कुक्कुट गृह में नहीं रखना चाहिए। हवा के आवागमन का प्रावधान उचित होना चाहिए, पर सूर्य और वर्षा से बचाव हेतु चारों ओर ओवर हैंग होना अति आवश्यक हैं। प्रति पक्षी 0.36 वर्गमीटर फर्श क्षेत्रफल की आवश्यकता होती हैं। अतः 2.4×2.4 मीटर आकार के कुक्कुट गृह में 16 मुर्गियों को रखा जा सकता हैं। इस बात का ध्यान रखना चाहिए कि भूसे का बिछावन गीला न होने पाए, इसके लिए पक्षियों की सही संख्या रखना चाहिए, फर्श के धरातल को ऊंचा रखना चाहिए, वर्षा के पानी को भीतर नहीं आने देना चाहिए, एवं पानी का पात्र ऐसे स्थान पर रखना चाहिये जिससे उछलने वाला पानी फर्श पर न गिर सकें।

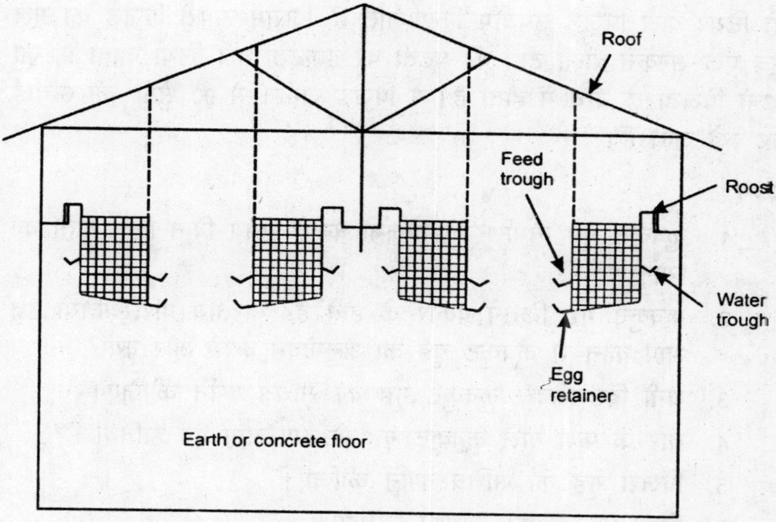

Cage House

इस कुक्कुट गृह में पक्षियों को एक उत्तम अवसर रहता हैं कि अधिक गर्मी पड़नेक पर वे भूसे और मिट्टी को खोदकर उससे ठंडक प्राप्त कर लें, इसी प्रकार से ठंड बढ़ने पर वे गर्मी प्राप्त कर लेते हैं। इस कुक्कुट गृह में बन्द रहने के कारण पक्षी बाहर के धूल में नहा नहीं पाते, जिससे वे त्वचा के रोगो से बचे रहते हैं।

पिजड़ा गृह

इस प्रकार का कुक्कुट गृह गर्म स्थानों में बनाया जाता हैं, जहां पक्षियों को ठंड से बचाने की आवश्यकता नहीं होती। पिजड़े लगातार कतारों मे लगे रहते हैं। कुक्कुट गृह की चौड़ाई पर आधारित एक कुक्कुट गृह में पिजड़ों की चार कतारें तक हो सकती हैं। ये पिजड़े वेल्डेड स्पात तार के बने होते हैं और इनका फर्श ढालू होता हैं तथा इसके अन्त में अण्डा रोधक पाया जाता हैं। पिजड़ों में एक समय में एक या दो पक्षी हेतु पिजड़ा गृह का आकार 0.6×0.2×0.45 मीटर होता हैं। साधारणतयः दाना एवं पानी की नॉदा पिजड़े के बाहर पाए जाते हैं ताकि पक्षियों को दाना, पानी देने में कोई कठिनाई न हो। पक्षियों का मल मूत्र मिट्टी या कंक्रीट के फर्श पर गिरता हैं। कभी कभी

दो टियर वाले पिजड़े उपयोग किए जाते हैं, जिसमें ऊपरी पिजड़े का मूल मूत्र एक सरकने वाली टीन की पट्‌टी पर इकट्‌ठा कर लिया जाता हैं, जो दोनो पिजड़ों के बीच में होता हैं। ये पिजड़े जमीन से 90 सेमी. की ऊंचाई पर रखे जाते हैं।

प्रश्न

1. कुक्कुट गृह निर्माण की योजना बनाते समय किन किन बातों का ध्यान रखेंगें?
2. कुक्कुट गृह कितने प्रकार के होते हैं? भारतीय परिस्थितियों हेतु आप कौन से कुक्कुट गृह का अनुमोदन करेंगे और क्यों?
3. घनी बिछालीदार कुक्कुट गृह का सचित्र वर्णन कीजिए।
4. तार के फर्श वाले कुक्कुट गृह के क्या लाभ एवं हानियॉ हैं?
5. पिंजरा गृह का सचित्र वर्णन कीजिए।
6. निम्न पर संक्षिप्त टिप्पणी लिखिए।
   (क) विश्राम पट्‌टी
   (ख) अंडा रोधक
   (ग) घोसला
   (घ) फीड ट्रफ

19

फार्म पर स्थित भण्डार गृह

(Storage Structures on Farms)

धरातल पर मौसम की अनिश्चितता खाघान्न एवं खाद्य पदार्थों के उत्पादन पर प्रभाव डाली हैं। इसी कारण सभी देशों को खाद्यान्न, फलों, सब्जियों, दानों, चारों, चीनी और खाद्य तेल का विशालकाया भण्डार बना कर रखना पड़ता हैं, जिससे मानव एवं पशुओं की आवश्यकताओं की पूर्ति की जा सकें। इनके भण्डारण हेतु छोटे गोदाम, शीत गृह, खाद्यान्न भण्डार गृह, साइलो आदि की आवश्यकता होती हैं। अनुसंधान से ज्ञात हुआ हैं कि लगभग 10 प्रतिशत खाद्यान्न और 35 प्रतिशत फल और सब्जियाँ कटाई के बाद गन्तव्य तक पहुॅचने से पहले ही नष्ट हो जाती हैं। आधुनिक तकनीकों द्वारा इन हानियों को कम करना आवश्यक हैं।

भारत में खाद्यान्न का भण्डारण पारम्परिक ढ़ग से साधारण भण्डार ग्रहों में किया जाता हैं। दूसरीं ओर हरे चारे का भण्डारण आधुनिक साइलो में किया जाता हैं। भारतीय कृषकों के फार्म पर, बोरा भण्डार गृह, धातु के बिन, मिट्‌टी का कुठला, बॉस के बने बिन और मिट्‌टी के घड़े भी देखे जा सकते हैं। भण्डारण विधि का चुनाव करते समय निम्न बातों को ध्यान में रखना चाहिए।

1. कम से कम स्थान घेरने वाला हो।
2. न्यूनतम भण्डारण हानियों वाला हो।
3. गुणवत्ता बढाने वाला हो।
4. भण्डारण मूल्य से कमी कराने वाला हो।
5. भण्डार गृह टिकाऊ हो।

6. भण्डारण में न्यूनतग परेशानी हो।
7. भण्डार गृह का सरल कार्यकरण हों।

साइलो

यह हरे चारे का भण्डार गृह हैं जो इसको आदर्श अवस्था में संरक्षित करता हैं। पशुओं के हरे चारे को काटकर वायु रोधक साइलो में संग्रहित कर दिया जाता हैं ताकि हवा की अनुपस्थिति में इसका आंशिक किण्वन हो सकें। यह संग्रहित चारा साइलेज कहलाता हैं। पशुओं को खाने में इसका स्वाद अच्छा लगता हैं।

सर्वोत्तम, साइलेज मक्के और ज्वार के हरे चारे से बनता हैं। कोई भी हरी फसल जिसका डंठल थोड़ा कडा हो साइलेज बनाने के लिए उपयुक्त हैं, उदाहरण के लिए सभी प्रकार की घासे, गन्ना और चारा। साइलेज भूसे की अपेक्षा अधिक गुणवत्ता वाला होता हैं

साइलो तीन प्रकार के होते हैं।

1. टावर साइलो
2. पिट साइलो
3. खांई साइलो

टावर साइलो

यह ईंट, कन्क्रीट, धातु अथवा टाइल से बना होता हैं, पर इसको भरने में बहुत कठिनाई होती हैं। इसको भरने के लिए यांत्रिक लोडर अथवा बड़ी क्षमता वाले ब्लोअर की आवश्यकता होती हैं। इसकी दीवारें चिकनी, गोलाकार और पूर्णतयः लम्बवत होनी चाहिए। इसके निर्माण में मजबूती होनी चाहिए, जिससे चारा मुक्त रूप से बिना किसी हवा के पाकेट के बने आधार तक पैक हो जाय, दीवारे इतनी मजबूत होनी चाहिए कि चारे के बगल के दबाव से उनमें दरार न पड़े।

जल स्तर ऊंचा होने पर ही इसका प्रयोग अनुमोदित किया जाता हैं। इनका निर्माण व्यय बहुत अधिक होता हैं। भारतीय परिस्थितियों में इनका उपयोग बहुत कम किया जाता हैं।

पिट साइलो

इनका उपयोग भारत में अनेकों डेरी फार्म पर किया जाता हैं। यह गोलाकार और गहरा बनाया जाता हैं। इसकी दीवारों पर लाइनिंग की जाती

हैं और आधार में इसे सील कर दिया जाता हैं। जिससे पानी इसमें घुस न सकें। इसका उपयोग ऐसे क्षेत्रों में किया जाता हैं, जहां जल स्तर बहुत नीचा हो। ये ईंट, पत्थर या कक्रीट से बनते हैं, सीमेन्ट या जुड़ाई वाला चूना, जुड़ाई का काम करते हैं। यदि उच्च श्रेणी की ईंट उपलब्ध हो, तो निर्माण बहुत अच्छा होगा। 15 मीटर गहराई तक 20 सेमी. मोटी दीवार संतोषजनक होती हैं। साइलेज के सम्पर्क में आने वाला पूरा धरातल सीमेन्ट प्लास्टर से ढका होना चाहिए। प्लास्टर चिकना, कसा हुआ और जल रोधक होना चाहिए। साइलो के ऊपर एक साधारण छत भी होनी चाहिए जो साइलेज को धूप और वर्षा से बचा सके। लहरदार तीन की चादर जिसमें चारों ओर काफी ओवर हैंग हो, एक सस्ती छत होगी। इसके उपयोग से स्थान भी कम घिरता हैं तथा चारा भरने में सरलता होती हैं। साइलेज निकालने के लिए दीवार पर सीढ़ी के पट्टे बनाए जा सकते हैं, पर इस निर्माण में हवा के पाकेट को खराब कर देते हैं। एक दूसरी विधि में रस्सी और घिरनी की सहायता से साइलेज निकाला जाता हैं। इस बात से सावधान रहना चाहिए कि आधार तल में दम घुटने की सम्भावना बनी रहती हैं। जब साइलेज निकालने हेतु साइलो खोला जाता हैं, तब किसी को भी उसके निकट नहीं जाना चाहिए, जब तक सारी गैस बाहर निकल न जाए।

खॉई साइलों

एक ट्रेंन्च साइलो को पहले कच्चा भी बनाया जा सकता हैं, जिसमें ईंट, सीमेन्ट और बालू आदि का उपयोग नहीं होता। इसके निर्माण के बाद केवल इसकी बगली दीवारों को चिकना बनाए रखा जाता हैं और नालियों को साफ कर दिया जाात हैं। इसकी लाइनिंग बाद में भी की जा सकती हैं। बिना लाइनिंग के साइलो में, साइलेज अधिक खराब होता हैं तथा अधिक वर्षा होने पर इसकी दीवारें ढह जाती हैं।

इनके आधार में कीचड़ भी बन जाता हैं, इसलिए लाइनिंग वाला ट्रेंन्च साइलो अधिक पसन्द किया जाता हैं। इसकी दीवारों की लाइनिंग तार की जाली लगाकर, सीमेन्ट, कन्क्रीट या सीमेन्ट प्लास्टर से की जाती हैं। साइलेज की भराई, पैकिंग और सीलिंग बहुत सावधानी पूर्वक करनी चाहिए। इसको एक छत से ढकना भी चाहिए। धरातल से निकासी का पानी साइलो के निकट ठहरना नहीं चाहिए। इस साइलो के चारों ओर नालियॉ बना देनी चाहिए, जो वर्षा के पानी को साइलो तक पहॅुचने नहीं देगी। वर्षा के पानी

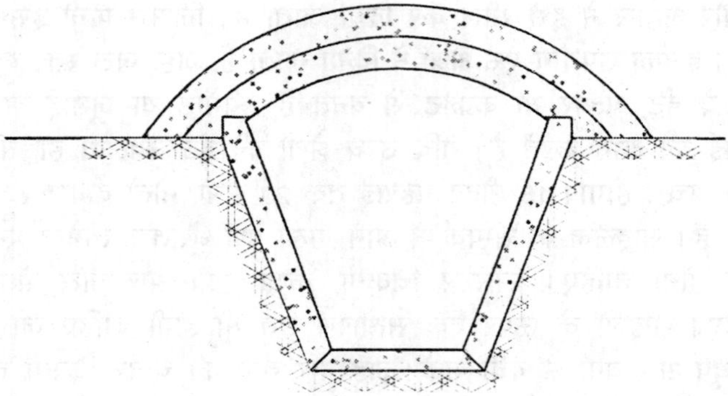

खाई साइलो (Trench Silo)

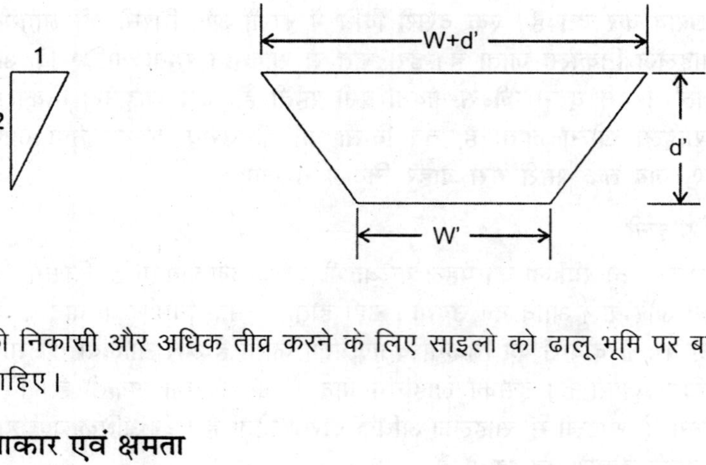

की निकासी और अधिक तीव्र करने के लिए साइलो को ढालू भूमि पर बनाना चाहिए।

आकार एवं क्षमता

इस साइलो का क्रास सेक्शन झुंड के आकार पर निर्भर करता हैं एवं उसकी लम्बाई प्रतिवर्ष उन दिनों पर निर्भर करती हैं, जब साइलेज पशुओं को दिया जाता हैं। चाहे झुंड काफी बड़ा हो, केवल एक ट्रेंन्च साइलो आकार बड़ा किया जा सकता हैं। खोदी हुई मिट्टी से बगल की दीवारें बनाई जा सकती हैं, जिनकों 33 प्रतिशत ढाल दिया जाता हैं।

प्रश्न 1 : एक साइलो का व्यास एवं गहराई ज्ञात कीजिए जो कि 400 गायों को प्रति वर्ष साइलेज खिलने हेतु सक्षम होगा, यदि गायों का औसत भार

450 किलोग्राम हैं। गायों को एक वर्ष में 180 दिन साइलेज खिलाया जाता हैं।

उत्तर :–

मान्यताएँ

1. एक धन मीटर साइलेज का भार = 650 किलोग्राम
2. प्रतिदिन निकाली जाने वाली साइलेज की परत की लम्बाई "t" = 10 cm
3. प्रत्येक गाय को उसके 100 किलोग्राम भार पर 3 किलों साइलेज प्रति दिन दिया जाता हैं।

प्रति गाय साइलेज की मात्रा = $\frac{3}{100} \times 450 = 13.5$ किलोग्राम

साइलेज की प्रतिदिन आवश्यक मात्रा = $13.5 \times 400 = 5400$ किलोग्राम

आयतन = $\frac{5400}{650} = 8.3$ घनमीटर

यदि प्रतिदिन की खपत हेतु साइलेज की 10 सेमी. मोटी परत निकाली जाती हैं, और पिट साइलो का व्यास मीटर में हो तो, प्रतिदिन निकाले जाने वाले साइलेज का आयतन = $\frac{\pi}{4} \times d^2 \times 0.1$ घनमीटर

माना 15% साइलेज निकालने में नष्ट हो जाता हैं, तब प्रतिदिन आवश्यक साइलेज की मात्रा $= 8.3 + 0.15 \times 8.3 = 9.55$ घनमीटर

समीकरण 1 और 2 को संतुलित करने पर

$$\frac{\pi}{4} \times d^2 \times 0.1 = 9.55$$

$$d^2 = 121.8 \text{ sq.m.}$$

$$d = 11.0 \text{ m}$$

चूंकि पिट साइलो का व्यास 6 मीटर से अधिक नहीं होता, अतः तीन पिट साइलो लेने पर

$$d^2 = \frac{121.8}{3} = 40.6 \text{ sq.m.}$$

$$d = 6.4 \text{ m}$$

पिट साइलो की गहराई = 180 × 0.1 = 18 मीटर

तीन पिट साइलो 6.4 मीटर व्यास के एवं 18 मीटर गहरे आवश्यक होंगे।

प्रश्न 2 : एक पिट साइलो का आकार ज्ञात कीजिए जो 50 गायों के रेवड़ के लिए आवश्यक होगा जबकि गायों का भार 400 किलोग्राम हैं। अन्य सभी आंकड़े मान लीजिए।

उत्तर :

माना

1. प्रत्येक गाय को 100 किलो भार पर 3 किलोंग्राम साइलेज दिया जाता हैं।
2. एक धनमीटर साइलेज का भार 650 किलोग्राम
3. प्रतिदिन दिए जाने वाले साइलेज की परत की मोटाई 10 सेमी.
4. वर्ष में केवल 180 दिन साइलेज दिया जाना हैं।

प्रतिदिन दिए जाने वाले साइलेज की मात्रा

$$= \frac{50 \times 400 \times 3}{100} = 600 \text{ किलोग्राम}$$

उपरोक्त साइलेज का आयतन $= \frac{600}{650} = 1.0$ घनमीटर

10 प्रतिशत साइलेज नष्ट होने पर आयतन 1.1 धनमीटर

यदि पिट साइलो का व्यास "d" मीटर हैं तो प्रतिदिन निकाले जाने वाले

चारे का आयतन $\frac{\pi}{4} \times d^2 \times 0.1$ घनमीटर

समीकरण 1 और 2 को संतुलित करने पर

$$\frac{\pi}{4} \times d^2 \times 0.1 = 1.1$$

$$\therefore \quad d^2 = 14$$

$$\therefore \quad d = 3.74 \text{ m}$$

साइलो की गहराई = 180 × 0.1 = 18 मीटर

प्रश्न 3 : एक छोटे फार्म हेतु टेन्च साइलो को डिज़ाइन कीजिए जिसके रेवड़ का विवरण नीचे दिया गया हैं। साइलेज वर्ष में 150 दिन दिया जाना हैं। एक धनमीटर साइलेज का भार 800 किलो/धनमीटर हैं। साइलेज दर प्रति 100 किलोग्राम

नस्ल	*पशु का भार*	*कुल पशु*	*भार*
मुर्रा भैंस	680 किलो	40	4.0
हरयाना	450 किलो	60	3.0
बैल	500 किलो	20	3.5
बछिया	180 किलो	10	3.0

उत्तर :–

प्रतिदिन साइलेज की कुल आवश्यक मात्रा

1. भैसो के लिए $= \dfrac{680 \times 40 \times 4}{100} = 1088$ किलोग्राम

2. गायों के लिए $= \dfrac{450 \times 60 \times 3}{100} = 810$ किलोग्राम

3. बैलों के लिए $= \dfrac{500 \times 20 \times 35}{100} = 350$ किलोग्राम

4. बछियों के लिए $= \dfrac{180 \times 10 \times 3}{100} = 54$ किलोग्राम

कुल भार = 2302 किलोमीटर

साइलेज का आयतन $= \dfrac{2302}{800} = 2.90$ घनमीटर ...1

निम्न आंकड़ के मानने पर

1. साइलो की गहराई = 2.5 मीटर
2. प्रतिदिन आवश्यक साइलेज की मोटाई = 15 सेमी.
3. बगल का ढाल (Side slope) = 50%

प्रतिदिन आवश्यक साइलेज का आयतन

$$= \frac{(w + d') + w}{2} \times d' \times 0.15$$

$$= \frac{(2w + 2.5)}{2} \times 2.5 \times 0.15$$

$$= (2w + 2.5) \times \frac{0.375}{2}$$

$$= 0.375w + 0.469 \qquad ...2$$

समीकरण 1 और 2 को संतुलित करने पर

$0.375\,w + 0.469 = 2.90$

$w = 6.5$ (आधार की चौड़ाई)

शीर्ष की चौड़ाई = 6.5 + 2.5 = 9.0 मीटर

साइलो की लम्बाई = 150 × 0.15 = 22.50 मीटर

20 प्रतिशत साइलेज की हानि होने पर साइलो की लम्बाई

$$= \frac{22.50 \times 100}{80} = 28.0\,\text{m}$$

अतः साइलो का आकार

लम्बाई = 28.0 मीटर

आधार की चौड़ाई = 6.5 मीटर

शीर्ष पर चौड़ाई = 9.0 मीटर

गहराई = 2.5 मीटर

20

खाद्यान्न भण्डार गृह
(Food Grain Storage Structures)

पिछले कुछ वर्षो में खाद्यान्न के उत्पादन में बहुत बढोत्तरी हुई हैं, पर खाद्यान्न भण्डार गृहों की क्षमता में वहुत कम बढोत्तरी हुई हैं। इसी के कारण खाद्यान्न की मात्रा और गुणवत्ता गें गिरावट आई हैं।

खाद्यान्न की मात्रा और गुणवत्ता की हानि करने वाले प्रमुख कारक, कीड़े, चूहे एवं नमी हैं। कीड़ों और बीमारियों के क़ारण दाने का भार और उसमें उपस्थित खाद्य कम हो जाते हैं। छत से पानी रिसने पर पूरा भण्डार गृह नम हो जाता हैं, अतः खाद्यान्न सड़ने लगता हैं। नमी से खाद्यान्न में दीमक उत्पन्न हो जाती हैं और फफूंदी भी लग जाती हैं। इनके प्रकोष से एक ऐसी भी स्थिति आती हैं जब पूरा का पूरा खाद्यान्न मानव खपत के लिए सर्वथा अनुपयोगी हो जाता हैं। इनके अलावा चूहे भी खाद्यान्न को खाते हैं और टुकडों में तोड़कर बिखरा देते हैं।

वर्तमान भण्डारण विधियाँ

वर्तमान भण्डारण विधियाँ निम्नलिखित हैं :–

1. किसानों द्वारा बोरों में भरकर अपने घरों में संग्रह करना।
2. एक चबूतरे पर बोरो में भरकर संग्रह करना और पॉली इथिलीन चादर से ढक देना।
3. गोदामों या बखरी (भूसा गृह) में बोरों में भरकर संग्रह करना।
4. देशी एवं पारम्परिक भण्डार गृहों में संग्रह करना जैसे–टोकरी में, थेका में, मिट्टी के बर्तनों में।

खाद्यान्न को नष्ट होने से बचाने हेतु तीन बाते अति आवश्यक हैं।

अ) सफाई

ब) सुखाई

स) वायु रोधक पात्र में खाद्यान्न की रखाई

वर्तमान भण्डारण विधियों में उपरोक्त तीन बातें पूर्ण नहीं होती।

एक अच्छे भण्डार गृह के गुण :–

1. इसको चूहों, पक्षियों, कीड़ों, दीमक आदि से पूर्ण सुरक्षा पहुँचाने में सक्षम होना चाहिए।
2. आवश्यकता पड़ने पर इसमें एयरेशन और फ्यूमिगेशन की सुविधा होनी चाहिए।
3. इसे नमी और तापक्रम आदि से पूर्ण सुरक्षा देनी चाहिए।
4. इसको सरल निरीक्षण की सुविधा भी देनी चाहिए।
5. इसमें उचित सफाई की सुविधा भी होनी चाहिए। यदि साइलो हैं तो स्वतः साफ हो जाने वाला होना चाहिए।
6. प्रति इकाई भण्डारण के आधार पर यह सस्ता होना चाहिए।

भारत के कुछ प्रदेशो में खाद्यान्न के विशाल भण्डारण हेतु निम्न खाद्यान्न भण्डारो का प्रयोग किया जाता हैं।

1. बखरी
2. कोठार
3. मोराई
4. ग्रेन बिन – गोलाकार, आयताकार बिन, पूसा बिन

बखरी

इनका उपयोग साधारणतयः गेहूँ के भण्डारण हेतु किया जाता हैं। किन्तु इनमें चना, ज्वार, मक्का, धान आदि भी भण्डारित किए जा सकते हैं। इनकी क्षमता 3.5 से 18 टन तक की होती हैं। छोटे भण्डार गृह भी बनाए जा सकते हैं।

यह आकार में गोलाकार होता हैं तथा मिट्टी और बांस की खपच्ची से बनता हैं। इसको लकड़ी के बने अथवा पक्के चबूतरे पर खड़ा किया जाता हैं। इस भण्डार गृह का फर्श लकडी के पटरों या बांस की खपच्ची पर मिट्टी

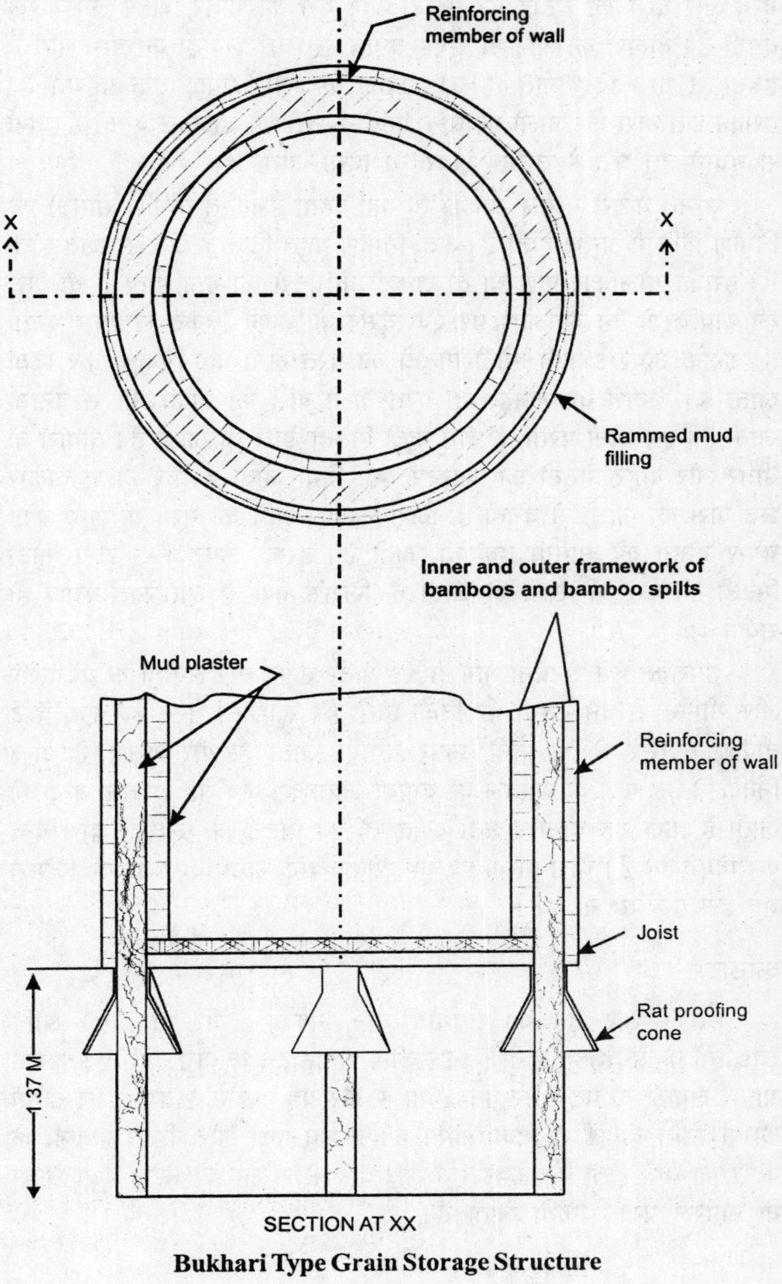

Bukhari Type Grain Storage Structure

भूसा और बांस की चटाई पर मिट्टी और भूसे का भीतर, बाहर लेप करके बनती हैं। दीवारों को और भी सुदृढ बनाने हेतु चार लकड़ी के खम्भे भूमि में हढ़ता से गाड़ दिए जाते हैं, जो दीवारों की पूरी लम्बाई तक पहुँचते हैं। इसकी छत बांस की जाली पर धान आदि के भूसे को डालकर बनाते हैं। वर्षा से बचाने हेतु छत में उचित ओवरहैन्ग दिया जाता हैं।

उन्नत बखरी में मूल आकार तो वही रहता हैं किन्तु निर्माण सामग्री एवं निर्माण विधि में अन्तर होता हैं। अतः निर्माण बहुत टिकाऊं और सुरक्षित होता हैं। इसका गोलाकार फर्श या तो लकड़ी के पटरों का बना होता हैं या बांस की खपच्चियों को समकोण पर एक दूसरे के काफी निकट लगाकर बनता हैं। इसके ऊपर 5 सेमी. मोटी मिट्टी की परत लगा कर चिकना कर दिया जाता हैं। दीवारों को मजबूत दो परत वाली बांस की खपच्चियों से बनाया जाता हैं। इन दोनो परतों के बीच कुटी मिट्टी डाल दी जाती हैं। दीवारों के भीतर और बाहर मिट्टी का प्लास्टर चढा दिया जाता हैं। इसकी शक्वाकार छत बांस की जाली से बनती हैं, जिसके ऊपर द्यान का भूसा या अन्य कोई छप्पर बनाने की सामग्री ढक दी जाती हैं। इसके ऊपर 4–5 सेमी. मोटी मिट्टी की परत भी लगा दी जाती हैं, जिससे वर्षा से अतिरिक्त बचाव हो सकें।

उपरोक्त पूरी संरचना भूमि से 1.5 मीटर ऊपर चार लकड़ी के या पत्थर और सीमेन्ट से बने खम्भों पर टिकी होती हैं। खाद्यान्न भरने हेतु एक छिद्र दीवार के सिरे से 15 सेमी. ऊपर बनाया जाता हैं और दूसरा खाद्यान्न निकालने हेतु फर्श के धरातल पर बनाया जाता हैं। जब यह संरचना बन्द की जाती हैं तोक यह दोनो लकड़ी के तख्तों एवं मिट्टी के प्लास्टर द्वारा बन्द कर दिए जाते हैं। चारों खम्भों पर चूहा रोधक शंकु लगा दिए जाते हैं, जिससे चूहे इस पर चढ न सकें।

कोठार

इस भण्डार गृह का उपयोग धान, मक्का, ज्वार, गेहूँ, जौ आदि खाद्यान्नों के संग्रह हेतु होता हैं। इसकी 9 से 35 टन के बीच होती हैं। इसका आधार लकड़ी के पटरों का बना होता हैं और यह एक ऊंचे चबूतरे पर खम्भों की सहायता दीवारें से टिका रहता हैं। इसका फर्श और दीवारें लकड़ी के पटरों की बनी होती हैं। ऊपर सूर्य और वर्षा से सुरक्षा हेतु छाया हुआ छप्पर या खपरैल प्रयोग किया जाता हैं।

उन्नत कोठार संरचना मुख्यतः 5 सेमी मोटे लकड़ी के पटरों और लकड़ी की धन्नी से बनती हैं। फर्श और दीवार इस प्रकार बनाई जाती हैं कि पटरों के बीच कोई रिक्त स्थान नहीं होता। यह संरचना एक लकड़ी के बक्से की तरह होती हैं। ऊपर ढालू छत या तो लकड़ी के पटरों की होती हैं या लहरदार टीन की चादर की होती हैं। 22 गेज की चादर को पटरों की अपेक्षा अच्छा माना जाता हैं। छत में चारों ओर सूर्य और वर्षा से बचाव हेतु उचित ओवरहैंग होना चाहिए। हर परिस्थिति में यह संरचना लीक प्रूफ होती हैं और फर्श से पानी ऊपर दीवार में नहीं चढता।

मोराई

इसका उपयोग घान, मक्का और ज्वार आदि खाद्यान्नों के संग्रह हेतु होता हैं। इसकी क्षमता 3.5 से 18 टन के बीच होती हैं, इसकी संरचना एक उल्टे रखं शंकु की भांति होती हैं। यह संरचना एक ऊंचे उठे चबूतरे पर स्थित होती हैं, जो लकड़ी या सीमेन्ट पत्थर के बने खम्भों के ऊपर खड़ा होता हैं।

इसकी उन्नत संरचना में एक गोलाकार लकड़ी के पटरों का बना फर्श होता हैं, जो लकड़ी के खम्भों पर खड़ा होता हैं। ये पटरे लैप जोड़ की सहायता से जुड़े रहते हैं। लकड़ी के फर्श के ऊपर एक 22 गेज की चादर का लोहे का सिलिन्डर कीलों के द्वारा जड़ा रहता हैं। यह सिलिन्डर की ऊंचाई 90 सेमी. होती हैं। इस सिलिन्डर का सिरा फर्श के सबसे निचले सिरे के साथ मिला रहता हैं। सिलिन्डर के अन्दर धान के भूसे की बनी 7.5 सेमी. व्यास की रस्सी फर्श से प्रारम्भ होकर 90 सेमी. की ऊंचाई तक बटी रहती हैं। बांस की खपच्चियाँ, सिलिन्डर की भीतरी सतह से लगी 90 सेमी. की ऊंचाई तक लम्बवत् खड़ी रहती हैं। इनके बीच भी कोई रिक्त स्थान नहीं होता। खपच्चियों की ऊंचाई संरचना की ऊंचाई के बराबर होती हैं। अब खपच्चियों को अपनी स्थिति में स्थिर रखकर, खाद्यान्न को भीतर, टीन के सिलिन्डर की ऊंचाई तक डालते हुए, रस्सी को भी साथ साथ बाटा जाता हैं। यह प्रक्रिया तब तक चलती रहती हैं, जब तक वांछित ऊंचाई प्राप्त नहीं हो जाती। रस्सी का सबसे ऊपरी घेरा नीचे के चार घेरो के साथ फंसा कर सही स्थिति में सुरक्षित कर लिया जाता हैं। रस्सी पर एक सेमी. मोटा मिट्टी का लेप लगाकर सतह को चिकना बना दिया जाता हैं। इस संरचना के ऊंपर एक शंकु के आकार की छत रख दी जाती हैं, जिसके चारों ओर काफी बड़ा धूपरोधक होता हैं।

बोरा भण्डार गृह

इस संरचना का उपयोग 25 से 500 टन खाद्यान्न के संग्रह हेतु होता हैं। इसकी लम्बाई चौड़ाई से लगभग दूनी होती हैं। चित्र में दर्शाया गया यह विशेष लोर प्लान लगभग 6000 बोरे (500 टन) खाद्यान्न के संग्रह हेतु पर्याप्त हैं। इस निर्माण में यह विशेष ध्यान रखा जाता हैं कि फर्श और छत पूर्णतयः नमी रोधक हों। दोनो ओर 2.4×2.4 मीटर आकार के बड़े दरवाजे होते हैं और शीर्ष वैन्टीलेटर भी पाए जाते हैं। दोनो दरवाजों पर 3.6×2.4 मीटर आकार के धूप रोधक पाए जाते हैं। प्रत्येक शीर्ष वैन्टीलेटर के ठीक नीचे धरातल वैन्टीलेटर पाया जाता हैं, इसका शीर्ष फर्श की सतह से 60 सेमी. ऊपर रखा जाता हैं। इसमें लोहे की छड़ जाली और शटर भी लगा होता हैं। शीर्ष और धरातल दोनो वैन्टीलेटरों के ऊपर धूपरोधक होता हैं।

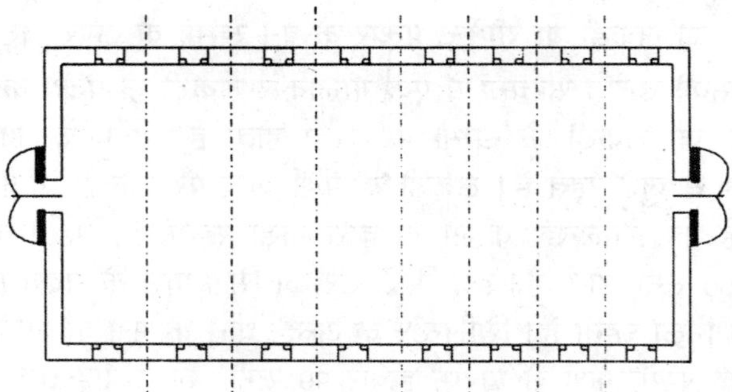

बोरा भण्डार गृह

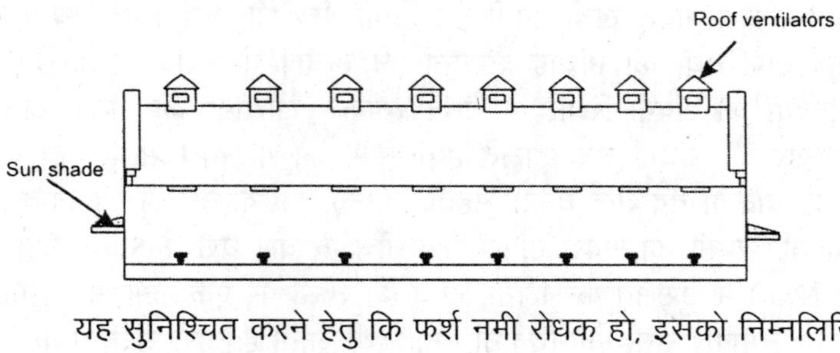

यह सुनिश्चित करने हेतु कि फर्श नमी रोधक हो, इसको निम्नलिखित 6 परतों में बनाया जाता हैं।

1. आधार में 15 सेमी. मोटी, भली भांति कुटी हुई गिट्टी और बालू की परत।

2. 12.5 सेमी. मोटी पत्थर या ईंटो की दो कतारों की परत।
3. 10 सेमी. मोटी (1 : 4 : 8) अनुपात में कांच के टुकड़ों के साथ मिली हुई सीमेन्ट कन्क्रीट की परत।
4. बालू के साथ मिली हुई 1.25 सेमी. मोटी बिटुमैन की परत।
5. 4 सेमी. मोटी (1 : 2 : 4) अनुपात में सीमेन्ट कन्क्रीट की परत।
6. 2.5 सेमी. मोटी (1 : 1.5 : 3) के अनुपात में सीमेन्ट कन्क्रीट की परत।

इसकी दीवारे पत्थर या ईंट को चूना गारे से (1 : 2) अनुपात में जोड़कर अथवा सीमेन्ट गारे से (1 : 6) अनुपात में जोड़कर बनाया जाात हैं। दीवारों की मोटाई 37.5 से 45 सेमी. के बीच होती हैं। दीवार की ऊंचाई जिस पर कैंची रखी जाती हैं, 5.5 मीटर होती हैं।

इसकी छत या ढालू होती हैं या सपाट होती हैं। ढालू छत पर लहरदार चादर का उपयोग होता हैं, परन्तु इसे पूर्णतयः लीक प्रूफ बनाने हेतु सभी प्रयास किए जाते हैं। सपाट छत अधिक टिकाऊ होती हैं, क्योकि यह आर. सी.सी. या आर.बी.सी. की बनती हैं और इसकी मोटाई 10 से 12.5 सेमी. होती हैं। छत के ऊपर बिटुमैन की एक पतली परत फैला कर टैरेसंग में ईट के टुकड़े, सुरखी और चूने को मिलाकर, पानी के साथ कुटाई की जाती हैं। इसकी मोटाई 10 से 12 सेमी. होती हैं।

गोलाकार बिन

इस बिन में विभिन्न प्रकार के खाद्यान्नों का भण्डार किया जाता हैं। इसकी क्षमता 10 से 40 टन के बीच होती हैं। यह पूरी संरचना, नींव सहित आर.सी.सी की बनती हैं। निकासी छिद्र की धरातल से ऊंचाई 1.2 मीटर होती हैं। यह पूरी संरचना आर.सी.सी. से बने आधार पर टिकी होती हैं। खाद्यान्न भरने हेतु छिद्र शीर्ष पर बना होता हैं। यह इतना बड़ा होता हैं कि इससे होकर एक आदमी अन्दर जाकर सफाई कर सकता हैं। निकासी छिद्र का आकार छोटा होता हैं। यह ऐसे बिन्दु पर स्थित होता हैं जहां फर्श का सम्पूर्ण ढाल केन्द्रित होता हैं। इसमें एक कब्जें वाला ढक्कन भी होना चाहिए जिसमें ताला लगाने का प्रावधान भी हैं। ऊपर स्थित खाद्यान्न भरने के छिद्र में भी जलरोधक लोहे की लिड लगी होनी चाहिए। छत में काफी ढाल दिया जाता हैं एवं चारों ओर 30 सेमी. का धूपरोधक भी दिया जाता हैं।

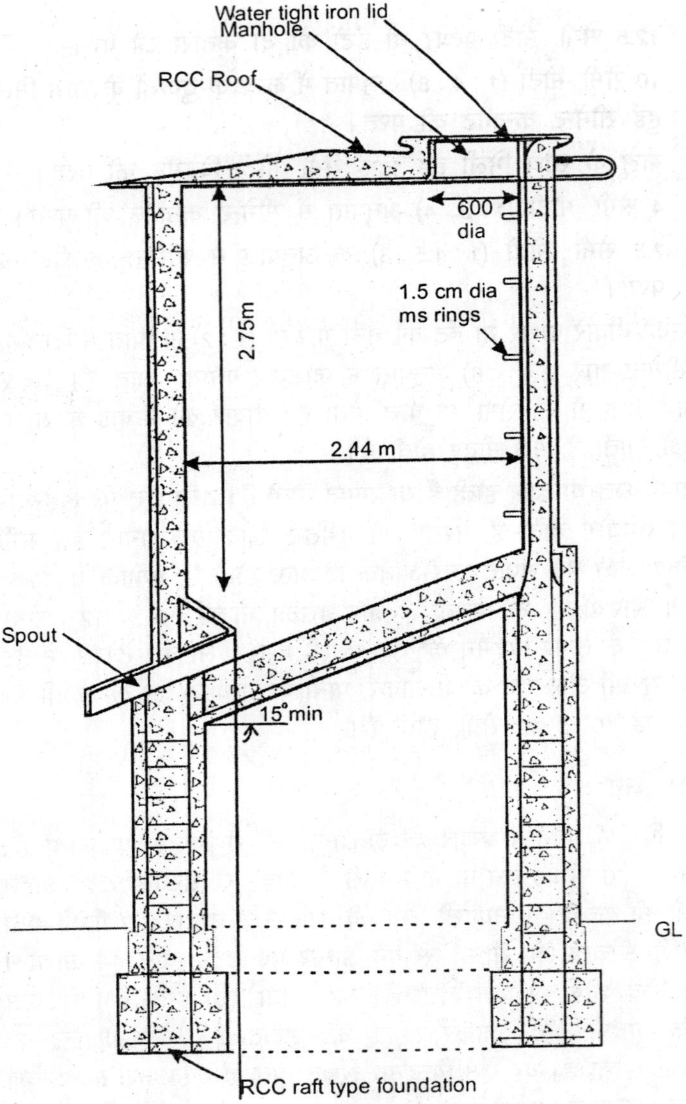
Water tight iron lid
Manhole
RCC Roof
600
dia
1.5 cm dia
ms rings
2.75m
2.44 m
Spout
15° min
GL
RCC raft type foundation

गोलाकार बिन

धातु का बिन

कम मात्रा के घरेलू खाद्यान्न भण्डारण हेतु धातु के बिन सबसे अधिक प्रचलित हैं। अधिक मात्रा के व्यावसायिक भण्डारण हेतु भी जहां यांकि कार्यकरण हैं, इन बिन्स का उपयोग अच्छा माना जाता हैं क्योंकि इनकों एक स्थान से दूसरे स्थान तक ले जाया जा सकता हैं, जैसे समुद्री बन्दरगाह तक, दाल एवं धान मिल तक, तेल मिल तक इत्यादि। ये लोहे, स्पात, टिन या एल्यूमिनियम के बने होते हैं। यह आकार में अधिकतर गोलाकार होते हैं एवं इनका शीर्ष और आधार गोलाकार धातु की चादर से ढका रहता हैं। ऊपर स्थित छिद्र से इसे भरा जाता हैं और आधार में स्थित छिद्र से इसे भरा जाता हैं और आधार में स्थित छिद्र से इसे खाली किया जा सकता हैं। इसको वायुरोधक बनाए रखने के लिए रबर गास्केट का उपयोग किया जाता हैं एवं जलरोधक बनाने हेतु ढक्कन पर जल रोधक का उपयोग किया जाता हैं।

आयताकार ग्रेन बिन

जब फार्म पर अनेकों प्रकार की खाद्यान्न फसलें उगाई जाती हैं तो सभी के लिए एक ही छत के नीचे अनेकों ग्रेन बिन बना दिए जाते हैं। इस प्रकार खाद्यान्नों की विभिन्न किस्में अलग अलग भण्डारित की जा सकती हैं। प्रत्येक फसल हेतु बिन का आकार उस फसल के सम्भावित उत्पादन के अनुसार निश्चित किया जाता हैं। बिन की दीवारें सीमेन्ट गारे (1:3) से जोड़ी जाती हैं और इनकी चौड़ाई 10 सेमी. होती हैं। बिन की दीवारें पीछे की ओर इनकी ऊंचाई कम होकर 1.6 मीटर हो जाती हैं। सामने की दीवारे पीछे की ओर 2.4 मीटर ऊंची होती है, पर सामने की ओर इनकी ऊंचाई कम होकर 1.6 मीटर हो जाती हैं। सामने की दीवार में एक आयताकार छिद्र पाया जाता हैं और खाद्यान्न की निकासी का काम करता हैं। यह छिद्र भीतर से पूर्ण रूप से या आंशिक रूप से एक लकड़ी के पटरे के द्वारा खोला जा सकता हैं। इस लकड़ी के पटरे का आकार 60×15 सेमी. होता हैं जो 45×40 सेमी. आकार के निकासी छिद्र को भली भाँति बन्द कर सकता है। बिन की दीवार इसलिए नीची रखी जाती हैं, जिससे श्रमिक खाद्यान्न को सीधे ही बिन मे डाल सकें।

प्रत्येक बिन एक विशेष प्रकार के खाद्यान्न हेतु बनाया जाता हैं। एक ही छत के नीचे ऐसे अनेकों बिन की श्रृंखला बनाई जाती हैं, जिनकी दीवारें उभयनिष्ठ होती हैं। इन बिनों की क्षमता खाद्यान्न के अनुसार भिन्न भिन्न

होती हैं, उदाहरण के लिए एक टन गेहूँ के भण्डारण हेतु 1.6 घनमीटर एवं एक टन जौ के भण्डारण हेतु 1.75 घनमीटर आयतन की आवश्यकता पड़ती हैं।

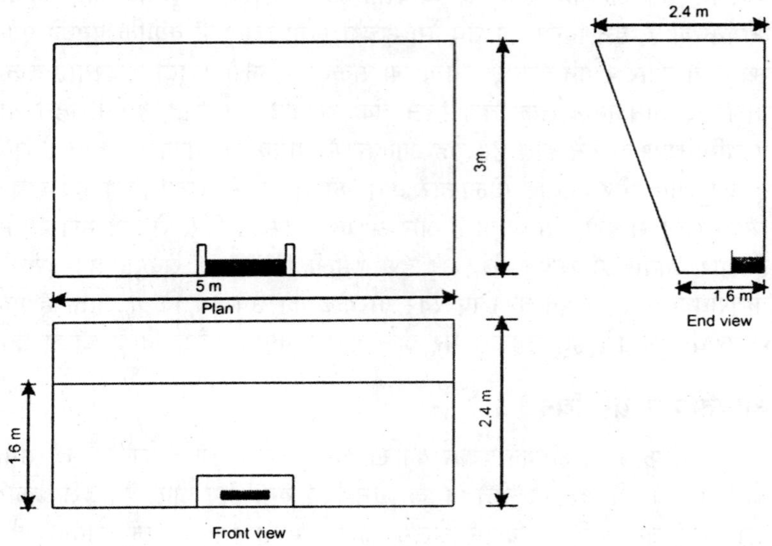

आयताकार ग्रेन बिन

पूसा बिन

यह एक नमी अवरोधी संरचना हैं जो बिना जली ईंटों से बनती हैं। इसकी क्षमता 0.5 से 4.0 टन के बीच होती हैं। इसका अनुमोदन छोटे किसानों के परिवारों के लिए किया जाता हैं, जो लगभग एक वर्ष तक खाद्यान्न का भण्डारण करना चाहते हैं। इसको घर के भीतर ही बनाया जाता हैं। इसकी दीवारों के बीच पौलिथिन की पन्न लगा दी जाती हैं, जिससे नमी भीतर घुसने न पाए। यह पन्नी दीवार में सुरक्षा पूर्वक आत्मसात कर दी जाती हैं, जिससे वह रगड़ या किसी नोकीली वस्तु से टकराने पर फट न जाए। बिन की लम्बाई, चौड़ाई और गहराई का अनुपात 1:1:2 या 1:1:1 होता हैं। ये बिन बहुत सफलता के साथ प्रसिद्ध हुए हैं।

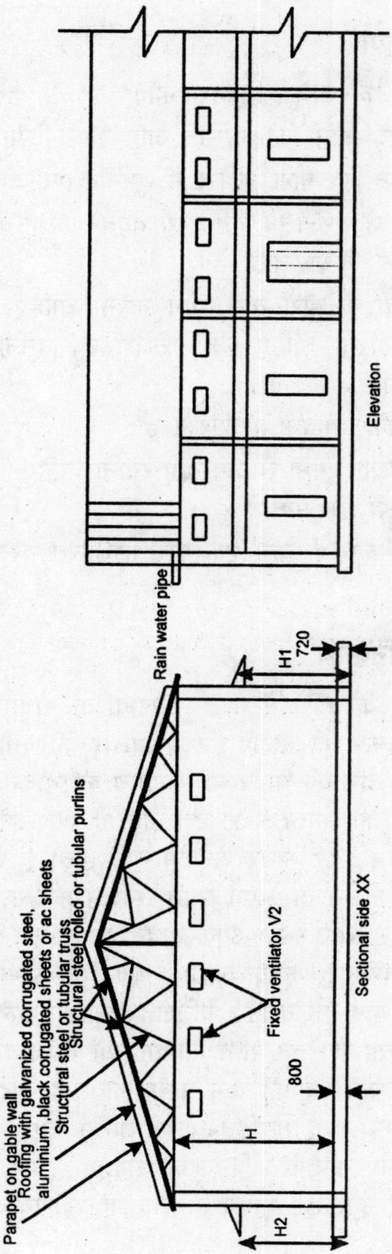

औद्योगिक बोरा भण्डारण

अच्छे भण्डारण के गुण

1. वर्षा के पानी की उचित निकासी हों।
2. दरारों, दर्रों एवं कोनो की मरम्मत जहां कीड़े छिप सकते हैं
3. भण्डारण स्थान एवं पास पड़ोस में धूमनीकरण की व्यवस्था हो।
4. चूहों के हमले से सुरक्षा हो, यह कार्य चबूतरे की ऊंचाई बढ़ाकर एवं धूपरोधक देकर किया जाता हैं।
5. अच्छी गुणवत्ता के बोरों का प्रयोग करना चाहिए और इन्हें इस प्रकार स्टैक करना चाहिए कि निरीक्षण एवं घूमनीकरण में कोई बाधा न आए।
6. आग लगने की संभावना से सुरक्षा हो।
7. अनुमोदित खाद्यान्न नमी से कम नमी रखना चाहिए, जिससे सुरक्षित भण्डारण सम्भव हो सके?
8. एक महीने में कम से कम एक बार भण्डारित वस्तु का निरीक्षण आवश्यक हैं।

आधुनिक भण्डारण निकाय

भारत में खाद्यान्न को बोरों में भरकर पारम्परिक गोदामों में भण्डारित करते हैं। गोदाम की बगल की दीवारें ईंट या पत्थर की बनी होती हैं तथा कैंची के ऊपर लहरदार टीन की चादर या किरमिच की चादर लगा दी जाती हैं। साधारणतयः गोदाम की क्षमता 5000 टन होती हैं, और इसमें तीन प्रभाग होते हैं। प्रत्येक की स्पैन 21.7 मीटर से कम नहीं होती हैं एवं ऊंचाई 5.4 मीटर होती हैं। लोहे के रोशन दानों एवं स्पात सेक्शन के इनलेट से हवा का आवागमन होता रहता हें। 6उ 9उ आकार के आधार पर बोरों को स्टैक किया जाता हैं अर्थात् भण्डारित किया जाता हैं एवं 4 से 5 मीटर की ऊंचाई रखी जाती हैं। इस भण्डार गृह का 27 प्रतिशत फर्श क्षेत्रफल भीतरी रास्तों के लिए छोड़ दिया जाता हैं। इन सभी सावधानियों के बाद भी बोरी बन्द खाद्यान्न का भण्डारण काल काफी कम रखा जाता हैं, यद्यपि इसे बिना किसी क्षति के लम्बे समय तक संग्रहित किया जा सकता हैं। शुष्क मौसम में गेहूँ को दो वर्ष के लिए भण्डारित किया जा सकता हैं, पर अधिक आद्रता होने पर यह कम होकर 6 से 12 महीने हो जात हें। वोरीबन्द खाद्यान्न की

गुणवत्ता भी कम होती जाती हैं, यदि इसे लम्बे समय तक भण्डारित किया जाता हैं।

प्रश्न 1 :

10 टन खाद्यान्न के भण्डारण हेतु एक गोलाकार खाद्यान्न बिन की डिज़ाइन कीजिए, यदि खाद्यान्न बिन कीबल्क डेनेसिटी 800 किलोग्राम प्रति घनमीटर हैं। अन्य सभी आंकड़े मान लीजिए।

मान्यताएँ

1. खाद्यान्न की ऊंचाई और व्यास का अनुपात 1.5 हैं।

Solution

घनत्व = मात्रा / आयतन

मात्रा = 10 × 1000 = 10,000 किलोग्राम

आयतन = मात्रा / घनत्व = 10,000 / 800 = 12.5 घनमीटर

ऊपर 5 प्रतिशत स्थान रखने पर आयतन

= 12.5 105% = 13 घनमीटर (लगभग)

यदि व्यास "क" हैं तो ऊंचाई = 3 / 2d

$$\text{आयतन} = \frac{\pi}{4} D^2 \frac{3}{2} d = 13$$

$$= \frac{3\pi d3}{8} = 13$$

d = 2.2 मीटर

h = 1.5 × 2.2 = 3.3 मीटर

समस्यायें

1. साइलों कितने प्रकार के होते हैं? पिट साइलों का वर्णन कीजिए।
2. वर्तमान भण्डारण विधियों का वर्णन करते हुए कोठार गृह का सचित्र वर्णन कीजिए।
3. एक अच्छे भण्डार गृह के गुण क्या हैं? बोरा भण्डार गृह का विस्तृत वर्णन कीजिए।
4. एक अच्छे भण्डार गृह के गुण क्या हैं? बोरा भण्डार गृह का विस्तृत वर्णन कीजिए।

5. गोलाकार बिन के क्या लाभ हैं? धातु का बना बिन इससे किस प्रकार भिन्न हैं।
6. आयताकार ग्रेन बिन का उपयोग कब किया जाता हैं? पूसा बिन का सचित्र वर्णन कीजिए।
7. आधुनिक भण्डारण निकाय का सचित्र एवं विस्तृत वर्णन कीजिए।

21

फसल एवं बीज संसाधन
(Crop and Seed Processing)

बीज संसाधन का सीधा अर्थ फसल की कटाई से प्राप्त उपज की सफाई, छटाई आदि करके शुद्ध बीज तैय्यार करना हैं। आदि करके शुद्ध बीज तैय्यार करना हैं। आधुनिक काल में बीज संसाधन की सीमाओं का विस्तार हो रहा हैं और इस कार्य में कई अन्य ऐसी प्रक्रियाएं भी सम्मिलित हो गई हैं, जिनका उद्देश्य बीज की अनुवांशिक शुद्धता बनाए रखने के साथ साथ बीज को कीटों और रोगों के प्रभाव से मुक्त रखना भी हैं और उनकी अंकुरण शीलता का स्तर भी ऊंचा रखना हैं। इस कारण बीज संसाधन की आधुनिक संकल्पना में बीज संसाधन की आधुनिक संकल्पना में बीज की सुखाई, सफाई, छटाई, उपचार, भण्डारण आदि प्रक्रियाएं सम्मिलित हो गई हैं। इन प्रक्रियाओं के आधार पर बीज संसाधन के निम्नलिखित सोपान माने गए हैं।

1. अनुकुलन
2. शुष्कन
3. सफाई
4. छंटाई एवं श्रेणीकरण
5. उपचार
6. बोराबन्दी
7. भण्डारण

बीज की सुखाई/शुष्कन

फसल की कटाई के बाद बीज के भण्डारण तथा उसके उपयोग तक, कुछ फसलों में उसकी हानि 20–25 प्रतिशत तक हो जाती हैं। 10 प्रतिशत हानि, कीट, चूहों, नमी, फंफूदी तथा अन्य जीवाणुओं के कारण होती हैं। बीज की अधिकतम अंकुरणशीलता तथा अधिकतम अंकुरणशीलता तथा अधिकतम शुद्धता प्राप्त करने हेतु, इसे पूर्ण परिपक्व होते ही तुरन्त काट लेना चाहिए।

बीज में नमी अधिक होने पर उसके रखरखाव एवं भण्डारण में बहुत कठिनाई का सामना करना पड़ता हैं। फंफूदिया और कीट पनपने लगते हैं और बीज की जीवनक्षमता घट जाती हैं। 15 प्रतिशत से अधिक नमी होने पर, बीज की श्वसन दर बढ जाती हैं और उसकी अंकुरणशीलता घट जाती हैं। एक वर्ष के भण्डारण हेतु 11 से 13 प्रतिशत नमी होनी चाहिए तथा इससे अधिक समय के लिए नमी 8 से 10 प्रतिशत रखनी चाहिए। हवा बंद भण्डारण मे नमी 9 प्रतिशत से भी नीची रखी जाती हैं।

बीज की सुखाई या शुष्कन के लाभ :–

1. पशुओं, पक्षियों तथा कीटों से होने वाली क्षति और झड़ने की समस्या से बचा जा सकता हैं।
2. बीज की अंकुरणशीलता में कमी नहीं होने पाती एवं उसकी गुणवत्ता यथावत बनी रहती हैं।
3. बीज उत्पादन कार्यक्रम को बड़े स्तर पर एवं बड़े क्षेत्र में सुगमता से चलाया जा सकता हैं।
4. संसाधन की प्रक्रियाओं में बीज की क्षति नहीं होती एवं संसाधन क्षमता बढ़ती हैं।
5. बीज की उचित सुखाई करने से फंफूदी के प्रकोप से इसको बचाया जा सकता हैं। इससे बीज के ओज की रक्षा भी होती हैं।

सुखाई का सिद्धान्त

जब किसी भी द्रव पर उष्मा का प्रभाव पड़ता हैं तो वाष्पदाब उत्पन्न होता हैं, जिसके फलस्वरूप वाष्पन होता हैं। बीज की नमी भी वाष्प दाब उत्पन्न करती हैं। इसके साथ साथ वायुमंडल का जलवाष्प भी दाब डालता हैं। अतः बीज के सूखने के लिए यह आवश्यक हैं कि बीज का वाष्पदाब, वायु मंडल के वाष्पदाब से ऊंचा हो। इस प्रकार बीज की नमी बीज से निकलकर सरलता से वायुमंडल में प्रवेश कर सकेगी और वायु इसे दूर उड़ा लें जाएगी।

बीज की सुखाई दो चरणों में होती हैं। सर्वप्रथम बीज की बाहरी सतह की नमी, वायुमंडल के वाष्पदाब के कारण निकल जाती हैं। उसके बाद बीज भीतरी भाग की नमी बाहर निकलती हैं।

सुखाई दो प्रकार की होती हैं।

1. महीन परत सुखाई
2. मोटी परत सुखाई

महीन परत सुखाई

इस शुष्कन प्रक्रिया में पूरी खाद्यान्न एक स्थिर तापक्रम एवं आद्रता पर शुष्कन वायु के सामने खुला रहता हैं। लगभग 20 सेमी. मोटी खाद्यान्न की परत की सुखाई, महीन परत सुखाई कहलाती हैं। सभी व्यवसायिक शुष्कक इसी सिद्धान्त पर कार्य करता हैं। शुष्कन वायु के सामने खुला रहता हैं। लगभग 20 सेमी. मोटी खाद्यान्न की परत की सुखाई, महीन परत सुखाई कहलाती हैं। सभी व्यवसायिक शुष्कक इसी सिद्धान्त पर कार्य करते हैं। शुष्कन प्रक्रिया को दो बिन्दुओं से देखा जाता हैं। शुष्कन संतुलन सम्बन्ध दर, यह हवा की गति पर निर्भर नही होता। एक निश्चित आपेक्षिक आद्रता पर शुष्कन की दर दाने के नमी स्तर एवं संतुलित नमी स्तर के अन्तर पर निर्भर करती हैं।

मोटी परत सुखाई

मोटी परत सुखाई में सारा खाद्यान्न शुष्कन वायु के सामने एक ही अवस्था में खुला नहीं रहता। किसी भी बिन्दु पर शुष्कन वायु की अवस्था किसी भी समय खाद्यान्न में गहराई पर निर्भर करती हैं। गहराई बढने के साथ शुष्कन वायु का वाष्प दाब बढ़ता चला जाता हैं और खाद्यान्न का वाष्प दाब घटता चला जाता हैं। जब सुखाई की मोटाई 20 सेमी. से अधिक हो जाती हैं तो इसे मोटी परत सुखाई कहते हैं। इसमें दानों का शुष्कन समान रूप से नहीं होता। वायु के प्रवेश स्थान पर शुष्कन तेज़ी से होता हैं और निकासी स्थान पर इसकी गति धीमी हो जाती हैं। शुष्कन वायु जैसे जैसे दानों की गहराई मे बढ़ती जाती हैं, इसमें नमी बढ़ती जाती हैं। थोड़ा ओर अधिक बढ़ने पर यह संतुलित आर्द्रता स्तर के बराबर हो जाती हैं। अब शुष्कन क्रिया बन्द हो जाती हैं। नमी स्तर बीज का नमी स्तर, जलीय स्तर पर उसके भार का प्रतिशत होता हैं।

नमी स्तर

बीज का नमी स्तर जलीय स्तर पर उसके भार का प्रतिशत होता है।

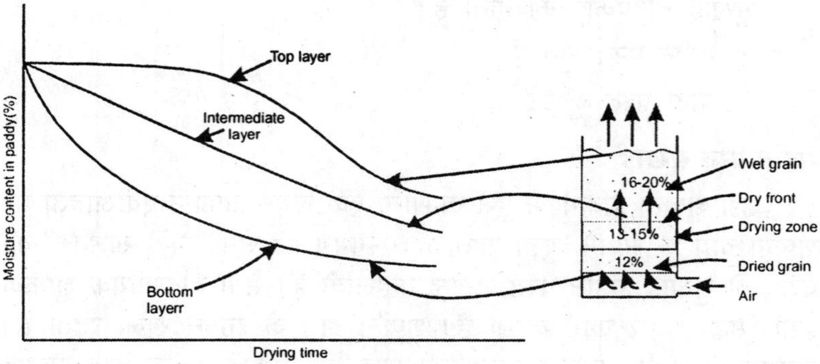

नमी का मापन

इसका मापन सीधी विधि और परोक्ष विधि दोनो से ही किया जाता हैं। सीधी मापन विधियां सरल एवं परिशुद्ध हैं पर समय अधिक लेती हैं, पर परोक्ष विधियां सुविधाजनक, अतिशीध्र सम्पन्न होने वाली, पर कम परिशुद्ध हैं।

सीधी विधियाँ

1. एकल चरण विधि
2. द्विचरण विधि

एकल चरण विधि

1. 2 से 3 ग्राम सैम्पल को रगड़ लें।
2. इसे ओवेन के भीतर एक घंटे तक 130 ± 2 डिगरी सेल्सियस तापक्रम पर रखे।
3. अब सैम्पल का भार ज्ञात करें।

द्विचरण विधि

1. 25 से 30 ग्राम बीज का सैम्पल ओवेन में 130 ± 2 डिगरी सेल्सियस पर 14 से 16 घंटे कि इसका नमी स्तर घटकर 13 प्रतिशत हो जाय।
2. अब सैम्पल का भार ज्ञात करें।

दूसरी विधियाँ

बीज का सैम्पल 24–36 घंटे तक ओवेन में 100 ± 2 डिगरी सेल्सियस पर रखें। फिर इसका भार ज्ञात करें।

निर्वात ओवेन शुष्कन विधि का प्रयोग भी नमी ज्ञात करने के लिए किया जाता हैं।

आसवन विधि

इस विधि में 100 ग्राम सैम्पल और 150 मिलीलीटर तेल को मिलाकर लास्क में 200 डिगरी सेल्सियस पर 30 से 40 मिनिट गर्म करके मेजरिंग सिलिन्डर में आसवित करते हैं।

टौल्यूनप आसवन विधि से भी नमी स्तर ज्ञात किया जा सकता हैं।

परोक्ष विधियां

इस विधि में बीज के एक विशेष गुण का मापन किया जाता हैं, जो उसके नमी स्तर पर आधारित होता हैं। दो परोक्ष विधियां निम्नलिखित हैं।

विधुत अवरोध विधि

अवरोध आधारित नमी मीटर एक विशेष स्थूल घनत्व और तापक्रम पर, मापे गए सैम्पल का विघुत अवरोध बताता हैं जो कि नमी स्तर पर आधारित होता हैं।

यूनीवर्सल नमी मापक एवं केट नमी मापक भी अवरोध पर आधारित हैं और केवल 30 सेकेण्ड में नमी स्तर बता देते हैं।

डाई इलेक्ट्रिक विधि

दाने के सैम्पल के डाई इलेक्ट्रिक गुण उसके नमी स्तर पर आधारित होते हैं। इस विधि में कन्डेन्सर प्लेट के बीच 200 ग्राम ग्रेन सैम्पल रख दिया जाता हैं और दाने की कैपेसिटेन्स माप ली जाती हैं। एक निश्चित स्थूल घनत्व एवं तापक्रम पर कैपेसिटेन्स दाने के नमी स्तर पर आधारित होती हैं। मोटोम्को नमी मापक एवं बैरोज नमी रेकार्डर इसी सिद्धान्त पर आधारित हैं। ये एक मिनिट में नमी स्तर बता देते हैं।

संतुलित नमी स्तर

निश्चित तापक्रम पर हवा की आपेक्षिक आद्रता जितनी कम होगी, उतनी ही जल्दी वह दानो से नमी सोखकर उसे सुखा देगी। एक दिए हुए

तापक्रम पर दानों के नमी स्तर एवं हवा की आपेक्षिक आद्रता में एक सामन्जस्य स्थापित हो जाता है, जिससे दानों की नमी धारण प्रक्रिया एवं हवा की नमी शोषण प्रक्रिया के बीच एक संतुलन बन जाता हैं। इस अवस्था में दानों से और अधिक नमी का ह्रास नहीं होता, न ही शुष्कन वायु दानों से नमी को अवशोषित करती हैं। ऐसे दानों के नमी स्तर को 'संतुलित नमी स्तर' एवं हवा की आद्रता को 'संतुलित आपेक्षिक आद्रता' कहते हैं। यही संतुलित नमी स्तर सिद्धान्त हैं। आजकल इसे प्रदर्शित करने हेतु निम्नलिखित अनुभविक समीकरण का उपयोग किया जाता हैं।

1. RH = exp (-cTMne)
2. RH = आपेक्षिक आद्रता (दशमलव में)

जब कि T = परम ताप (Absolute tempreture) डिगरी k में

Me = संतुलित आर्द्रता × अंश प्रतिशत में (शुष्क भार)

c और n = स्थिराक

बंधक नमी

यह बीज में उपस्थित वह नमी हैं, जो एक निश्चित तापक्रम पर शुद्ध द्रव की अपेक्षा कम संतुलित वाष्प दाब उत्पन्न करती हैं। यह नमी कोशिका भीति के भीतर पाई जाती हैं।

अबंधक नमी

यह बीज में उपस्थित वह नमी हैं, जो एक निश्चित तापक्रम पर शुद्ध द्रव के बराबर संतुलित वाष्प दबाव उत्पन्न करती हैं।

मुक्त नमी

यह बीज में उपस्थित वह नमी हैं जो एक निश्चित तापक्रम पर, शुद्ध द्रव की अपेक्षा अधिक संतुलित वाष्प दाब उत्पन्न करती हैं।

केवल यही नमी वाष्पीकृत हो सकती हैं। इसकी मात्रा हवा की वाष्प प्रचुरता पर निर्भर करती हैं।

शुष्कन अवधि

बीज की सुखाई दो अवधियों में होती हैं।

1. स्थिर दर अवधि
2. अवपाती दर अवधि

प्रारम्भिक सुखाई स्थिर दर पर होती हैं, इसके बाद अवपाती दर पर सुखाई होंती हैं।

स्थिर दर सुखाई

इसमें किन्ही दी हुई अवस्थाओं भें, वाष्पीकरण की दर, ठोस पदार्थ की मात्रा पर निर्भर नहीं करती, वरन् मुक्त द्रव सतह से होने वाले वाष्पीकरण की दर के समान होती हैं। इस काल में वाष्पीकरण की दर निम्न कारकों पर निर्भर करती हैं।

क) एक निश्चित वायु वेग एवं आपेक्षिक आद्रता पर हवा और गीली सतह के तापक्रम में अन्तर।

ख) एक निश्चित तापक्रम एवं वायु वेग पर हवा और गीली सतह की आद्रता में अन्तर।

ग) एक निश्चित तापक्रम एवं आपेक्षिक आद्रता पर वायु का वेग।

अवपाती दर सुखाई

साधारणतयः खाद्यान्नों की अधिकांश सुखाई अवपाती दर पर ही होती हैं। सर्वप्रथम सुखाई स्थिर दर पर होती हैं, जिसमें बीज की बाहरी सतह से नमी वाष्पीकृत होती हैं और जब बीज की बाहरी सतह सूख जाती हैं, उसके बाद अवपाती दर पर सुखाई प्रारम्भ होती हैं। इस समय बाहरी समय पर पानी की मात्रा बिलकुल नहीं रहती।

अवपाती सुखाई की दर इसलिए कम होती हैं, क्योंकि भीतरकी नमी बीज के अन्दर से निकलकर बीज की सतह पर पूरी तरह नहीं आ पाती, अर्थात् बीज की सतह की अपेक्षा भीतरी सुखाई कम दर से होती हैं।

अवपाती दर की विशेषता यह हैं कि बीज का भीतरी और बाहरी तापक्रम बढ जाता हैं तथा वायु वेग परिवर्तन का इस पर बहुत कम प्रभाव पड़ता हैं। अवपाती दर सुखाई बीज के आयतन से प्रभावित होती हैं और केन्द्र से बाहर की ओर नमी के बहने पर निर्भर करती हैं। बाहर बीज की सतह पर यह नमी पहुँच कर वाष्पीकृत हो जाती हैं। अवपाती दर पर सुखाई नमी के, बीज के भीतर से ऊपरी सतह तक आने की दर एवं सतह से वाष्पीकरण की दर पर निर्भर करती हैं।

यह दो स्तर में होती हैं।

(अ) अतृण्त सतही सुखाई

(ब) कम नमी निस्सारण दर सुखाई

22

खाद्यान्न शुष्कन की विधियाँ (Methods of Grain Drying)

सुखाई की विधियाँ मूलतः दो प्रकार की होती हैं।

1. प्राकृतिक सुखाई
2. कृत्रिम सुखाई

प्राकृतिक सुखाई

इस विधि को तीन भांगों में बांट सकते हैं।

1. धूप में सुखाई
2. झिरीदार कुठले में सुखाई
3. प्राकृतिक संवातन द्वारा सुखाई

धूप में सुखाई

इस विधि में फसल कटने के बाद बीज या बाली को पक्के फर्श पर फैलाकर सूर्य की उष्मा से बीज को सुखाने के कारण इस विधि में ईंधन और उपकरण का प्रयोग नहीं होता। यह विधि बहुत सस्ती हैं, पर इसमें सुखाई की दर बहुत धीमी होती हैं। इस विधि में बीज की निचली परत फर्श से नमी सोख लेती हैं, जिसके फलस्वरूप बीज फफूंदियों कीटों, पक्षियों तथा पशुओं के आक्रमण से क्षतिग्रस्त हो सकता हैं।

लाभ

1. न्यूनतम प्रारम्भिक एवं देखभाल व्यय।
2. कोई ईंधन व्यय नहीं।

3. आग लगने का कोई खतरा नहीं।
4. किसी उपकरण की आवश्यकता नहीं।
5. न्यूनतम निरीक्षण की आवश्यकता
6. अंकुरणशीलता पूर्णतयः सुरक्षित

हानियाँ

1. बहुत धीमी सुखाई दर। सुखाई में कई सप्ताह लग सकते हैं।
2. विपरीत मौसम होने पर सुखाई में बाधा।
3. अधिक सुखाई क्षेत्रफल की आवश्यकता।
4. यह नम जलवायु के लिए उपयुक्त नहीं हैं।

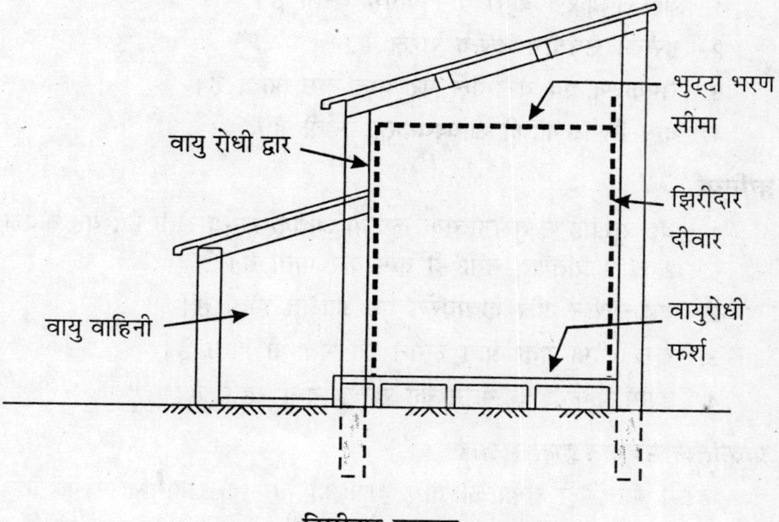

झिरीदार कुठला

झिरीदार कुठला

इस विधि में भुट्टो, बालियों या गुच्छों में बीज को किसी गोलाकार या आयताकार झिरीदार कुठले में प्राकृतिक या प्रणोदित वायु द्वारा सुखाया जाता है, इसमे एक फूट छिद्रित फर्श होता हैं, जिस पर भुट्टों या बालियों को रखा जाता हैं। इसकी दीवारें लकड़ी, बांस, लोहे की पत्ती या जाली या ईंट की बनी होती है। वायु के परिसंचारण हेतु दीवार का 50 से 90 प्रतिशत

क्षेत्र खुला रहता है। इसको खेत में या संसाधन यंत्र पर बनाया जा सकता हैं। प्रणोदित तप्त अथवा अतृप्त वायु का प्रयोग करने पर कुठले की दीवारें वायुरोधी बनाते है तथा एक ओर की दीवार झिरीदार रखते हैं, जिससे होकर वायु नमी ग्रहण करने के बाद निकल जाती हैं। इसमे स्वतः ही वायु, बीज तथा मुहों से होकर समान रूप से प्रवाहित होती रहती हैं। झिरीदार दीवारों के छिद्र ऐसे नहीं होने चाहिए कि इनसे होकर वर्षा का पानी भीतर ना घुस जाय और घूमन के समय भी गैस बाहर ना निकल जाए। इस कुठले में वायु दीवारों, फर्श एवं छत के छिद्रों से होकर बहती हैं। प्राकृतिक वायु का प्रयोग करते समय भुट्टों को रखकर सुखाया जाता हैं।

लाभ

1. यह उपकरण बहुत कम जगह घेरता हैं।
2. इसका उपयोग करना सरल हैं।
3. उपकरण एवं देखभाल पर व्यय कम आता हैं।
4. कम निरीक्षण की आवश्यकता पड़ती हैं।

हानियाँ

1. यह सुखाई में तुलनात्मक रूप से अधिक समय लेता है। यह केवल 2 से 3 प्रतिशत नमी ही कम कर पाता है।
2. यह मौसम और वातावरण पर आश्रित होता है।
3. कुछ सीमा तक आग लगने का भय भी होता है।
4. इसमें फंफूदी के बढ़ने का खतरा बना रहता है।

प्राकृतिक संवातन द्वारा सुखाई

इसमें बीज की नमी को वायु द्वारा या वायु के तापमान में परिवर्तन करके या वायु के परिसंचारण से दूर करते हैं। प्राकृतिक संवातन के लिए निम्न प्रकार के संवातकों का प्रयोग किया जाता है।

1. झिरीदार कुठला
2. दाब संवातक
3. चूषण संवातक
4. लम्बवत् दीवार वाला संवातक
5. क्षैतिज जालीदार फर्श संवातक

झिरीदार कुठला

झिरीदार कुठले में बीज सुखाते समय कुठले की बनावट में संवातन सुविधाजनक बन जाता हैं। जैसा पहले वर्णन कियाजा चुका हैं, हवा का आवागमन स्वतः होने से बीज की सुखाई सम्पन्न हो जाती हैं।

जालीदार फर्श संवातक

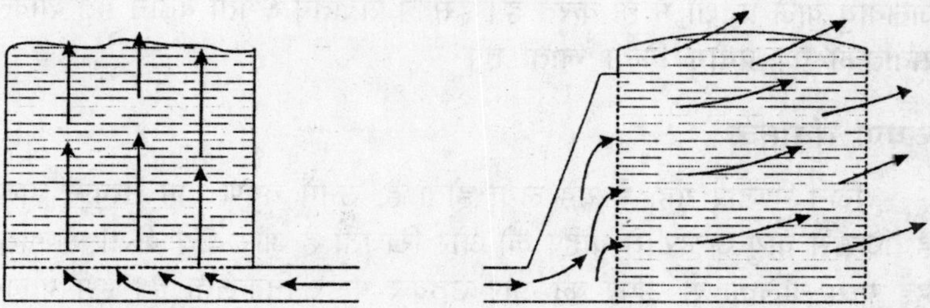

जालीदार फर्श द्वारा संवातन

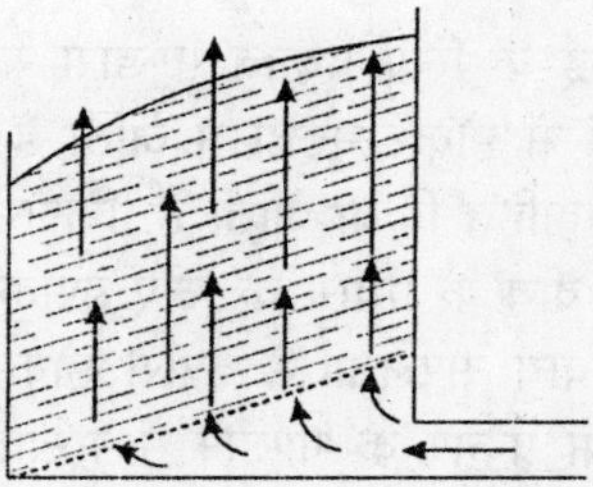

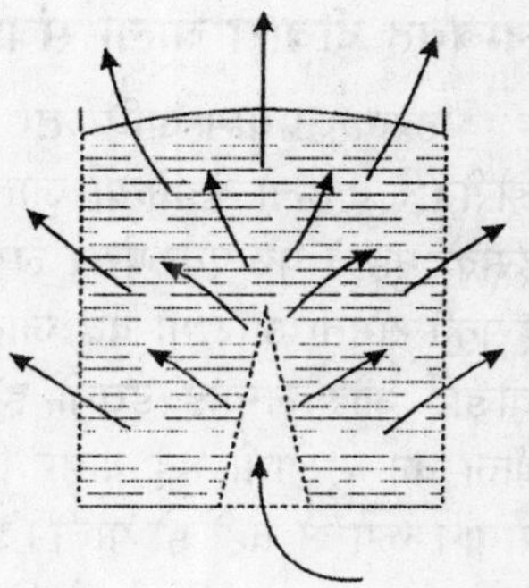

घर्षण कोण पर झुका जालीदार फर्श

दाब संवातक

इसके द्वारा वायु ऊपरी ढक्कन से होकर आती है। ये ढक्कन वायु की दिशा के अनुसार स्वतः खुल जाते हैं। वायु इनमे से घुसकर संवातक नली में दाब पैदा करती है। इस दाब के कारण वायु नीचे घुसकर एवं बीजों से होकर निकलती है। यहा इसमे छिद्र होते है और वायु दाब के कारण बीज

मे से होती हुई, नीचे की ओर, ऊपर की ओर तथा दाएं–बाएं होती हुई बाहर निकल जाती है। इस प्रकार वायु सम्पूर्ण बीज समूह को संवातित करती हैं। इसका फर्श, छत तथा दीवारें महीन जाली की बनी होने के कारण, वायु चारों तरफ से बीज को संवातित करती है। इसका प्रयोग बरसाती या बर्फीली वातावरण में नहीं किया जाता। इसकी संवातन क्षमता क्षमता वायु के तापमान, आपेक्षिक आद्रता तथा वेग पर निर्भर करती है। इसका प्रयोग शुष्क जलवायु वाले प्रदेशो में ही करते है। इसकी संवातन क्षमता बढ़ाने हेतु शक्ति संवातको का प्रयोग किया जाता है।

चूषण संवातक

जिन भण्डार गृहों मे यह लगा होता है, उनमें चूषण दाब उत्पन्न होता है, जिससे वायु अन्दर से बाहर की ओर खिंचती है और वायु बीजों से होती हुई मध्य नलिका से ऊपर की ओर उठकर बाहर निकलती है। इस प्रकार बाहर की प्राकृतिक वायु बीज की नमी तथा ऊष्मा को लेती हुई ऊपर से बाहर निकल जाती है। इसका प्रयोग भी शुष्क प्रदेशों मे ही होता है।

लम्बवत् दीवारा वाला संवातक

इसका प्रयोग अधिकतर भुट्टों की सुखाई के लिए प्रयुक्त भण्डारों या झिरीदार कुठलों मे किया जाता है। वायु इसमें से होकर भुट्टों मे जाती है। इसके मुहाने पर एक पंखा लगाकर वायु को प्रवाहित किया जाता है, जिससे इसकी क्षमता और भी बढ़ जाती है। प्राकृतिक वायु के प्रयोग के लिए इसकी चौड़ाई और लम्बाई इतनी होनी चाहिए कि वायु सरलता से इससे होकर बीज को सुखाती हुई बाहर निकल जाय। इस प्रकार के भण्डार में सुखाई समान रूप से नही हो पाती। प्रायः ढ़ाचे से सटे भुट्टे जल्दी और अधिक सूख जाते है। भण्डार की दीवारें छिद्रित तथा ऊपरी छत खुली होने के कारण वायु दीवारों से तथा छत से होकर बाहर निकल जाती है। इसका प्रयोग अधिक प्रचलित नही है, क्योंकि सुखाई असमान होती है। बीज की सुखाइ वायु की दिशा के अनुसार मन्द गति से होती है।

क्षैतिज जालीदार फर्श संवातक

इस भण्डारों मे नीचे का फर्श जालीदार होता है। इस फर्श को क्षैतिज रखते हैं। या फिर बीज के घर्षण कोण के अनुसार झुकाकर सुखाते है। कुछ

धान्यकोष्ठों मे एक तरफ की दीवार ही जाली की बनाई जाती है। संवातन के बाद धान्यकोष्ठ, भण्डारण का काम करते हैं। छत से ही एक द्वार द्वारा खाद्यान्न भरा और निकाला जाता हैं, अतः बीज को डालने और निकालने में अधिक व्यय आता है। तृप्त या अतृप्त वायु जाली से होकर बीजो मे आती है और नमी को सोखते हुए ऊपर बाहर निकल जाती है। इसमें वायु का वेग इतना अधिक होना चाहिए कि सरलता व तीव्रता से नमी सोखकर अपने साथ उड़ा ले जाए। वायु का वेग मंद होने पर नमी, बीज की ऊपरी परत पर द्रवीभूत हो सकती है, जिससे ऊपरी परत के बीज खराब हो सकते है।

कृत्रिम सुखाई

इस विधि मे तप्त, प्रणोदित तप्त वायु सौर ऊर्जा या अवरक्त किरणों द्वारा तप्त करके यांत्रिक ढंग से बीज मे से गुजारते है, ताकि वह सूख जाए। इसलिए इसको कृत्रिम सुखाई कहते हैं। धान्यकोष्ठ में बीज के आर पार तप्त वायु गुजारने के लिए विशेष प्रकार के यांत्रिक पंखों का प्रयोग किया जाता है।

कृत्रिम सुखाई के लाभ

1. इस विधि को अपनाने पर फसल को जल्दी (लगभग 35 प्रतिशत नमी पर) काटा जा सकता है, जिससे उसके अधिक पकने और झड़ने का खतरा कम हो जाता है।
2. फसल को जल्दी काटने से कीटों और पक्षियों का खतरा भी कम हो जाता है।
3. बीज को जल्दी कृत्रिम ढंग से अभीष्ट आद्रता अंश तक सुखा लेने के कारण यह भंडार मे खराब नहीं होता और उसकी गुणवत्ता बनी रहती है।
4. बीज में फंफूदियों और सूक्ष्मजीवियों का आक्रमण नही होता।
5. बीज के ठीक ढ़ग से सूख जाने पर संसाधन के दौरान हानियाँ कम हो जाती है।
6. इस पर मौसमी परिस्थितियों का कोई प्रभाव नहीं पड़ता।
7. तप्त वायु से बीज शीध्र ही सूख जाता है।

कृत्रिम सुखाई से हानियाँ

1. सुखाई उपकरणों का प्राथमिक मूल्य एवं लगाने का खर्च अधिक होता है।
2. सुखाई उपकरणों पर नियमित रूप से उनके ईंधन हेतु खर्च उठाना पड़ता हैं।
3. आकस्मिक आग लगने का डर बना रहता है।
4. इसकी देख रेख हेतु शिक्षित एवं दक्ष कर्मचारियों की आवश्यकता होती है। यांत्रिक ढ़ग से बीज की सुखाई हतु कृत्रिम तप्त वायु का प्रयोग करते है। वायु की उष्मा बीज मे उपस्थित पानी को वाष्पीकृत करती है और वह वायु मे मिलकर बीज से निकल जाता है।

कृत्रिम सुखाई विधियां

1. प्रणोदित अतप्त वायु द्वारा सुखाई
2. प्रणोदित तप्त वायु द्वारा सुखाई
3. अवरक्त किरणों द्वारा सुखाई

प्रणोदित अतप्त वायु द्वारा सुखाई

किसान जल्दी फसल काट कर अधिक शुद्ध लाभ कमाना चाहता है। इस तरह उसकी फसल सड़ने या फफूंदी लगने से बची रहती है। बीजों मे उपस्थित 20 से 30 प्रतिशत नमी को सुखाकर कम कर लिया जाता है। इस विधि मे एक पंखा, एक भण्डार, एक मोटर तथा वायु वाहिनी की आवश्यकता होती है। यह प्रणाली केवल वायु को बीज से होकर गुजारने मे सहायक होती है।

इसका फर्श जालीदार होता है और इसको कन्क्रीट के चट्टे के ऊपर बनाया जाता है। इसमें एक अपकेन्द्रीय पंखा लगा होता है। यह बिजली के मोटर से चलता है। यह पंखा बाहरी वायु को फर्श के नीचे से, ऊपर की ओर, बीज से होकर प्रवाहित करता है। यह वायु ऊपरी द्वार से बाहर निकल जाती है।

बीज सुखाने की इस विधि मे प्रणोदित अतप्त वायु का प्रयोग करके उसको अभीष्ट स्तर तक सुखाया जाता है। इसका प्रयोग उस समय किया

जाता है, जब बीज का आद्रता अंश इतना अधिक हो कि उसको प्राकृतिक संवातन द्वारा सुखाना असम्भव हो। इस विधि मे वायु को एक समान रूप से वितरित करने के लिए वाहिनी तंत्र की व्यवस्था होती है। छोटे बीजों के लिए धान्यकोष्ठ की अधिकतम गहराई 2 मीटर तथा भुट्टो के लिए 6 मीटर रखी जाती है।

प्रणोदित तप्त वायु द्वारा सुखाई

दूसरी विधियों में वर्षा के दिनो मे सुखाई यंत्र का प्रयोग नहीं किया जा सकता, क्योंकि वायु मे नमी बहुत बढ़ जाती है। परन्तु इस विधि द्वारा बीज को किसी भी मौसम मे सुखाया जा सकता है। इस विधि मे बीज की सुखाई तप्त वायु द्वारा की जाती है। इस विधि मे आग का प्रयोग होने के कारण बीज के जलने और आग लगने का खतरा बढ़ जाता है। इसमें अधिक लागत और अधिक देखभाल की आवश्यकता पड़ती है।

तप्त वायु सुखाई यंत्र

ये दो प्रकार के होते है–

1. मानव नियंत्रित सुखाई यंत्र
2. स्वतः नियंत्रित सुखाई यंत्र

मानव नियंत्रित सुखाई यंत्र मे एग्रो सुखाई यंत्र सुलभ है। तापमान, ईंधन, तथा वायु दाब पर प्रचालक को नज़र रखनी पड़ती है। इन्हीं के वांछित होने पर सुखाइ यंत्र चलाया जाता है। तप्त वायु के तापमान की जांच बराबर की जाती है। वायु की गर्मी बढ़ने पर यंत्र बन्द कर दिया जाता है, तथा गर्मी कम हो जाने पर इसे दोबारा चलाया जाता है।

स्वतः नियंत्रित सुखाई यंत्र में प्रत्येक नियंत्रण अपने आप हो जाता है। इसकी नियंत्रण प्रणाली सारे नियंत्रण स्वतः कर लेती है। तापमान का नियंत्रण ताप–वैघुत युग्म द्वारा होता है। इसके तार तप्त वायु की नलिका मे लगे होते हैं और तापमान की सूचना निरन्तर नियंत्रण प्रणाली को भेजते रहते है। तापमान अधिक हो जाने पर नियंत्रण प्रणाली ईंधन भेजना बन्द कर देती है। तापमान कम हो जाने पर पुनः ईंधन की पूर्ति चालू कर दी जाती है। इसकी क्षमता अधिक होती है।

लाभ

1. यह मौसम पर आधारित नहीं है।
2. इसके द्वारा तीव्र गति से सुखाई होती है।
3. इसकी सुखाने की क्षमता बहुत अधिक होती है।
4. यह अल्पकाल एवं दीर्घकाल दोनो ही भण्डारण हेतु उपयुक्त है।

हानियां

1. अधिक प्राथमिक एवं देखभाल व्यय।
2. अधिक ईंधन की खपत।
3. आग लगने का भय।
4. इसके उपकरण के नियंत्रण हेतु दक्ष प्रचालक की आवश्यकता पड़ती है।
5. यदि द्रव ईंधन को सीधे ही जला कर सुखाई की जाएगी तो खाद्यान्न मे धुएँ की बदबू फैल जाएगी।

अवरक्त किरणों द्वारा सुखाई

इस विधि मे अवरक्त बल्बों का प्रयोग किया जाता है। ये बल्ब एक पट्टा संवाहक के ऊपर लगभग 7 सेमी. की दूरी पर स्थित रहते है। पट्टा संवाहक धीरे धीरे बीजों को ले जाता है और अवरक्त किरणे सीधे बीज राशि पर पड़ती है और उसे सुखाती है। बीजों को सुखाने के एक प्रयोग मे पट्टा संवाहक की चाल लगभग 30 सेमी. से 1.5 मीटर प्रति मिनिट रखी गई और 250 वाट के 60 बल्बों को इस पट्टे के ऊपर लगाकर 3.6 प्रतिशत नमी को उड़ाया गया।

इसी प्रकार अन्य सुखाई यंत्र जैसे वैगन सुखाई यंत्र, ट्रे–सुखाई यंत्र, ड्रम सुखाई यंत्र, सुरंगदार सुखाई यंत्र एवं घूर्णी सुखाई यंत्र भी प्रयोग किए जाते है।

खाद्यान्न शुष्कक

इनको दो भागों मे बांटा जा सकता है।

1. अतप्त वायु शुष्कक
2. तप्त वायु शुष्कक

1. अतप्त वायु शुष्कक

इनके द्वारा सुखाई प्राकृतिक वायु के उपयोग से की जाती है। इस विधि का उपयोग खाद्यान्न की अल्प मात्रा को फार्म पर ही सुखाने हेतु किया जाता है। इसके द्वारा सुखाई मे परत विधि या पूर्ण बिन विधि उपयोग मे लाई जाती है। इस विधि द्वारा सुखाई मे मौसम के अनुसार अनेकों सप्ताह लग जाते है। परत विधि में एक समय में एक परत के साथ बिन को झुका दिया जाता है और सुखाई आरम्भ कर दी जाती है। जब यह परत आंशिक रूप से सूख जाती है। तब दूसरी परत डाली जाती है। प्रतिदिन एक परत डाल कर सुखाई की जाती है। जब तक बिन पूरा भर नहीं जाता और खाद्यान्न सूख नही जाता। पूर्ण बिन सूखाई में खाद्यान्न से भरा पूरा बिन एक ही बार में सुखाया जाता है, तदुपरान्त इसे बिन के रूप मे प्रयोग किया जाता है। इसके भीतर जाने वाली वायु के बहाव की दर कम होती है। यद्यपि इस विधि मे प्राकृतिक वायु का उपयोग होता है, पर सावधानी के तौर पर एक सहायक गर्म करने वाला निकाय भी वर्षा के दिनों में अधिक आद्रता होने पर अथवा गीला खाद्यान्न होने पर भी सुखाई की जा सकती है। यदि वायु की आद्रता 70 प्रतिशत से अधिक है, तो प्राकृतिक वायु द्वारा सुखाई न होगी।

अनेकों अतप्त वायु शुष्ककों का प्रयोग प्रचलित है।

गोलाकार धातु बिन निकाय

इसमें एक नकली छिद्राकार फर्श होता है, जिसका व्यास 4.5 मीटर होता है। बिन की ऊंचाई 3 मीटर होता है। बिन की क्षमता लगभग 2.5 टन होती है। बिन के ऊपर एक ढक्कन लगा होता है, जिससे केवल उत्सर्जित गैस ही निकल सकती है, पर बाहर से वर्षा का पानी भीतर नहीं घुस सकता। कुछ बिनों के बगल की दीवारों से गैसे बाहर निकल जाती है। ये बिन कन्क्रीट के या अनेकों रिंग जोडकर भी बनते है।

जालीदार सुरंग वाला भण्डार

इस इकाई में एक केन्द्रीय क्षितिजाकार जाली वाली नलिका एवं एक वायु निकासी व्यवस्था, प्रत्येक लम्बवत् दीवार के शीर्ष पर पाई जाती है। ये बिन गोलाकार बनाए जाते है, जिससे हवा का वितरण समान हो और हवा कहीं भी रूकने न पाए।

वायु प्रवाह

इसके लिए दोनो ही प्रकार के पंखे प्रयोग किए जाते है। अपकेन्द्री पंखों में आगे मुड़े हुए या पीछे मुड़े हुए ब्लेड होते है।

वायु वितरण व्यवस्था

विशेष सावधानी के साथ वायु वितरण व्यवस्था का चयन अथवा डिज़ाइन करना चाहिए, जिससे पूरे खाद्यान्न मे हवा का वितरण समान हो और खाद्यान्न के ढ़ेर मे कोई भी खाली स्थान न हो। इस प्रकार चार मुख्य वायु वितरण व्यवस्थाएं निम्न है–

1. छिद्रित फर्श
2. मुख्य क्षितिजाकार नलिका
3. मुख्य नलिका एवं सहायक नलिकाएं
4. लम्बवत् नलिकाएं

1. छिद्रित फर्श

गोलाकार बिन मे छिद्रित कृत्रिम फर्श लगाया जा सकता है, जिससे होकर अतप्त वायु बहाई जाती है। यह छोटे एवं मध्यम आकार के बिनों हेतु एवं कम गहराई वाले बिनों हेतु उपयुक्त है। इसका उपयोग बड़े बिनों और अधिक गहराई वाले बिनों हेतु भी किया जाता है।

2. केन्द्रीय क्षितिजाकार नलिका

इस प्रकार की नलिका दीवारो मे खुलती है, जो हवा को अधिक समान रूप से खाद्यान्न मे वितरित कर देती है।

3. मुख्य नलिका एवं सहायक नलिकाएं

इसके उपयोग का प्रचलन मुख्यतः गोलाकार, वर्गाकार और आयताकार बिनों मे होता है। सहायक नलिकाएं आधार और उठे हुए फर्श मे खुलती है, जिससे हवा पूरे खाद्यान्न से होकर बह सके। सहायक नलिकाएं उल्टे अंग्रेजी के अक्षर यू अथवा वी या फिर आयत के आकार की होती हैं और लकड़ी या स्पात या कक्रीट या फैरोकंक्रीट की बनती है। गोलाकार बिन मे नलिकाएं बिन फर्श पर एक रिंग के आकार मे बिछी होती है।

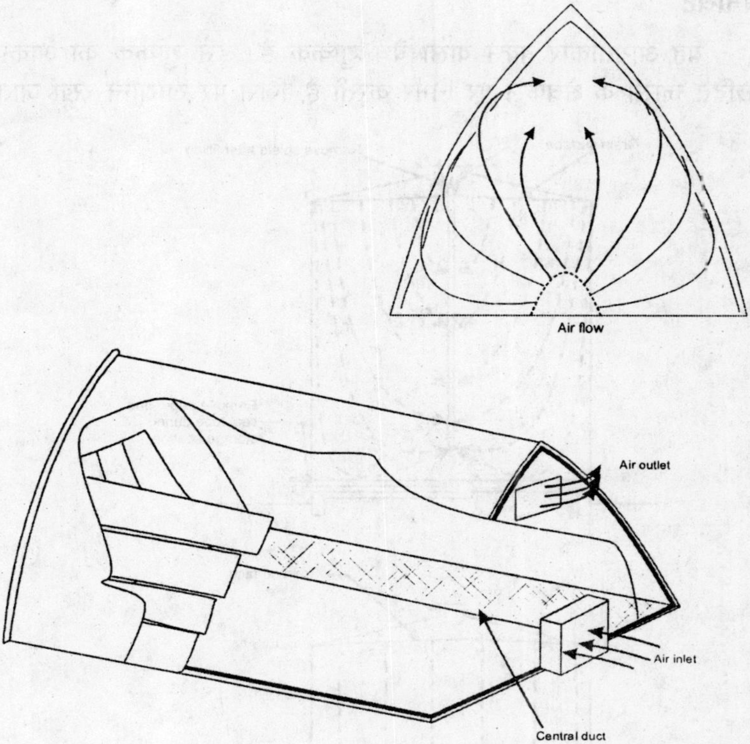

Air Distribution System in Bin Drying

4. लम्बवत् नलिकाएं

इस निकाय मे एक लम्बवत् झिरी वाली नलिका या एक केन्द्रीय लम्बवत् छिद्रित ट्यूब होती है। इन झिरियों और छिद्रों से हवा प्रवाहित की जाती है जो चारों ओर खाद्यान्न मे फैल जाती है।

5. तप्त वायु शुष्कक

सपाट आधार वाला बैच शुष्कक – यह स्थिर गहरे बेड वाला बैच शुष्कक है, यह बनावट मे बहुत सरल है और अनेको देशो मे फार्म पर सुखाई हेतु प्रचलित है।

बनावट

यह आयताकार बक्से वाला बैच शुष्कक है। इस शुष्कक का आकार छिद्रित जाली के क्षेत्रफल पर निर्भर करती है, जिस पर खाद्यान्न रखा जाता

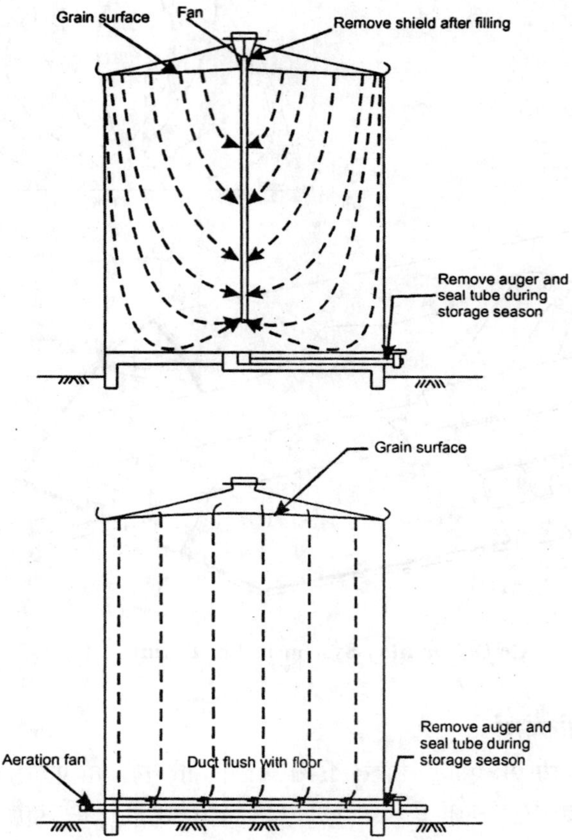

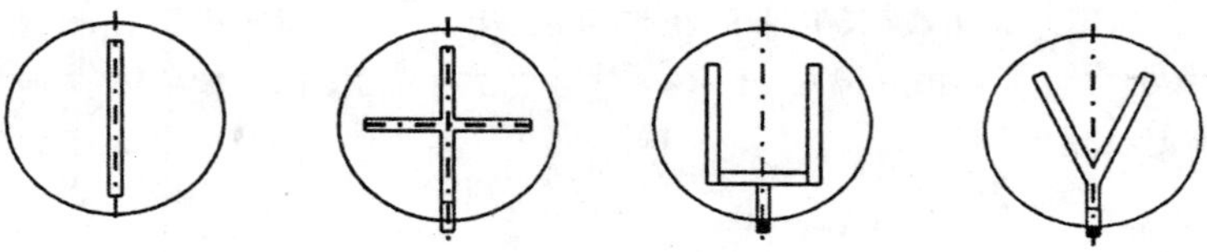

Different Duct Pattern for Aeration

है। इस शुष्कक की क्षमता 0.25 से 1.0 टन प्रति बैंच होती है। इसके पंखे की अश्वशक्ति 0.25 से 1.0 के बीच होती है। सुविधा के लिए एक तेल बर्नर का उपयोग किया जा सकता है, पर मित्तव्यियता हेतु भूसे से चलने वाली भट्टी का उपयोग आग जलाने हेतु करना चाहिए।

कार्यकरण

खाद्यान्न को छिद्रित फर्श पर रखा जाता है और गर्म हवा नीचे स्थित प्लेनम कक्ष से दबाव के साथ खाद्यान्न की परत से गुज़ारी जाती है। जब खाद्यान्न वांक्षित नमी स्तर तक सूख जाता है, तब इसे प्रचालक हाथो से बाहर निकाल लेता है।

गर्म हवा का तापक्रम 45 डिग्री सेल्सियस से अधिक नहीं होना चाहिए। शुष्कन की दर, शुष्कन के तापक्रम के अनुसार घटती, बढती रहती है।

वायु प्रवाह की दर 20 से 40 घनमीटर प्रति 1000 किलोग्राम खाद्यान्न होती है। प्रारम्भिक नमी स्तर के अनुसार यह बदलती रहती है।

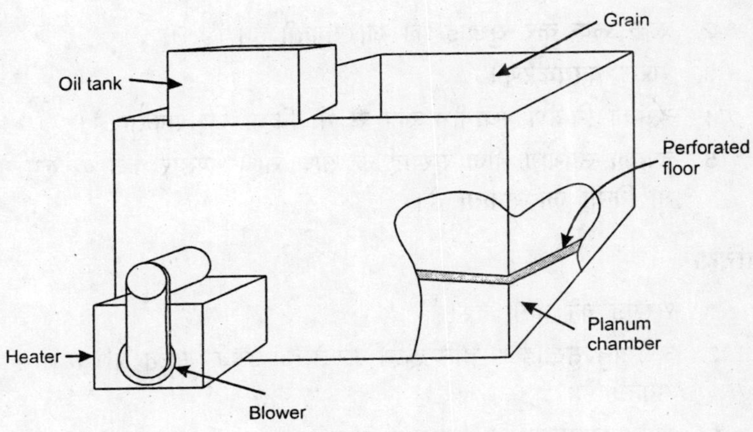

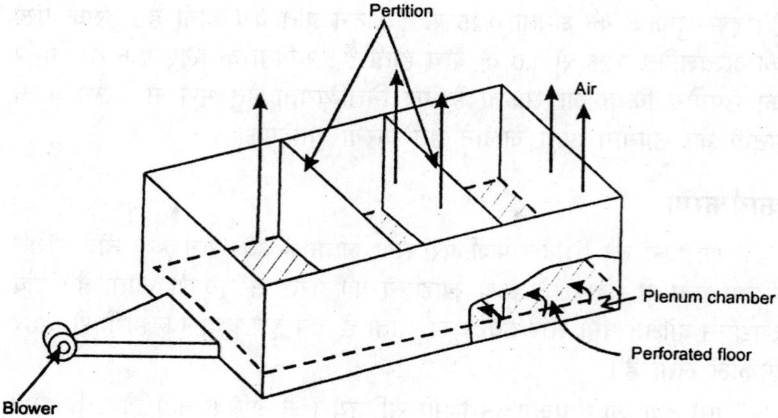

Rectangular Flat bed Type Batch Dryer with Partitions

लाभ

1. किफायती मूल्य।
2. रूक रूक कर सुखाई की जा सकती है।
3. सरल कार्यकरण।
4. इसका निर्माण स्थानीय रूप से भी किया जा सकता है।
5. इसका उपयोग बीज सुखाई के साथ साथ भण्डार कक्ष के रूप मे भी किया जा सकता है।

हानियाँ

1. सुखाई की धीमी दर।
2. असमान सुखाई से दाने टूटने लगते है। इनकी मात्रा अधिक भी हो सकती है।
3. प्रवाह शुष्कको की तुलना मे इनकी क्षमता कम होती है।

आर.पी.इ.सी शुष्कक

यह सतत प्रवाही मिश्रण रहित शुष्कक है। इसे पुनः परिसंचारी शुष्कक भी कहते है।

बनावट

इसमें दो एक ही केन्द्र वाले गोलाकार बेलन पाए जाते है। यह 20 गेज की छिद्रित मृदु स्पात चादर से बने होते है। इन दोनो एक केन्द्रीय बेलनों के बीच की दूरी 15 से 20 सेमी. होती है। यह दोनो बेलन चार चैनल सेक्शन पर टिके रहते है। एक बाल्टी वाहक का उपयोग शुष्कक में खाद्यान्न को भेजने और पुनःसंचारण हेतु प्रयोग किया जाता है। एक अपकेन्द्रीय पंखे का उपयोग गर्म वायु को भीतरी बेलन मे भेजने हेतु किया जाता है, जो प्लेनम कक्ष का काम करता है। गर्म वायु प्लेनम से निकलकर नीचे गिरते हुए खाद्यान्न से होकर गुजरती है और बाहरी छिद्रित बेलन से बाहर निकल आती है। घासलेट तेल से चलने वाले टार्च बर्नर का उपयोग, उष्मा प्रदाय हेतु किया जाता है। इस शुष्कक के 0.5, 1.0 एवं 2.0 टन क्षमता वाले डिज़ाइन उपलब्ध है।

कार्यकरण

भीतरी बेलन के शीर्ष से खाद्यान्न फीड किया जाता है। दोनो बेलनों के बीच स्थित रिक्त स्थान से नीचे गिरते हुए खाद्यान्न को समकोण पर काटते हुए गर्म वायु गुजरती है। जली गैसे बाहरी बेलन के छिद्रों से होकर बाहर निकल जाती है, जबकि शुष्क खाद्यान्न निकासी छिद्र से बाहर आ जाता है। निकासी हॉपर के निकासी छिद्र के द्वार को खोलने और बन्द करने के ऊपर खाद्यान्न की भरण दर निर्भर करती है। खाद्यान्न को तब तक सुखाया जाता है, जब तक वह वांछित नमी स्तर तक सूख न जाए।

लाभ

1. किफायती मूल्य
2. सतत प्रवाह शुष्ककों मे सबसे सरल डिज़ाइन।
3. चलाने मे सरल
4. यह फार्म और धान मिल दोनो स्थानों पर प्रयोग किया जाता है।
5. भूसा ज्वलन भट्टी के उपयोग के साथ इसका चालन मूल्य कम हो जाता है।

हानियाँ

1. शुष्कन असमान होता है।
2. भुजिया चावल के साथ लम्बे उपयोग के बाद इसके छिद्र बन्द हो जाते है।

एल.एस.यू. शुष्कक

यह एक सतत प्रवाही मिश्रण वाला शुष्कक है जो अमेरिका मे बहुत प्रसिद्ध है।

बनावट

इसके भाग निम्नलिखित है :–

1. यह आयताकार शुष्कन कक्ष जिसमें हवा के छिद्र और अधिकरण बिन पाए जाते है।
2. नलिका के साथ वायु निस्सारण पंखा।
3. उष्मा प्रदाय निकाय।

इसमें एक लम्बा वर्गाकार स्तम्भ होता है, जिसका आकार 1.2 से 2.1 वर्गमीटर के बीच होता है। इसकी ऊंचाई 6 से 12 मीटर तक होती है। इस स्तम्भ मे दो भाग होते है। ऊपर अधिकरण कक्ष एवं निचला शुष्कन कक्ष।

शुष्कन कक्ष में अंग्रेजी के अक्षर "V" के आकार की उल्टी रखी नालियाँ पाई जाती है। इनकी एक छोड़ एक कतार पंखे की तरफ से खुली और दूसरी और से बंद रहती है। बीच की बाकी कतारें पंखे की तरफ से बंद एवं गैस निकासी की ओर से खुली रहती है। ये नलियां जली हुई गैसों को बाहर निकालने का काम करती है और निकासी नालियां कहलाती है। इन सभी नालियों के बीच की दूरी समान होती है। गर्म हवा पंखे से अन्दर की ओर आती है, फिर नालियो का दूसरा सिरा बन्द होने के कारण बाहर नही निकल पाती और नीचे गिरते हुए दानों के सम्पर्क में भली भांति आ जाती है, जिसके फलस्वरूप दानों का शुष्कन हो जाता है। जली गैसें निकासी छिद्र से होकर बाहर निकल जाती है। जब नीचे गिरने वाला शुष्क खाद्यान्न अन्न निकासी छिद्र तक नीचे की ओर पहुँचता हैं तो वह खांचेदार चक्रों के द्वारा धीरे धीरे बाहर निकाल दिया जाता है।

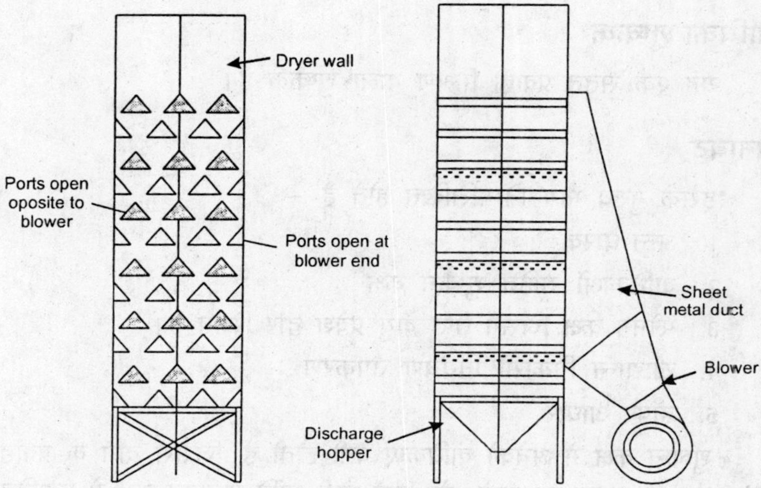

L.S.U. Dryer

शुष्कन वायु का तापक्रम 60 से 70 डिग्री सेल्सियस के बीच होता है। वायु को गर्म करने हेतु बर्नरों का उपयोग किया जाता हैं जो गैस या द्रव ईंधनों से चलते है। जैसे– घासलेट आदि इसकी क्षमता 2 से 12 टन के बीच होती है।

लाभ

1. खाद्यान्न का शुष्कन समान रूप से होता है।
2. शुष्कक को अनेकों प्रकार के खाद्यान्नों की सुखाई हेतु प्रयोग किय जा सकता है।
3. शुष्कन तीव्र गति से होता है।
4. खाद्यान्न की अधिक मात्रा का शुष्कन किया जा सकता है।
5. खाद्यान्न का दाना उत्कृष्ट निकलता है।
6. शुष्कन का नियंत्रण किया जा सकता है।

हानियाँ

1. इसका प्राथमिक मूल्य बहुत अधिक होता है।
2. द्रव ईंधन उपयोग करने पर इसका चालन मूल्य अधिक आता है।

बाधिका शुष्कक

यह एक सतत प्रवाही मिश्रण वाला शुष्कक है।

बनावट

इसके मुख्य भाग निम्नलिखित होते है :–

1. अन्न धारक
2. बाधिकाओं सहित शुष्कन कक्ष
3. प्लेनम कक्ष जिसमें तप्त वायु प्रवेश द्वार स्थित है।
4. खाद्यान्न निकासी नियंत्रण उपकरण
5. हॉपर आधार

शुष्कन कक्ष मे अनेको बाधिकाएं बनी होती है, जिससे दाने के प्रवाह को लगातार बदला जा सके और दाने भली भांति लम्बवत् रूप मे प्रवाहित दो बाधिकाओं के दीवारों के बीच की दूरी 20 सेमी. होती है, जिनके बीच से होकर खाद्यान्न के दाने नीचे गिरते है।

कार्यकरण

जब खाद्यान्न के दाने अन्न धारक से डाले जाते है, तब वे लगातार दाएँ, बाएँ, घूमते हुए शुष्कन कक्ष से होकर गुजरते है। यहीं पर ये दाने अभिलम्ब प्रवाहित गर्म वायु से भली भांति मिश्रित हो जाते है। गर्म वायु प्लेनम कक्ष से शुष्कन कक्ष की ओर प्रवाहित की जाती है। जैसे ही खाद्यान्न के दाने हॉपर आधार पर पहुँचते हैं वे उत्थापक के द्वारा पुनः संचारण मे आ जाते है, जब तक वांछित नमी स्तर न प्राप्त हो जाए।

लाभ

1. खाद्यान्न का शुष्कन समान रूप से होता है
2. इसको अनेकों खाद्यान्नों की सुखाई हेतु प्रयोग किया जा सकता है।
3. शुष्कन तीव्र गति से होता है।
4. खाद्यान्न की अधिक मात्रा का शुष्कन किया जा सकता है।
5. खाद्यान्न का दाना उत्कृष्ट निकलता है।
6. शुष्कन का नियंत्रण किया जा सकता है।

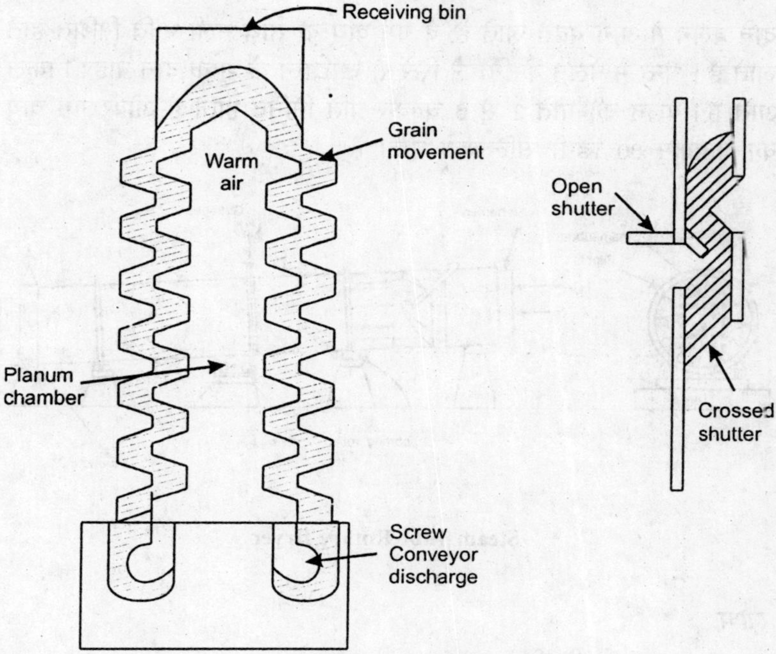

Mixing Type Baffle Dryer

हानियाँ

1. प्लेनम कक्ष, शुष्कन कक्ष की अपेक्षा बड़ा बनाना पड़ता है।
2. बाधिकाओं पर दाने की गति मन्द पड़ जाती है।

चक्रवर्ती शुष्कक

यह भी एक सतत प्रवाही शुष्कक है। इसे घूमते बेलन वाला शुष्कक भी कहते है। इसमें एक 2 मीटर व्यास वाला एक 3 से 6 मीटर लम्बा बेलन होता है, जो एक थोड़े से ढालू धरातल पर स्थित होता है। खाद्यान्न के दाने ऊपरी सिरे से बेलन मे डाले जाते है। यह बेलन घूमता रहता है। इस बेलन के अन्दर कई वाष्प नलिकाएं पाई जाती है। बेलन की भीतरी परिधि पर उभार या फ्लाइट्स भी पाई जाती है, जो दानो को उठाकर बेलन मे आगे को बढ़ाती है। वाष्प नलिकाओ के द्वारा वायु गर्म होती रहती है। जैसे जैसे

दाने बेलन मे आगे बढ़ते जाते है, वे गर्म वायु के साथ भली भांति मिश्रित होते जाते है। अन्त मे बेलन के निचले सिरे से खाद्यान्न के शुष्क दाने बाहर निकल आते है। बेलन की गति 2 से 6 चक्कर प्रति मिनिट होती है औक्र गर्म वायु का तापक्रम 80 डिग्री सेल्सियस होता है।

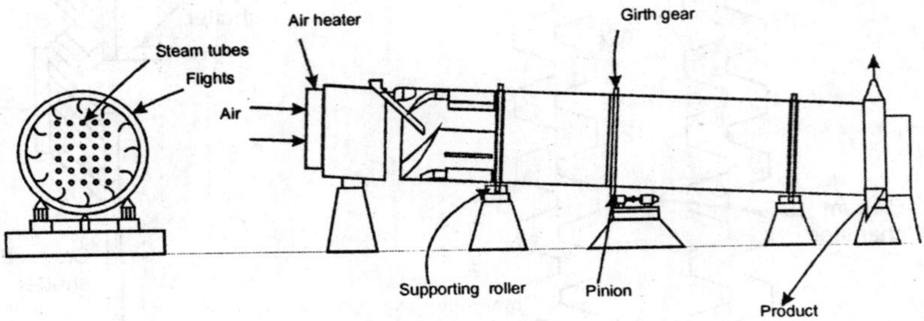

Steam Tube Rotary Dryer

लाभ

1. शुष्कन की तीव्र दर।
2. दानों का समान शुष्कन।
3. दानो की उत्कृष्टता।

हानियाँ

1. शुष्कन शुष्कक बनावट जटिल होती है।
2. अधिक देखभाल की आवश्यकता होती है।
3. अधिक प्राथमिक मूल्य।
4. अधिक स्थान घेरता है।
5. शुष्कक अपने आयतन का लगभग 30 प्रतिशत भाग ही सुखा पाता है।
6. यह सभी प्रकार के खाद्यान्नों हेतु सफल नहीं है।

शुष्कक का चुनाव

शुष्कक का चुनाव करने से पहले सभी मुख्य बातों को ध्यान में रखना पड़ता हैं, जिस के फलस्वरूप उपयुक्त शुष्कक का चुनाव किया जा सके जो अपना कार्य पूरी मितव्यियता के साथ कर सकें।

शुष्ककों का प्राथमिक चयन

प्राथमिक चयन में निम्यन कारको पर ध्यान दिया जाता है।

1. फसल के भौतिक एवं रसायनिक गुण
2. फसल की शुष्कन विशेषताएं, जैसे नमी का प्रकार, प्राथमिक, अन्तिम एवं संतुलित नमी स्तर, उपयुक्त शुष्कन तापक्रम, शुष्कन मे लगा समय आदि।
3. खाद्यान्न का शुष्कक की ओर बहाव एवं खाद्यान्न की निकासी :उदाहरण के लिए प्रति घंटा शुष्कित खाद्यान्न की मात्रा, शुष्कन के दौरान क्रियाएं स्थिर/प्रवाहित कार्यकरण इत्यादि।
4. शुष्कित खाद्यान्न के गुण–जैसे रंग, स्वाद, सिकुड़न, विघटन, दाने की सतह मे कड़ापन, दाने मे दरार आदि।
5. स्थापना के स्थान पर उपलब्ध सुविधाएं जैसे उपलब्ध क्षेत्रफल, तापक्रम आद्रता, वायु की शुद्घता, उपलब्ध ईंधन/विघुत ऊर्जा वांछित ध्वनि, कम्पन, गैसों की निकासी आदि।

शुष्कको की तुलना

प्राथमिक चयन के बाद शुष्ककों का परीक्षण किया जाता है।

शुष्कको का अन्तिम चयन

शुष्ककों के परीक्षण के बाद, उनके मूल्य के आधार पर उनका चयन किया जाता है। इसके साथ साथ निम्न कारकों पर भी विचार किया जाता है, उदाहरण के लिए उचित आकार, साधारण बनावट, स्थानीय निर्माण, सरल कार्यकरण, सरल स्थानान्तरण, न्यूनतम चालन मूल्य भट्टी दहन सुविधा, न्यूनतम देखभाल, अधिकतम खाद्यान्न शुष्कन, शुष्कन उपरान्त घान्कोष्ठ के रूप मे उपयोग की सुविधा आदि।

समस्यायें

1. सपाट बेड वाले बैंच शुष्कक के क्या लाभ और हानियां है। इसका एक स्वच्छ नामांकित चित्र बनाइए।
2. आर. पी.इ.सी. शुष्कक का सचित्र वर्णन कीजिए।
3. बाधिका शुष्कक के भागों का वर्णन कीजिए।
4. चक्रावर्ती शुष्कक की बनावट का वर्णन कीजिए
5. शुष्कक का चुनाव आप कैसे करेंगे?
6. एल.एस.यू. शुष्कक की क्या विशेषता है।

23

बीज की सफाई
(Cleaning of Grain)

कटाई और गहाई से प्राप्त बीज में बहुत सी अवांछित अशुद्धियां मिली रहती है, जो बीज की गुणवत्ता को घटा देती हैं। इन अशुद्धियां मे फसल के महीन कूड़ा करकट, छिलके, धूल, रोड़े, मिट्टी आदि आते है। इनके अतिरिक्त पौधो के तने, पत्तियों के टुकड़े और बिना गही बालियां भी आ जाती है। इन सभी अवांछित पदार्थो को बीज से अलग करना आवश्यक होता है, जिससे बीज की गुणपत्ता बनी रहे। बीज संसाधन का यह उद्देश्य है कि वह स्वच्छ, शुद्ध, एक समान तथा ऊंची अंकुरण क्षमता वाले बीज कृषक तक पहुंचाएं।

बीज स्फाई के उद्देश्य

1. स्वच्छ बीज से निष्क्रीय पदार्थ धूल, कंकड़ तथा अवांछित पदार्थ दूर करना।
2. वैज्ञानिकों की देख रेख में उगे तथा संसाधित बीजों की अंकुरण क्षमता ऊंची रखना।
3. वैज्ञानिक कृषक को उत्तम किस्म के बीज तैय्यार करके दे सकें।
4. सफाई के दौरान कटे, टूटे और रोगी बीजों को अलग कर देना।

बीज साफ होने से संसाधन कार्य भी शीध्र सम्पन्न हो जाते है।

साधारणतयः हर प्रकार के बीज की सफाई के लिए अनुकूलन के बाद सबसे पहले वायु चालनी मशीन का उपयोग किया जाता है, और उसके बाद सम्बन्धित बीज की आवश्यकता के अनुसार छंटाई के लिए अन्य मशीनों का उपयोग किया जाता है। वायु चालनी मशीन मे 2 से 8 तक चलनियां हो

सकती है। तीन चालनी मशीन मे 2 से 8 तक चलनियां हो सकती है। तीन चालनी मशीन का उपयोग थोड़ी मात्रा के लिए तथा चार या चार से अधिक चालनी की मशीन का उपयोग अधिक मात्रा अधिक शुद्धता, क्षमता और सफाई के लिए किया जाता है। संसाधन मशीनों के उत्तम प्रचालन हेतु तीन बातों का ज्ञान होना चाहिए।

1. मशीन के भाग तथा उनका कार्य
2. मशीन मे बीज प्रवाह।
3. मशीन की क्षमता और दक्षता प्रभावित करने वाला समायोजन।

चार चालनी वाली सफाई मशीन

इस यंत्र मे निम्नलिखित भाग होते हैं :–

बीज धानी

ये पांच प्रकार की होती है। बेलनदार, बेलन–बुशदार, मापक, मक्का वाली तथा कपास वाली बीज धानी। बेलन दार बीज धानी अधिक प्रचलित है। इसका प्रयोग छोटे आकारके बीजों को गिराने के लिए किया जाता है, जिसमें कूड़े करकट की मात्रा मामूली हो। इस बीजधानी के ऊपरी भाग मे बीज भरने के लिए एक पात्र होता हैं, जिसमें बीज को धानी के भीतर फैलाने के लिए फ्लाइट तथा बर्मे लगे होते है। धानी के निचले भाग मे एक खांचेदार बेलन होता है, जिसे विघुत मोटर से चलाया जाता है। यह बेलन मशीन की दक्षता के अनुसार बीज की एक समान मात्रा स्थिर दर पर भेजता रहता है।

चालनी

इस मशीन मे चालनी विशेष भूमिका निभाती है, क्योंकि बीज की सफाई चालनी तथा वायु के समायोजन से ही होती है। यह बीज के आकार तथा भार के आधार पर सफाई करती है। यह मशीन छनाई एवं छंटाई दोनो ही कार्य करती हैं। ये छिद्रित चादर या तार की जाली की बनी होती है। धातु की चालनियों के छिद्र गोल, आयताकार या त्रिभुजाकार होते है, जबकि तार की चालनियों के छिद्र वर्गाकार या आयताकार होते है।

शू

यह एक विशेष प्रकार की संरचना है, जिसमें चालनियाँ लगाई जाती है। साधारणतयः एक शू मे दो चालनियां लगाई जाती है। एक मोटी छनाई

और दूसरी छंटाई करती हैं। छोटी मशीनों मे एक शू और बड़ी मशीनों मे दो शू पाए जाते है, जो कुछ झुके हुए होते है, ताकि बीज चालनी पर एक ओर से दूसरी ओर प्रवाहित हो सकें। कम्पन कम करने के लिए ये शू अंग्रेजी के अक्षर "V" की भांति लगाए जाते है।

पंखा

यह बीज के हल्के कूड़े करकट को उड़ाने का कार्य करता है। साधारण तौर पर दो पंखे पाए जाते है। पहला–पंखा सबसे ऊपर वाली चालनी के ऊपर स्थित होता है। यह पंखा बीजधानी से बीज गिरते ही उससे हल्के पदार्थो को खींचकर अलग कर लेता है। दूसरा पंखा सब चालनियों के नीचे स्थित होता है। पहली चालनी पर बीज की गिरती धारा से ऊपर वाला पंखा हल्के भूसे तथा धूल आदि को उड़ा देता है। सबसे नीचे वाला पंखा अंतिम बीजों से हल्के बीजों तथा अन्य विजातीय पदार्थों को अलग करता है। छोटी मशीनों मे अधिकतर एक पंखा ही लगा होता है। ऊपर वाले पंखे को रेचित्र कहते है। अच्छी सफाई के लिए यह आवश्यक है कि वायु की दर एंव मात्रा इतनी तेज हो कि कभी कभी एक दो अच्छे बीज भी उड़ा सके। इन पंखो में वायु की मात्रा कम या अधिक करने की व्यवस्था होती हैं।

उत्केन्द्रक

यह शू का संदोलन करता है। क्योंकि शू पर ही चालनियॉ स्थित होती है, अतः शू के साथ चालनियाँ भी संदोलित होती है, जिससे बीज की सफाई होती है। संदोलन की अवधि का प्रभाव बीज की सफाई दर पर पड़ता है। अतः इस अवधि की ठीक प्रकार से गणना की जाती है। जिन मशीनों मे दो प्रघातक होते है, उनमें ये एक दूसरे से इस प्रकार समायोजित होते है, कि मशीन में इनके कारण कम से कम कम्पन हो। अधिक कम्पन से मशीन की नींव कमजोर हो जाती है।

यंत्र प्रचालन एवं कार्य प्रणाली

वायु चालनी मशीन के प्रकार तथा चालनियों की संख्या के अनुसार चालनियों की व्यवस्था बदल जाती है। चालनियों ही इस मशीन का मुख्य भाग होती है, क्योंकि इस मशीन का मूल उद्‌देश्य बीज की छनाई द्वारा उसे साफ करना है।

सर्वप्रथम बीजधानी से बीज, बेलन द्वारा मशीन में आता है, जहां यह ऊपरी वायु प्रणाली से गुजरता है और उसमे से हल्का भूसा तथा धूल आदि निकल जाते है। इसके बाद बीज धारा पहली चालनी पर गिरती है, जो मोटी छनाई का काम करती है। इस चालनी के छिद्र सम्बन्धित बीज के आकार से कुछ बड़े होते है, जिससे हिलती चालनी से बीज तो निकल जाते हैं, परन्तु मोटा कूड़ा करकट रूक जाता हैं और बाहर फेंक दिया जाता है। पहली चालनी से बीज छनकर दूसरी चालनी मे पहॅुचते है, जो मोटी छनाई करती है। इसके छिद्रों का आकार बीज के आकार से कुछ छोटा होता है। इसलिए दूसरी चालनी से बीज तो नहीं निकल पाते, परन्तु उससे छोटा अन्य विजातीय पदार्थ निकल जाता है। तीसरी चालनी जो महीन छनाई का काम करती है, उसके छिद्र इतने छोटे होते है कि उसमे से केवल बीज ही निकल पाता है, परन्तु उससे थोड़ा भी बड़े आकार का विजातीय पदार्थ चालनी के ऊपर से बाहर निकल जाता है। तीसरी चालनी से निकला हुआ बीज अंतिम छटाई के लिए चौथी चालनी में पहुँचता है। महीन छनाई करने वाली चौथी चालनी के छिद्र, दूसरी चालनी के छिद्रों से मात्र थोड़ा बड़ा होता है। इस प्रकार जो विजातीय पदार्थ दूसरी चालनी से नहीं निकल पाते, वह इससे निकल जाते है। अन्तिम चालनी से छंटाई करने के बाद बीज को निचली वायु–प्रणाली से गुजारा जाता है, जिससे शेष हल्की सामग्री भी बाहर निकल जाए।

तीन चालनियों वाली सफाई मशीन में पहली चालनी मोटी छनाई, दूसरी चालनी महीन छनाई और तीसरी चालनी छंटाई का काम करती है। महीन बीज तीसरी चालनी के ऊपर से बाहर निकलता है। नीचे वाला पंखा ऊपर से गिरती, बीज धारा से हल्के पदार्थों को अलग करता है।

समायोजन

1. चालनियो का समायोजन

बीजो की सफाई करते समय सबसे ऊपर गोल छिद्रों वाली चालनी लगाई जाती है, जो भूसे, फलियों, कूड़े तथा अन्य बड़ी सामग्री को रोक लेती है। इसके नीचे झिरीदार चालनी लगाई जाती है, जो टूटे हुए बीजों तथा खरपतवारों के अपेक्षाकृत महीन बीजों को निकलने देती है। दूसरी ओर लम्बे बीजों की सफाई के लिए सबसे ऊपर तथा सबसे नीचे आयताकार चालनी सम्बन्धित बीज के अधिक गोल या मोटे खरपतवारी बीजों को रोक लेती है

तथा निचली आयताकार चालनी सम्बन्धित बीज से अधिक महीन सामग्री तथा टुटे हुए बीजों को निकलने देती है, परन्तु फसलों के बीजों को रोक लेती है। मसूराकार बीजों की सफाई करते समय ऊपरी चालनी गोल छिद्रों वाली होती है, जिससे मसूराकार बीज किनारे से मुड़कर नीचे चले जाते है, परन्तु गोल बीज चालनी पर ही रहते है। निचली चालनी भी गोलाकार छिद्रों वाली होती है। इसके गोल छिद्र मसूराकार बीजों को रोक लेते है, और अपेक्षाकृत छोटे गोल खरपतवारी बीज छनकर नीचे निकल जाते है।

2. बीज दर समायोजन

बीज दर को अधिक मात्रा मे घटाने या बढ़ाने के लिए बीजधानी के कपाट की स्थिति को बदलना पड़ता है, परन्तु बीज दर मे साधारण परिवर्तन करने के लिए, बीजधानी के बेलन की चाल को कम या अधिक किया जाता हैं।

3. कम्पन समायोजन

चालनियों की कम्पन गति को कम या तेज़ करने की भी विशेष व्यवस्था होती है, जिससे बीज को उचित समय तक चालनियों पर रखा जा सके। जब गोल छिद्रों की चालनी को मसूराकार बीजों के लिए प्रयोग किया जाता है, तो चालनी को शीघ्रतापूर्वक कम्पन करना चाहिए, जिससे बीज किनारों से घूमकर चालनी के छिद्रों मे से निकल जाएं। इसके विपरीत छोटे गोल छिद्रों की चालनी से छोटे गोल बीज निकालने के लिए कम्पन मन्द रखा जाता है।

चालनी

चालनियों अनेकों आकारों और आकृतियों मे बनाई जाती है।

धातु की छिद्रित चालनी

इसके छिद्र निम्न प्रकार के होते हैं :–

क) गोल छिद्र :– गोल छिद्र वाली चालनियों के छिद्रों की माप उनके व्यासों द्वारा व्यक्त की जाती है। 5.5 / 64 इंच तथा इससे अधिक व्यास वाले छिद्रों को इंच के 64 वे भाग मे मापते है। बाजार मे 6 / 64 से 80 / 64 इंच तक व्यास के छिदों की चालनियाँ उपलब्ध है। आम तौर पर इन्हें 6, 7, 10, 32, 54, 64, 72, एवं 80 नम्बर की चालनी कहते है। यहां भिन्न का हर 64 गुप्त रहता है।

आयताकार छिद्र

गोल छिद्र

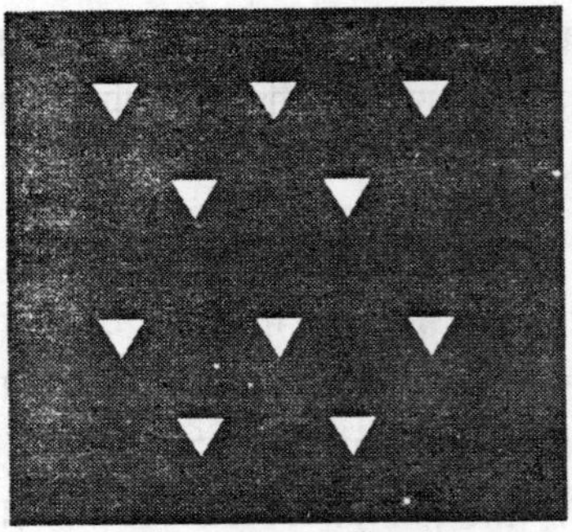

त्रिभुजाकार छिद्र

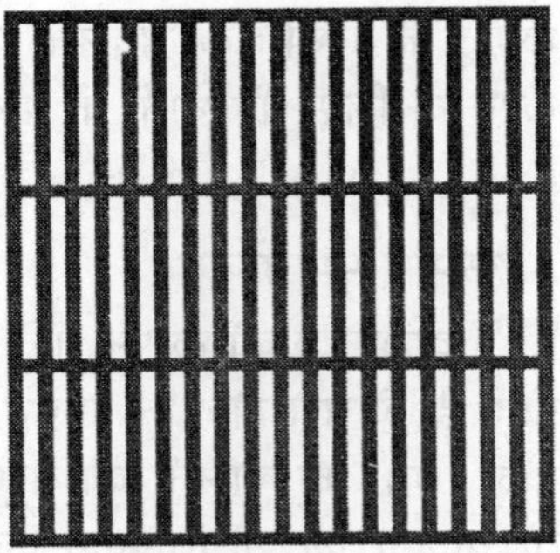

आयताकार जाली

वर्गाकार जाली

ख) आयताकार छिद्र :– इन चालनियों के छिद्रों की माप छिद्र की चौड़ाई तथा लम्बाई से करते है जैसे 6 3/4 के आकार के छिद्र में छिद्र की चौड़ाई 6/64 इंच तथा लम्बाई 3/4 इंच है।

ग) त्रिभुजाकार छिद्र :– इसकी माप दो प्रकार से होती है तथा सभी छिद्र समद्विबाहु त्रिभुज होते है। प्रथम विधि मे त्रिभुज की सभी भुजाओ को मापकर उन्हें 64 वें भाग में व्यक्त करते है, और उसे 7 ट्राई एवं 15 ट्राई आदि के रूप में लिखते है। दूसरी विधि में त्रिभुज के भीतर सबसे बड़ा वृत खींचते है और उसके व्यास को 64 वे भाग मे व्यक्त करते हैं तथा इसके बाद अंग्रेजी अक्षर ष्टष् लिखते है जैसे 6टए 8ट इत्यादि। इस प्रकार 6ट का अर्थ है कि चालनी का छिद्र त्रिभुजाकार है और उसमे स्थिर सबसे बड़े वृत का व्यास 6/64 इंच है कि छिद्र त्रिभुजाकार है और उसमे स्थित सबसे बड़े वृत का व्यास 6/64 इंच है कि छिद्र त्रिभुजाकार है और उसकी एक भुजा की लम्बाई 10/64 इंच है।

तार की चालनी

इसमे छिद्र निम्न प्रकार के होते हैं :–

क) वर्गीकार जाली :– इसके वर्गाकार छिद्रे की नाप एक दिशा में एक इंच लम्बाई मेब ने छिद्रोत्र की संख्या से व्यक्त की जाती है, जैसे 10 10 माप के अनुसार चालनी मे प्रति इंच लम्बाई मे 10 छिद्र है और इस प्रकार प्रति वर्ग इंच 100 छिद्र है।

ख) आयताकार जाली :– इसकी माप भी प्रति इंच के छिद्रों की संख्या से व्यक्त करते है। इसमें प्रत्येक इंच लम्बाई में बने छिद्रों की संख्या भिन्न होती है। 5 12 माप की चालनी में एक दिशा में प्रत्येक इंच लम्बाई मेब ने छिद्रों की संख्या 5 है और दूसरी दिशा में प्रति इंच 12 छिद्र है। इस प्रकार प्रति वर्ग इंच 60 छिद्र है।

समस्यायें

1. बीज की सफाई क्यों की जाती है, समझाइए।
2. बीज की सफाई स आप क्या समझते है? सफाई के उद्‌देश्य विस्तृत रूप से समझाइए।
3. चार चालनी वाली सफाई मशीन का सचित्र वर्णन कीजिए।
4. निम्न पर संक्षिप्त टिप्पणी लिखिए।

(क) शू , (ख) चालनी,
(ग) उत्केन्द्रक, (घ) पंखा,
(ङ) बीजधानी

5. तीन चालनी वाली सफाई मशीन का सचित्र वर्णन कीजिए।
6. धातु की जालियां कितने प्रकार की होती है, इनका वर्गीकरण कीजिए।
7. तर की जालियों का माप कैसे लिया जाता है, चित्र सहित समझाइए।

24

बीज की छंटाई
(Seed Grading)

छंटाई से आशय उस क्रिया से हैं जिसके द्वारा शुद्ध किस्म के बीजों को लक्षणों के आधार पर छांटा जाता है और उनमें मिले विजातीय पदार्थों को अलग किया जाता है। बीज की छंटाई उसकी भौतिक विशेषताओं के आधार पर की जाती है। जिन मशीनों से छंटाई की जाती है, उन्हें छंटाई मशीन कहते है।

छंटाई के प्रकार

बीज की छंटाई मुख्यतः निम्नलिखित भौतिक विशेषताओं के आधार पर की जाती है।

1. बीज की चौड़ाई तथा मोटाई
2. बीज की लम्बाई
3. बीज का भार
4. बीज की आकृति
5. बीज का पृष्ठ गठन
6. बीज की विघुत चालकता
7. द्रवों के प्रति बीज की बंधुता
8. बीज का रंग

चौड़ाइै तथा मोटाई के आधार पर छंटाई

किसी भी बीज की चौड़ाई तथा मोटाई अन्य बीजों की तुलना में भिन्न होती है, जिनके आधार पर बीज की छंटाई हो सकती है। इस सिद्धान्त का

उपयोग संकर मक्का, जौ, सोयाबीन, मूंगफली, तथा मटर आदि बड़े आकार के बीज की छंटाई करने हेतु विशेष रूप से किया जाता है। खरपतवारों अन्य फसलों के बीजों को अलग करने हेतु भी इस सिद्धान्त का प्रयोग किया जाता है। इसके अतिरिक्त इसके मक्का का शुद्ध बीज प्राप्त करने, फलियों के टूटे दानों को अलग करने, जौ को जंगली जई के बीज से अलग करने हेतु इनका उपयोग प्रचलित है।

चौड़ाई तथा मोटाई पृथ्थकारी

क्षैतिज सपाट चालनी पृथ्थकारी

इस प्रकार के पृथ्थकारियों में क्षैतिज सपाट चालनियों की सहायता से बीज की चौड़ाई तथा मोटाई आधारित छंटाई की जाती है। इस प्रकार की एक प्रचलित मशीन का नाम सुपीरियर रॉकइट मक्का पृथ्थकारी है। इसमे चौड़ाई तथा मोटाई दोनो के आधार पर छंटाई हेतु चालनी में गोल छिद्र होते है, जबकि मोटाई के आधार पर छटाई के लिए, चालनी के खांचों मे झिरीदार छिद्र बने होते है। इन पृथ्थकारियों मे दो शू पाए जाते है। जिनमें दो डेक और प्रत्येक डे कमे दो चालनियां बनी होती है। इस प्रकार इस मशीन मे चार डेक और आठ चालनियाँ होती है। प्रत्येक डेक पहली गोल छिद्र वाली चालनी के लिए और दूसरी झिरीदार छिद्र चालनी मोटाई के लिए होती है।

यंत्र प्रणाली एवं कार्यकरण

बीजों को बीजधानी में बीज उत्थापक के द्वारा भर देते है, धानी के बीज नियोजित दर पर पहले डेक की चालनियों में पहुंचते है, सारे डेकों की चालनियाँ आगे पीछे चलती रहती है। बीज के पहली चालनी के गोल छिद्रों के सम्पर्क में आने पर, चौड़ाई के अनुसार उनकी पहली छंटाई हो जाती है। जो बीज इन छिद्रों से होकर नीचे नहीं निकल पाते, वे पहली चालनी पार जाकर, इसी डेक की दूसरी चालनी पर पहुँचते है, जिसके छिद्र झिरीदार एवं आयताकार होते है तथा यहां मोटाई के अनुसार बीज की छंटाई हो जाती है।

जो बीज पहली चालनी के छिद्रों से होकर निकल जाते है, वे नीचे गिरने पर एक यंत्र द्वारा दूसरे डेक की पहली चालनी पर पहुंच जाते है। दूसरे डेक पर भी बीज की छंटाई चौड़ाई तथा मोटाई के आधार पर होती है। इस प्रकार हर डेक में बीज की छंटाई क्रम से होती जाती है तथा अनेक कोटि के बीज

अलग अलग प्राप्त हो जाते है। इस मशीन मे चालनियों की उचित व्यवस्था करके एक ही बार में बारह प्रकार के बीज प्राप्त किए जा सकते है। प्रत्येक कोटि का बीज एक अलग निकास द्वार से बाहर निकलता है। टूटा एवं बहुत छोटे आकार का बीज सारी चालनियों से गुजरकर निस्सारण द्वार से नीचे गिर जाता है।

बेलनाकार चालनी पृथ्थकारी

इसका उपयोग किसी भी बीज की मोटाई तथा चौड़ाई के आधार पर छंटाई हेतु किया जा सकता है। इसमें बेलनाकार चालनी लगाई जाती है। इस प्रकार ये दो प्रचलित माडल कार्टर डे प्रिसीशन, पृथ्थकारी एवं सुपीरियार हाई केपेसिटी साइजर बहुत प्रसिद्ध है।

कार्टर डे पृथ्थकारी की चालनियाँ

इस मशीन की चालनियाँ खांचेदार होती है। इस माडल मे दोनों प्रकार की अर्थात् गोल तथा आयताकार छिद्रों वाली चालनियां लगी होती है। गोल छिद्रों वाली चालनी, बीजों को बीज की चौड़ाई के आधार पर अलग करती है। छिद्र के कटाव के कारण छोटे बीज तो छिद्र से होकर निकल जाते है, पर बड़े बीज उसी में रह जाते है। आयताकार छिद्रों वाली चालनी मोटाई के आधार पर छंटाई करती है। आयताकार छिद्र की दीवारें बीज को किनारे से घुमाकर छिद्र मे फंसा देती है। मोटा बीज छिद्र से नहीं निकल पाता, जबकि पतला बीज निकल जाता है। ये चालनियाँ लगभग 1.5 मीटर लम्बी तथा बेलनाकार होती है।

सुपिरियार हाई केपेसिटी पृथ्थकारी की चालनियाँ

इस मशीन आयताकार छिदों वाली चालनियों अर्धवृत्ताकार बेलन जैसी होती है। ऐसी दो चालनियों को जोड़कर पूर्ण बेलन बनता है। गोल छिद्रों वाली चालनियां पूर्ण बेलनके समान ही दिखती है। एक रील मे तीन बेलनाकार चालनियाँ लगी होती है, जिनके गोल छिद्र विभिन्न आकारों के होते है। तीनो बेलन एक के बाद एक के क्रम से जुड़े रहते है इस प्रकार एक ही रील से बीज को तीन कोटियों में बांटा जा सकता है।

यंत्र प्रणाली एवं कार्यकरण

बीजधानी से निकलकर बीज बेलनाकार चालनी मे एक ओर से प्रवेश करता है। गुरूत्वाकृषण, अपक्रेन्द्रीय बल एव बीज का भार, तीनों शक्तियाँ तथा बेलन की गति, के कारण प्रत्येक बीज चालनी के छिद्र के सम्पर्क में आता है। बड़े चालनी के छिद्र के सम्पर्क में आता है। बड़े आकार के बीज उसी में रहते है और सर्पिल वाहिका के माध्यम से बेलन के दूसरे सिरे तक चले जाते है तथा छोटे आकार के बीज छिद्रो से होकर नीचे निकल जाते है। बेलन के ऊपरी भाग पर लगे हुए रबर के पट्टे, चालनी के छिद्रों मे फंसे हुए बीजों को अलग करते है। विभिन्न माडलों मे कई बेलन लगे होते है, जिनसे विभिन्न प्रकार के ग्रेड प्राप्त होते है।

लम्बाई के आधार पर छंटाई

वांछित बीज और अन्य बीजो की लम्बाई मे जो अन्तर होता है, उसके आधार पर भी बीज की छंटाई की जा सकती है। इन मशीनों की सहायता से बीज राशि मशीन से बाहर निकल जाती है। इसका उपयोग वायु चालनी मशीन से बीज साफ करने के बाद ही किया जाना चाहिए, क्योंकि छोटे बीजों के एक समान होने पर छंटाई अधिक प्रभावकारी होता है। इनका उपयोग छोटे आकार के बीजों तथा फलियों के बीजों की छटाई हेतु किया जाता है। इनमें तवेदार पृथ्थकारी अधिक प्रचलित है।

तवेदार पृथ्थकारी

यह मुख्य रूप से गेहूँ के बीज से अन्य प्रकार के बीजों तथा गेहूँ के टूटे कटे दानो को अलग करने के लिए बनाया गया है। यह मशीन बीज राशि से छोटे बीजों को छांट लेती है।

इसके मुख्य भाग निम्नलिखित हैं :–

1. **बीज धानी** :– इसकी बीज धानी अन्य मशीनों की ही भांति होती है। मशीन मे आने वाले बीजों के नियंत्रण हेतु धानी मे सर्पी कपाट लगा होता है।

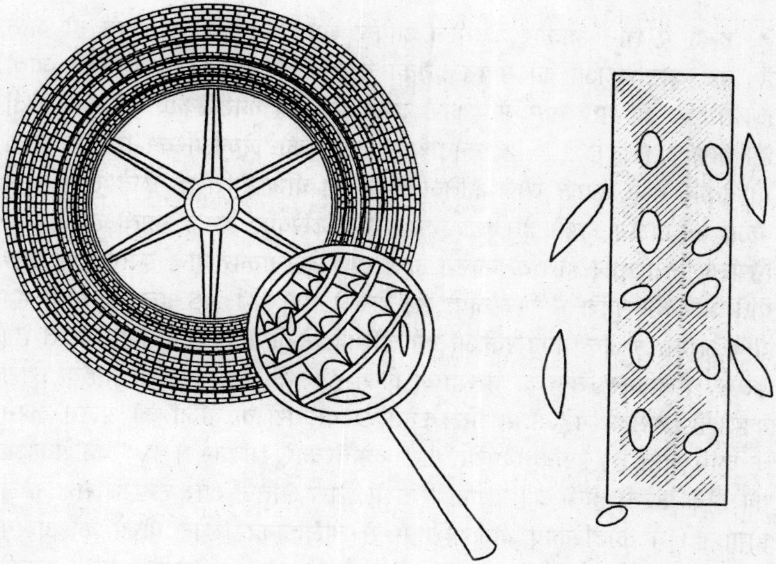

तवेदार पृथ्थकारी

2. तवे :– छंटाई का कार्य इन्हीं के द्वारा पूरा किया जाता है। ये ढलवा लोहे के बने होते है। ये ढलवा लोहे के बने होते है, तथा एक क्षैतिज धुरे पर श्रेणी मे लगे हेाते है। ये धुरे के घूमने पर एक साथ घूमते है। साधारण तौर पर इन मे 37.5, 45, 52.5 एवं 62.5 सेमी. व्यास के तवो को उपयोग किया जाता है। एक मशीन के सारे तवे समान व्यास के होते है। प्रत्येक तवे के तीन अनिवार्य अंग, नाभि तीलियाँ तथा कोटरिकाएँ है। धुरे पर तवा इसी नाभि द्वारा चढ़ा होता है। संवाहक फलक भी इसी नाभि से जुड़े रहते है। ये संवाहक फलक ही बीज राशि को मशीन मे संवाहित करते है। तीलियों के बीच के स्थान को आँख कहते है, इन्हीं से होकर बीजराशि गुजरती है।

तवे की कोटरिकाएँ

तवे के मुख्य ठोस भाग के दोनो ओर छोटे छोटे खाने होते है, जिन्हें कोटरिकाएं कहते है। ये तवे की गोलाई में समान आकार की बनी होती है। तवे का यह भाग बाहर से देखने मे पूर्ण रूप से शहद के छत्ते जैसा लगता

है। इन्हीं में छोटे आकार के बीज आकर शेष बीजराशि से अलग हो जाते है। इन कोटरिकाओं का मापन इनकी गहराई चौड़ाई की आधी रखी जाती है। ये "V" या "R" नाम से पुकारी जाती है। शेष कोटरिकाएँ वर्गाकार होती है। जैसे A,B,C,D........Z कोटरिकाएं "V" कोटरिकाओं का निचला सिरा गोलाकार तथा ऊपरी सिरा क्षैतिज होता है। बीज राशि के छोटे तथा गोल बीजों को अलग करने हेतु ष्टष् नाम की कोटरिकाएं बनाई जाती है। इनका निचला सिरा गोल होने के कारण लम्बे तथा बेलनाकार बीज इसमें नहीं रूक पाते और बीजराशि में गिर जाते है। इनकी माप V4, V5 इत्यादि होती है। ये 4 अथवा 5 अंक कोटरिकाओं की चौड़ाई मिलीमीटर में प्रदर्शित करते है। इसके गोलाकार सिरे को उत्थापक सिरा और क्षैतिज सिरे को वाहक सिरा कहते है। इसको गेहूँ मे से गोल छोटे खरपतवारों के बीजों को अलग करने के काम लाते है। इसके विपरीत "R" कोटरिकाएँ आकार में "V" कोशिकाओं की ठीक उल्टी होती है। इनका निचला सिरा क्षैतिज और ऊपरी सिरा गोल होता है। ये कोटरिकाएँ बीजराशि मे से नलिकाकार छोटे बीजों को अलग करने का कार्य करती हैं। ये गोलाकार बीज को अलग नहीं करती। इनकी माप R4, R5 आदि होती है, जिसमें 4 अथवा 5 इनकी चौड़ाई को मिलीमीटर में प्रदर्शित करती है। इनको धान के बीज से टूटे धान के दाने अलग करने हेतु उपयोग में लाया जाता है।

वर्गाकार कोटरिकाएँ किसी विशेष अक्षर से प्रगट नहीं की जाती है। इनके लिए V तथा R के अतिरिक्त किसी भी नाम की कोटरिका बनाई जा सकती है। इनकी ऊपरी तथा निचली दोनो भुजाएं क्षैतिज होती है। ये जई मे से गेहूँ जैसे बाह्य पदार्थों को अलग करती है। इनकी एक वर्गाकार भुजा 12 मिमी. से भी अधिक हो सकती है।

फूट द्वार तथा वापसी संवाहक साधन :– वापसी संवाहक तवों तथा विसर्जन नाली के बीच कूट द्वार स्थित होता है। इसके द्वारा बीज को वापस मुख्य बीजराशि में पहुँचाया जाता है। कूट द्वार को खोला अथवा बन्द किया जा सकता है। यह वापसी संवाहक के ठीक ऊपर स्थित होता है।

पछोड़न द्वार

जिन लम्बे बीजों को मशीन के तवे नहीं उठाते, उनको पछोड़न कहा जाता है, जो मशीन से गुजरकर, पछोड़न द्वार से बाहर निकल जाते है।

विसर्जन टोटी

इसमें विभाजक लगाकर बीज को कई भागों में बांटा जा सकता है।

यंत्र प्रणाली एवं कार्यकरण

मशीन के चलने पर केन्द्रीय घुरा घूमता है और साथ ही साथ सारे तवे भी घूमते है। बीजधानी से आने वाली बीज राशि सारे तवोंके बीच से होकर गुजरती हैं इसी दौरान तीलियां और संवाहक फलक बीजराशि को विड़ोलित करते है, जिसके फलस्वरूव चह तवे की प्रत्येक कोटरिकाओं के सम्पर्क मे आता है। बीजराशि के बीच घूते हुए तवे छोटे बीजों को अपने साथ कोटरिकाओं में उठा ले जाते है। कूट द्वार खुले होने पर बची हुई मिश्रित बीजराशि वापसी संवाहक पर गिरकर दोबारा मुख्य बीजराशि में मिल जाते है। जो बीज लम्बे होते है और गतिमान कोटरिकाओं मे नहीं रूक पाते है, वे पछोड़न द्वार से बाहर निकल जाते है।

इसमें एक साथ छः तवे लगाए जा सकते है, जिनकी कोटरिकाएँ विभिन्न आकार और आकृतियों की हो सकती है। प्रवेशी सिरे पर छोटे बीजों की कोटरिकाएं होती है, उसके बाद की कोटरिकाएं क्रमशः बड़ी बनाई जाती है ताकि सबसे छोटे बीज सबसे पहले छांटे जा सकें।

खांचेदार बेलन पृथ्थकारी

यह भी बीज की लम्बाई के आधार पर छंटाई करता है। इसमें तवे के स्थान पर बेलन का प्रयोग किया जाता है, जो बीजों की छंटाई करता है।

बेलन की भीतरी सतह पर कोटरिकाएँ होती है, जो छोटे आकार के बीजों को उठाती है। इसके मुख्य भाग है –

इस तरह वे शेष बीजराशिसे अलग हो जाते है।

1. बीजधानी

यह मशीन की बीज धानी छोटी होती है। नियंत्रित दर पर इसमे से बीजराशि को मशीन मे पहुंचाने की यांत्रिक व्यवस्था होती है।

2. बेलन

यह बीज की छंटाई करता है। यह क्षैतिज धुरे पर लगा होता है। इस बेलन की भीतरी उसी पर घूमता है। इस बेलन की भीतरी सतह पर खांचे

होते है। ये शंकवाकार या अर्धचन्द्राकार होते है। शंकवाकार खांचे क्रमशः नीचे पतले होते जाते है, जबकि अर्धचन्द्राकार खांचे की चारों ओर की दीवारें सीधी होती है और इनका निचला भाग वृत्ताकार होता है। बेलन की लम्बाई 1.5 से 2.25 मीटर और व्यास 4.2 से 60 सेमी. तक होता है।

3. ग्राही द्रोणिका

यह बेलन के मध्य भाग में लगी होती है, और बेलन द्वारा छांटे गए बीजों को जमा करने क काम करती है। इसकी आकृति अलग अलग मशीनों में अलग अलग होती हैं। यह छंटा हुआ बीज पेंच संवाहक द्वारा मशीन की टोटी तक पहुंचता है। चालक द्वारा द्रोणिका की स्थिति ऊंची नीची या तिरछी की जा सकती है।

संवाहक

मशीन में बचे हुए बीज के वहन के लिए, उचित व्यवस्था करनी पड़ती है। छोटी मशीनों मे प्रवेशी द्वार को थोड़ा उठा दिया जाता है। बड़ी मशीनों मे यह कार्य पेंच संवाहक के द्वारा किया जाता है। इस प्रकार बीज राशि समतल बनी रहती है और परतें नहीं बनती तथा यह बीज का संवहन एक किनारे से दूसरे किनारे तक कर देता है।

मंदक

मशीन के विसर्जन सिरे पर एक बांध की व्यवस्था होती है, जिसे मंदक कहते है। इसकी सहायता से बीज की दर को कम किया जा सकता है। आवश्यकता पडने पर दर को बढाया भी जा सकता है। विसर्जन दर घटने पर मशीन के भीतर बीज राशि की मात्रा बढ़ जाती है, जिससे उसमें, प्रत्यागामी गति नही हो पाती। विसर्जन दर अधिक होने पर बीज राशि कम हो जाती है और बीजों का खांचों से सम्पर्क कम हो जाता है, क्योंकि वह जल्दी से बाहर निकल जाते है।

यंत्र प्रणाली एवं कार्यकरण

बीजराशि, बेलन की भीतरी सतह पर ऊपरी सिरे से प्रवेश करती है और विसर्जन सिरे से बाहर निकलती है, बेलन के घूमने पर उसके भीतर की बीजराशि पलटती है, जिसके फलस्वरूप बीज बेलन के खांचो के सम्पर्क मे

आ जाते है। छोटे आकार के बीज खांचे मे बैठकर बेलन के ऊपर उठने पर, गुरूत्व बल क कारण बिज मे स्थित द्रोणिका मे जा गिरते है। लम्बे आकार के बीज खांचे मे आने पर बेलन मे ही रहते है और दूसरे किनारे से मशीन क बाहर निकल जाते है। अपकेन्द्री बल के कारण बीज खांचे मे टिके रहते है। यह बल बेलन के घूमने के कारण उत्पन्न होता है। बीज की चाल, खांचे का आकार प्रकार, बीज की सतह के गुण, ग्राही द्रोणिका की स्थिति, बीज की नमी एवं भार तथा बेलन की गति, मशीन की दक्षता पर प्रभाव डालती है।

भार के आधार पर बीज की छंटाई

कभी कभी विजातीय पदार्थ तथा अनुपयुक्त बीज भी आकार, आकृति तथा अन्य गुणों में वांछित बीज के समान होते है। अतः उनको भार के अतिरिक्त अन्य भौतिक गुणों के आधार पर छांटना असम्भव है। वांछित बीज एवं अनुपयुक्त तथा विजातीय बीज में निश्चित तौर पर भार में कुछ अन्तर होता है। ये बीज बाहर सेक अच्छे दिखने पर भी भार में हल्के होते है। इसी तरह सड़ा हुआ बीज एवं फंफूदीयुक्त बीज भी भार में हल्का होता है। इसी तरह सड़ा हुआ बीज एवं फंफूदीयुक्त बीज भी भार मे हल्का होता है। कभी कभी राशि में खोखले, कम भार वाले बीज भी मिले होते है। ऐसे विजातीय पदार्थों में मिट्टी के कण, बजरी एवं बड़े खरपतवारी बीज भी आते है। ये अधिकतर वांछित बीज से भारी होते है। उपरोक्त अवांछित बीजों के भार पृथ्थकारी द्वारा छांटा जा सकता है।

भार पृथ्थकारी अथवा आपेक्षिक घनत्व पृथ्थकारी

ये विभिन्न आकारों तथा प्रकारों में उपलब्ध है। परन्तु ये सारे एक ही सिद्धान्त पर बनाए जाते है। जो बीज भार में सबसे कम होंगे, वायु उनकों सबसे ऊपर तैराएगी। मध्यवर्ती भार के बीज वायु के बीच मे तैरते रहेंगे और सबसे भारी बीज नीचे टेबल या डेक की सतह पर सटे रहेंगे। इस प्रकार इन्हें अलग–अलग सतहों में विभाजित करके छांट लिया जाता है। छोटे भार पृथ्थकारियों का उपयोग सब्जियों और फूलों के बीजों को आवांछित बीज से अलग करने के लिए होता है। मध्यम आकार के पृथ्थकारी बीज उत्पादकों द्वारा प्रयोग किए जाते है, जबकि बड़े आकार के पृथ्थकारी संसाधन सयंत्रों पर उपयोगी है।

इसके मुख्य भाग निम्नलिखित हैं :–

बीजधानी :– यह मशीन के एक ओर स्थित होती है, इसमें बीज प्रवाह तथा बीज दर नियंत्रित करने की व्यवस्था होती है।

ढांचा :– ढांचा आधार के साथ ही एक इकाई में बनाया जाता है। इसका आकार नीचे की ओर बड़ा होता है। इसका आधार सुदृढ होना चाहिए, जिससे कृत्रिम कम्पन होने पर मशीन आधार पर दृढता से खड़ी रह सकें और डेक पर छटाई क्रिया में कोई बाधा न पहुँचे।

पंखा :– इसमें एक या अधिक पंखे पाए जाते है, जो बाहर सेक वायु वाहिनी द्वारा वायु खींचकर भीतर बीज कक्ष में पहुँचाते है। ये वायु कक्ष के भीतर धुरे पर लगे होते है। वायु वाहिनी के लीवर द्वारा वायु प्रवाह को नियंत्रित किया जाता है। विभिन्न पंखों का वायु प्रवाह नियंत्रण अलग अलग किया जाता है।

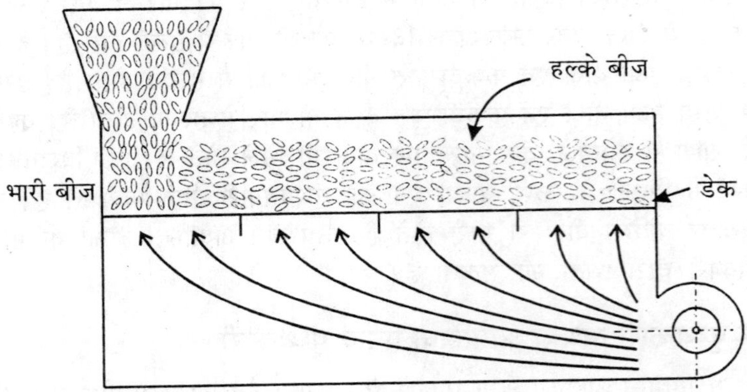

भार पृथ्थकारी

वायु कक्ष :– वायु कक्ष मशीन के ढ़ाचे के बीच में, डेक के ठीक नीचे स्थित होता है। यह वायुरोधी होता है तथा देखने में पेटी के आकार का होता है। इसे प्लेनम कक्ष भी कहते है। पंखे द्वारा उत्पन्न वायु, प्लेनम कक्ष में पहुंचता है और स्थैतिक वायु दाब उत्पन्न करती है, जिसके फलस्वरूप वायु, वायु कक्ष से वायु सरंध्र डेक में ऊपर की ओर बढ़ती है।

सरंध्र डेक :– इस मशीन मे छंटाई का काम डेक पर ही होता है। वायु कक्ष के ठीक ऊपर डेक स्थित होता है। यह एक प्रकार का चौखटा है,

जिसको हटाया या बदला जा सकता है। इसी चौखटे की सतह पर बीजों की छंटाई होती है। डेक पर कपड़ा, तार की जाली या धातु की छिद्रित चादर चढी होती है, जिसमें से वायु गुजर सकती है। चौखटे के घेरे तथा वायु कक्ष के बीच में वायु बंध की व्यवस्था होती है, ताकि वायु बाहर न निकल सके। डेक को वायुकक्ष के ऊपर बोल्टों या शिकंजो द्वारा अपनी जगह सुरक्षित रखा जाता है। डेक एक सरंध्र दोलनी टेबुल के रूप में कार्य करता है, जिसमें से वायु प्रवाहित होती रहती है। बीज इस डेक पर धानी के विसर्जन सिरे की ओर चलता जाता है।

परिचालन तंत्र :– बीज की छंटाई हेतु डेक को कंपन देने के लिए मशीन मे परिचालन तंत्र की व्यवस्था होती है। मशीन का ऊपरी भाग संदोली तंत्र से जुड़ा होता है और ऊपरी भाग से जुड़े डेक को आगे–पीछे संदोलित करता है। इस संदोली तंत्र को मोटर–चालित उत्केन्द्रक से गति मिलती है।

विसर्जन तंत्र :– बीज की छंटाई के बाद उसको उचित स्थान पर निकलने हेतु विसर्जन तंत्र की व्यवस्था होती है। डेक की पटरियाँ बीज को तब तक रोके रहती है, जब तक वह छंटाई के बाद विसर्जन सिरे की ओर चला नहीं जाता है। विसर्जन सिरे के नीचे लगा ऐप्रन बीज को विसर्ज्रनी टोटी की ओर ले जाता है। बीजो को घनत्व के अनुसार वांछित टोटी की ओर भेजने हेतु ऐप्रन मे समायोज्य विभाजको की व्यवस्था होती है।

यंत्र प्रणाली एवं कार्यकरण

बीज की छंटाई दो चरणों में होती है, क) डेक पर बीज का स्तरण।

टेबिल पर छंटाई

स्तरण :– बीजधानी से डेक पर गिरने वाला बीज, डेक की छिद्रित सतह से ऊपर उठती हुई वायु धारा से होकर गुजरता है। अब बीज राशि तरल पदार्थ के समान वायु धारा में प्रवाहित होने लगती है। वायु वेगका समायोजन इस प्रकार किया जाता है कि हल्के बीज वायु गद्दी पर तैरते रहें और भारी बीज के डेक पर पड़े रहें। पूरी बीज राशि इस प्रकार से तीन परतों में बट जाती है। इसी को स्तरण कहते है। इन परतों में क्रमशः ऊपर से नीचे की ओर बढ़ते हुए आपेक्षिक घनत्व के बीज व्यवस्थित होते है। यह बात ध्यान में रखनी चाहिए कि समान आकार के बीजों को ही उनके आपेक्षिक घनत्व के अंतर के आधार पर प्रभावकारी ढंग से परतों में बांट कर छांटा जा सकता है।

छंटाई :– जब बीज राशि लम्बवत् परतों में बट जाती है, तब इन विभिन्न परतों की बीज सामग्री को डेक के विभिन्न भागों मे ले जाकर विभिन्न टोटियों से विसर्जित कर दिया जाता है। इन बीज परतों की छंटाई डेक के ढाल और कम्पन के द्वारा सम्पन्न होती है। डेक निचले सिरे से ऊपरी सिरे की ओर संदोलन करता है। ऊपरी सिरे को जाते समय डेक थोड़ा ऊपर उठ जाता है, जिससे भारी बीज कुछ आगे खिसक जाते है। परन्तु पीछे की ओर जाते समय डेक एक झटके से थोड़ा नीचे आ जाता है और भारी बीज अपने भार के कारण वायु मे उसी जगह बने रहते है।

इस प्रकार डेक के प्रत्येक संदोलन में भारी बीज थोड़ा आगे ऊपर की ओर खिसकता जाता है। यह क्रिया तब तक होती रहती है, जब तक भारी बीज उच्च सिरे की पटरी से टकराकर विसर्जनी टोटी में नहीं चला जाता। इसके विपरीत हल्क बीजों पर डेक की गति का कोई प्रभाव नहीं पड़ता।

आकृति के आधार पर बीज की छंटाई

कुछ बीज लम्बाई, चौड़ाई और मोटाई की दृष्टि से समान होते है, इनकी छंटाई वायु चालनी और लम्बाई पृथ्थकारी से अच्छी नहीं हो पाती। उदाहरण के लिए गेहूँ और वेच के बीजों का मिश्रण। इनकी छंटाई हेतु सर्पिल पृथ्थकारी का प्रयोग किया जाता है

सर्पिल पृथ्थकारी

यह मशीन बीज की लुढ़कने की सापेक्ष क्षमता के आधार पर छंटाई करती है। यह सरसों, गोल दालों और सोयाबीन के बीजों की छंटाई करने के लिए बहुत उपयोगी है।

इसके मुख्य भाग निम्नलिखित हैं :–

1. बीजधानी :– इसकी छिद्रित तली में एक चक्रिका लगी होती है, जिसमें कई आकारों के छिद्र होते है। इस चक्रिका को हाथ से घुमाकर बीज गिरने की दर को बदला जा सकता है। बीजधानी के छिद्र के ऊपर चक्रिका का जो छिद्र व्यवस्थित किया जाता है, उसी के अनुसार मशीन मे बीज प्रवाहित होता है।

2. शंकु विभाजनी :– प्रत्येक सप्रिल के ऊपर और बीजधानी के छिद्र के ठीक नीचे एक शंकु विभाजनी होती है। इसकी सहायता से सर्पिल की सारी लाइटों में एक समान बीज पहुँचता है।

3. सर्पिल :– यह एक महत्वपूर्ण भाग है, क्योंकि यही बीज की छटाई करता है। सर्पिल के आंतरिक एवं बाहरी लाइटों की श्रेणी होती हैं तथा सर्पिल धातु की चादर का बना होता है। एक या अधिक लाइटें एक केन्द्रीय अक्ष क चारों ओर बनी होती है।

यंत्र प्रणाली एवं कार्यकरण

बीजधानी से बीज शंकु विभाजनी द्वारा आंतरिक फ्लाइटों मे पहुँचता है। धानी के नीचे लगी चक्रिका का छिद्र बदलकर बीज दर नियंत्रित की जाती है। आंतरिक फ्लाइटों में नीचे की ओर जाते समय बीजराशि के गोलाकार बीज आसानी से लुढकते जाते है, जबकि चपटे और कम गोल बीज फिसलते हुए नीच को जाते है। फ्लाइटों के चक्कर काटने के कारण गोल बीजों का संवेग बहुत अधिक हो जाता है और वह उछलकर बाहरी फ्लाइटों में आ जाते है और नीचे लगी पृथक टोटी से बाहर निकल जाते है। दूसरी ओर चपटा बीज आंतरिक फ्लाइटों में फिसलता हुआ नीचे पहुँचता है और दूसरी टोटी से बाहर निकल जाती है।

समायोजन

इस मशीन मे बीजदर का समायोजन करना पड़ता है। इसके लिए बीजधानी के नीचे लगी चक्रिका को घुमाया जाता है। इसका वांछित छिद्र बीजधानी की तली के छिद्र के ठीक नीचे एवं शंकु विभाजनी के छिद्र के ठीक ऊपर होना चाहिए।

झुका ड्रेपर

यह मशीन आकृति के आधार पर बीज की छंटाई करती है। इसमें एक झुका पट्टा होता है, जिस पर बीज लुढकने की आपेक्षिक क्षमता के अनुसार छंट जाता है। इस मशीन के मुख्य भाग मापक बीज धानी पट्टी है, जो प्लास्टिक या किरमिच आदि की बनी होती है। इसके अतिरिक्त झुकाव साधन और परिवर्ती चाल प्रगोद इसके अन्य भाग है। इसका उपयोग अन्य मौलिक मशीनों द्वारा सफाई तथा छंटाई के बाद किया जाना चाहिए।

यंत्र प्रणाली एवं कार्यकरण

इस मशीन की बीजधानी से बीज पट्टे के बीच में गिरता है। पट्टा निचले सिरे से ऊपरी सिरे की ओर चलता है। जो बीज गोल होते है, वह नीचे

की ओर लुढकते या फिसलते हैं और चपटे बीज ऊंचे सिरे की ओर पट्टे के साथ चले जाते है। इस प्रकार चपटे बीज उच्च सिरे की ओर और गोल बीज निम्न सिरे की ओर आ गिरते है।

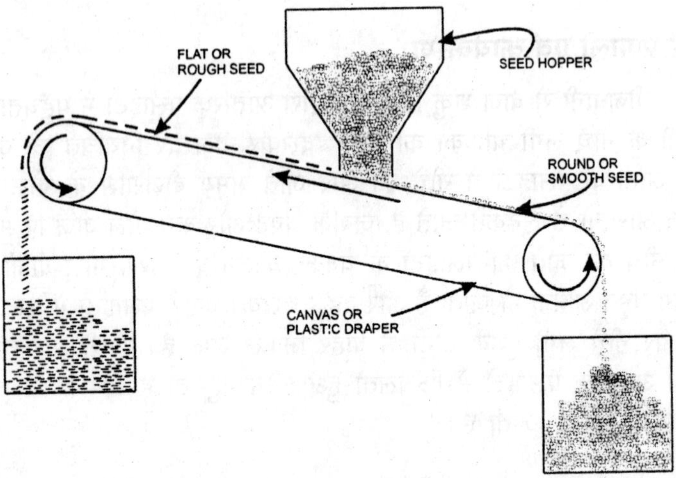

Inclined droper

समायोजन

बीज की उत्तम छंटाई हेतु उसमें तीन समायोजित किए जाते है।

क) पट्टे के झुकाव का समायोजन

ख) पट्टे की चाल का समायोजन

ग) बीज दर का समायोजन

सबसे पहले मशीन कोक कम झुकाव, कम चाल और कम बीज दर पर चलाया जाता है। इसके बाद पट्टे का झुकाव इतना बढ़ाया जाता हैं कि गोल बीज लुढक कर निचले सिरे तक पहुँचने लगे। इसके बाद पट्टे की चाल इतनी बढाई जाती है कि चपटे बीज ऊंचे सिरे तक पहुँचने लगे। इसके बाद बीज दर इतनी बढ़ाई जाती है कि अधिकतम एवं दक्ष छंटाई हो सके।

पृष्ठ गठन के आधार पर छंटाई

पृष्ठ गठन के आधार पर भी बीज की छंटाई होती है। खुरदुरे, टूटे हुए, झुर्रीदार अथवा क्षतिग्रस्त बीज एवं खुरदुरे बीजों को चिकने बीजों से अलग करने हेतु ऐसी मशीनें बनाई गई है, जो पृष्ठ गठन के आधार पर छंटाई करती है। ऐसी महत्त्वपूर्ण एवं प्रचलित मशीन मखमली बेलन पृथ्थकारी है।

मखमली बेलन पृथ्थकारी

इस पृथ्थकारी को गोल मिल या डॉडर मिल भी कहते है।

इसके दो मुख्य तंत्र होते हैं :–

क) भरण–तंत्र

ख) छंटाई–तंत्र

भरण तंत्र

इसका कार्य छंटाई तंत्र को उचित दर से बीजराशि पहुँचाना है। इसमें सबसे ऊपर बीजधानी होती है, जो सारे बेलनों में बीज पहुँचाने का काम करती है। धानी के नीचे खोखला लम्बवत् धुरा लगा होता है, जिसके एक ओर सभी कपाट लगे होते है तथा प्रत्येक जोड़ा बेलनों हेतु बगली छिद्र होते है। सभी कपाटों को ऊंचा नीचा करके लम्बवत् धुरे के बगली छिद्रों में बीज प्रवाह की दर बदली जा सकती है। इन बगली छिद्रों से बीज द्रोणिकाओं द्वारा छंटाई तंत्र के बेलनों में आता है। मशीन में बेलनों के जितने जोड़े लगे होते है, भरण तंत्र में बगली छिद्रों और द्रोणिकाओं की उतनी ही संख्या होती है।

छंटाई तंत्र

इसका मुख्य भाग मखमली बेलन होते है। ये बेलन जोड़े में लगे होते है तथा उन पर मखमल चढ़ी होती है। प्रत्येक जोड़े के दोनो बेलन एक सिरे से दूसरे सिरे तक एक दूसरे के सम्पर्क मे रहते है और बाहर की ओर अपनी अपनी धुरी पर घूमते है। दोनो बेलनों के ठीक ऊपर परिरक्षक लगा होता है। छोटी मशीन में केवल एक जोड़ा बेलन होते है, जबकि बड़ी मशीनों में 5 से 10 जोड़े तक पाए जाते है। बेलनों के जोड़े ऊपर, नीचे, समानान्तर लगाए जाते है तथा बीजधानी की ओर का सिरा कुछ ऊंचा रखा जाता है। बेलनों के जोड़े बढने पर मशीन की कार्यक्षमता बढ़ती जाती है। बेलनो के निचले

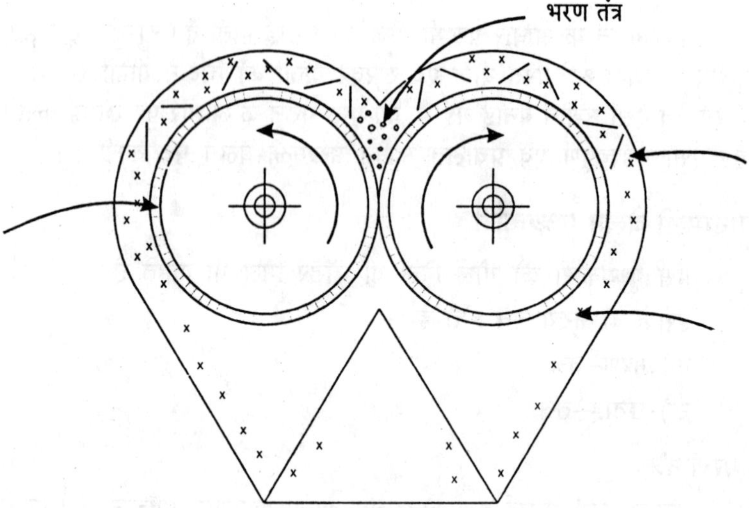

Dodder mill

सिरे पर बीज के विसर्जन हेतु लम्बी नलिका लगी होती है, जिससे चिकना बीज निकलता है। खुरदुरे पृष्ठ गठन के बीजों के विसर्जन हेतु बेलनों के नीचे उनकी लम्बाई में द्रोणिका लगी होती है।

यंत्र प्रणाली एवं कार्यकरण

बीजधानी से बीज बगली छिद्र द्वारा द्रोणिका में आते हैं और बेलनो के जोड़े के मध्य में पहुँच जाते है, क्योंकि बीज बेलनों के जोड़े पर उच्च सिरे की ओर से प्रवेश करता है, इसलिए बेलनों के घूमने के साथ वह उसके निचल सिरे की ओर चलता जाता है। घूमते बेलन के मखमली कपड़े के सम्पर्क में आने पर खुरदुरे बीज उसके रेशों मे फंसकर ऊपर की ओर फेक दिए जाते है, वहाँ वे परिरक्षक से टकराकर दोबारा बेलन पर गिरते है। इस तरह बार बार उछलने पर बीज बेलन के मखमली कपड़े के सम्पर्क में आने पर खुरदुरे बीज उसके रेशों मे फंसकर ऊपर की ओर फेंक दिए जाते है, वहाँ वे परिरक्षक से टकराकर दोबारा बेलनपर गिरते है। इस तरह बार बार उछलने पर बीज, बेलन के सिरे से बाहर निकलकर नीचे स्थित द्रोणिका में

गिर जाते है, परन्तु चिकने बीज बेलनों के निचले सिरे तक बिना किसी रूकावट पहुँच जाते है। खुरदुरे बीज सबसे पहले छंटकर अलग होते है।

बेलन की पूरी लम्बाई को तीन बराबर भागों मे बॉटकर उनके नीचे तीन द्रोणिकाएँ लगाई जाती है, जिनमें तीन कोटियों के खुरदुरे बीज जमा होते है। निचले सिरे की द्रोणिका के बीज बहुत कम खुरदुरे होते है।

समायोजन

बेलन की चाल का समायोजन

बेलन की चाल बदलने की मशीन में विशेष व्यवस्था होती है। यह चाल लगभग 350 चक्कर प्रति मिनिट तक की जा सकती है। यदि चाल बढने पर खुरदुरे बीजों के साथ चिकने बीज भी अलग होने लगे तो चाल को कम कर देना चाहिए। इसके विपरीत खुरदुरे बीजों की संख्या अधिक होने पर चाल को तेज कर देना चाहिए।

बेलन का झुकाव

प्रत्येक फसल के बीज का वांछित झुकाव अलग होता है। झुकाव को बदलकर, बेलन पर बीज के रहने क समय को बदला जा सकता है। जिससे बीज पर छंटाई क्रिया का प्रभाव कम या अधिक किया जा सके।

बेलन तथा परिरक्षक के बीच अंतराल

बेलन तथा परिरक्षक के बीच के अन्तराल का समायोजन बीज के आकार तथा छंटाई की कोटि के अनुसार किया जाता है। साधारणतयः यह अन्तराल वांक्षित बीज के व्यास का डेढ़ गुना रखा जाता है। इस स्थिति में खुरदुरें बीज परिरक्षक से नहीं टकराते।

बीज दर

बीज दर नियंत्रण हेतु एक ही सर्पी कपाट का समायोजन करने पर बेलनों के प्रत्येक जोड़े में एक समान दर से बीज पहुँचता है। प्रभावकारी छंटाई हेतु बीज दर का उचित नियंत्रण बहुत आवश्यक होता है। बीजों की मात्रा अधिक होने पर सारे खुरदुरे बीज मखमली, कपड़े सम्पर्क में नहीं आने पाते और बीजों की उचित छंटाई नहीं होने पाती।

वैद्युत चालकता के आधार पर बीज की छंटाई

बीजों के वैघुत गुणों की भिन्नता के आधार पर भी छंटाई की जाती है। इन मशीनों में संबंधित बीज अपनी वैघुत चालकता के अनुसार किसी आवेश को ग्रहण कर लेता हैं या छोड़ देता है। सुचालक बीज अपने आवेश को तुरन्त छोड़ देता है, परन्तु कुचालक बीज अपने आवेश को देर तक रखता है। इस प्रकार बीज की विघुत चालकता से यह पता चल जाता है कि वह विघुत क्षेत्र को छोड़त समय किस पथ से जाएगा। इसी सिद्धान्त पर स्थिर वैघुत बीज पृथ्थकारी बनाया गया है।

स्थिर वैघुत बीज पृथ्थकारी

यह मशीन आवेशित इलेक्ट्रोड द्वारा एक प्रकार के बीज को अन्य प्रकार से छांटती है, क्योंकि दोनो प्रकार के बीजों की वैघुत चालकता मे अंतर होता है। इसके लिए छंटाई की दो विधियां अपनाई जाती है।

अ) प्रतिकर्षी प्रभाव उत्पन्न करने हेतु उच्च तीव्रता के आवेश का प्रयोग।

ख) आकर्षण प्रभाव उत्पन्न करने हेतु निम्न तीव्रता के आवेश का प्रयोग।

इस पृथ्थकारी के मुख्य भाग निम्नलिखित हैं :–

1. बीजघानी :– यह सामान्य प्रकार की होती है। यह बीज दर मापन एवं नियंत्रण का कार्य करती है। यह बीजों को धारण करती है और मशीन मे बीज को पहुँचाती है।
2. कंपमान संवाहक या पट्टा :– इसके द्वारा बीजघानी से बीज भूसपंर्कित घूर्णक पर पहुंचता है। इसकी गति नियंत्रण हेतु विशेष व्यवस्था है।
3. भूसंपर्कित धूर्णक :– यह एक अंतहीन पट्टा है, जो बीज धारा की अग्रगामी गति को बढ़ा देता है। यह बीज को वैघुत क्षेत्र में पहुँचाता है।
4. शक्ति साधन :– इस साधन में दिष्टकारी तथा ट्रान्सफार्मर की व्यवस्था होती है। यह विघुत का दाब 50,000 वोल्ट तक बढ़ा देता है।

5. इलेक्ट्रोड समुच्चय :– इसमें एक नुकीले सिरे का इलेक्ट्रोड तथा दूसरा बड़े व्यास वाला इलेक्ट्रोड होता है। ये दोनो ही प्रतिकर्षी एवं आकर्षण प्रभाव देने वाले वैघुत क्षेत्र उत्पन्न करते है। इनको लम्बवत् तथा क्षैतिज तलों में समायोजित किया जा सकता है।
6. समायोज्य विभाजनी :– यह बीज के गिरने के मार्ग में लगाया जाता है, ताकि भिन्न–भिन्न प्रकार के बीजों को अलग किया जा सके। इनको वैघुत क्षेत्र से गुजरे हुए बीज को जमा करने हेतु समायोजित किया जा सकता है।

यंत्र प्रणाली एवं कार्यकरण

बीजघानी से बीज, कंपमान संवाहक द्वारा भूसंपर्कित घूर्णक से गुजरकर तीव्र गति से नीचे गिरता है। इस दौरान बीज निम्न/उच्च तीव्रता के वैघुत क्षेत्र के प्रभाव मं आता है, जिससे बीजघारा पर आकर्षण या प्रतिकर्षी प्रभाव पडता है। अब भिन्न चालकता का बीज अपने स्वाभाविक पथ से आकर्षित या विकर्षित होकर अलग हट जाता है। इस प्रकार अभीष्ट बीज की छंटाई हो जाती है।

प्रश्न

1. बीज की छंटाई से आप क्या समझते है? छंटाई कितने प्रकार की होती है। समझाइए।
2. चौड़ाई तथा मोटाई के आधार पर छंटाई किन बीजों की, की जाती है? ऐसी छंटाई मशीन किस प्रकार इन बीजों को सभालती हैं?
3. कार्टर डे पृथ्थकारी और सुपीरियर हाई कैपेसिटी पृथ्थकारी की चालनियों का वर्णन कीजिए।
4. तवेदार पृथ्थकारी का सचित्र वर्णन कीजिए।
5. भार के आधार पर बीजों की छंटाई किस प्रकार होती है?
6. भार पृथ्थकारी के भागों का वर्णन कीजिए। स्तरीकरण से आप क्या समझते है?
7. सर्पिल पृथ्थकारी का चित्र बनाकर उसकी यंत्र प्रणाली एवं कार्यकरण को समझाइए।
8. डॉडर मिल का सचित्र वर्णश्न कीजिए।

9. निम्न पर संक्षिप्त टिप्पणी लिखिए।
   अ) कोटरिकाएं
   ब) मंदक
   ग) सरंध्र डेक
   घ) झुका ड्रेपर
   य) स्थिर वैघुत बीज पृथ्थकारी

25

बीज वहन
(Seed Conveyance)

साधारणतयः संवाहकों तथा उत्थापकों द्वारा बीज वहन किया जाता है। संवाहक बीज को वहन किया जाता है। संवाहक बीज को क्षैतिज तथा झुके हुए तल पर ले जाता है, जबकि उत्थापक बीज को ऊपर उठाने का काम करता है, परन्तु वात–संवाहक को ऊपर उठाने के लिए भी प्रयोग में लाया जाता है।

बीज वहन तंत्र

साधारणतयः सारे बीज वहन उपकरणों को तीन वर्गों मे रखा जाता है।

1. यांत्रिक संवाहक
2. वात संवाहक
3. उत्थापक

यांत्रिक संवाहक

ये बीज वहन करने के लिए यांत्रिक शक्ति का उपयोग करते है। ये चार प्रकार के होते है।

1. पट्टा संवाहक
2. पेंच संवाहक
3. श्रृखंला संवाहक
4. कंपमान संवाहक

1. पट्टा संवाहक – इसमें दो घिरनियों पर एक अंतहीन पट्टा लगा होता है, जिसको किसी चालन साधन से सम्बन्धित कर दिया जाता है। यह

पट्टा इतना लचीला होना चाहिए, कि यह घिरनियों की आकृति ग्रहण कर सकें, परन्तु इतना सुदृढ़ भी होना चाहिए कि बीजों का भार वहन कर सकें। ये दो प्रकार के होते है।

1. चपटा पट्टा संवाहक
2. द्रोणीदार पट्टा संवाहक

चपटे पट्टे संवाहक में पट्टे के दोनो ओर धातु या लकड़ी के किनारे उठे होते हैं, जो बीज को गिरने से रोकते है।

द्रोणीदार पट्टा सवाहक में घिरनियों या बेलनों का आकार ऐसा रखा जाता है कि इस पर स्थित पट्टा किनारों पर थोड़ा ऊंचा और बीच में नीचा होता है, जिससे पट्टा गतिमान द्रोणी का काम करता है।

पट्टा संवाहक के मुख्य भाग निम्न हैं :–

1. पट्टा
2. घिरनियाँ
3. एलीमेन्ट्स
4. आइडलर्स
5. चालक फॉरमेट

बीज रोधक को विसर्जित करने हेतु पट्टा संवाहक में रोधक लगे रहते है, बडा पट्टा संवाहक में एक अंतहीन पट्टा एवं अनेकों घिरनियाँ पाई जाती है। इनके भार आइडलर्स द्वारा उठाए जाते है। खाद्यान्न वहन करने हेतु मोटा पट्टा प्रयोग किया जाता है। इसके द्वारा ले जाया जाने वाला खाद्यान्न अधिक नष्ट नहीं होता, क्योंकि पट्टे और खाद्यान्न के बीच तुलनात्मक पट्टे और खाद्यान्न के बीच तुलनात्मक गति लगभग शून्य होती है। इसके द्वारा खाद्यान्न तीव्र गति से एवं लम्बी दूरी तक ले जाया जा सकता है। पर इसका उठान कोण बहुत कम होता है। इसकी जीवन काल अधिक होता है और इसका प्राथमिक मूल्य भी अधिक होता है। इसका पट्टा अंतहीन होता है, जिससे भार का एकसमान निस्तार हो सके। इसको काफी चौड़ा भी होना चाहिए, जिससे खाद्यान्नों के वहन हेतु इसमें काफी मजबूती हो और यह सभी तनावों एवं घरातलीय अवरोधों को सहन कर सकें। Stitched Convass Solid Belt या rubber belt का उपयोग किया जाता है। रबर बेल्ट किरमिच अथवा inbred dense material एवं vuleanized rubber का बना होता है और rubber Sheet से ढका रहता है। Ballata belts का भी उपयोग होता है, जो 76 डिगरी सेल्सियस तापक्रम के ऊपर भी कार्य कर सकते है।

रोधक

ये पट्टे के अन्त में बीज को विसर्जित करने हेतु प्रयोग किए जाते है। Tripper मे दो idler Pullies पाई जाती है, जिसके कारण पट्टे का आकार अंग्रेजी के "S" अक्षर के समान बन जाता है। खाद्यान्न शीघ्र घिरनी पररोके जाते है, और Gradient System के द्वारा पट्टे के एक या दूसरी ओर गिरा दिया जाते हैं। और Gradient System के द्वारा पट्टे के एक या दूसरी ओर गिरा दिए जाते है। इस Gradient System के स्थान पर एक छोटा belt converyor System प्रयोग किया जा सकता है, जो पट्टे से समकोण पर चलता है। मुख्य पट्टे पर से पूरा समान हटाना होता है। Tripper या Scrapper पट्टे के दोनो ओर कार्यरत रहते है।

पेंच संवाहक

इसका उपयोग बहुत महीन पिसे हुए पाउडर, नम, चिपचिपे, भारी, Viscous, Chemical, active, गर्म पदार्थों के वहन में होता है। इसकी विशेषता यह हैं कि यह आसानी से खुल जाता है और पिसे पदार्थों का बहाव भी अच्छा होता है। इसमें Scraching और deforming नहीं होती। यह बनावट मे साधारण होता है। यह घी, मूंगफली और milk powder के वहन के लिए प्रयोग किया जात है। इसके अतिरिक्त छोटे run वाले conveying और elevating paths के लिए भी इनका उपयोग होता है। इसकी flights, Stawless stell, पीतल तथा aluminium या ढलवा लोहे की बनी होती है। यह साधारण और सस्ते होते है, पर इनका Horse powder regurement अधिक होता है। इसका उपयोग क्षितिजाकार और 20 डिग्री झुकाव वाले installations के लिए होता है।

Horizantel serow conyeyor साधारणतयः U आकार के Trough में चलता हैं, जिस पर कवर भी हो सकता है, यदि कार्य वैसा है। अधिक चढ़ाव के लिए गोलाकार फ्रेम का उपयोग होता है।

बनावट में यह पेंच की शक्ल की संरचना वाला होता है। धातु की चपटी की कुंडलिनी बनाकर उसे एक धुरे पर जड़ा जाता है। यह धुरा आवरक के भीतर मध्य मे स्थित होता है। इस धुरे को किसी चालन साधन से घुमाया जाता है। धुरे के साथ साथ कुंडलिनी भी घूमती हैं और एक सिरे से डाला गया बीज कंडलिनी क चक्कर के साथ साथ आगे बढते हुए दूसरे सिरे से बाहर निकल जाता है।

शृंखला संवाहक

इसमें चेन के द्वारा ड्रैगों को खींचने की व्यवस्था होती हैं। यह चेन चक्रदंतो या स्प्राकिट के ऊपर चलती है। एक या दो चेनों के बीच में Drag लगे होते है। यह बीज को क्षैतिज या अधिक से अधिक 45° के तल पर वहन कर सकता है। यह मंदगति पर चलता है और इसमें आवश्यकता से अधिक शक्ति लगती है।

कंपमान संवाहक

इसमें धातु की द्रोणी की कंपन क्रिया से बीज को एक स्थान से दूसरे स्थान तक पहुंचाया जाता है। इससे बीज का वहन क्षैतिज या बहुत छोटे कोण पर झुके तल पर होता है। इसकी द्रोणी झुकी हुई गिल्लियों पर जड़ी होती है तथा किसी यांत्रिक अथवा वैघुत कंपमान साधन से चलती है। कंपमान साधन की क्षैतिज गति द्रोणी की गिल्लियों द्वारा ऊपरी तथा अग्रगामी गति में बदल जाती है, जिससे द्रोणी में आया बीज प्रत्येक कंपन पर ऊपर तथा आगे बढ़ता है। इस प्रकार बीज क्रमिक कम्पनों से धीरे धीरेक विसर्जन सिरे तक पहुँच जाता है। इसका उपयोग बीज को छोटी क्षैतिज दूरी तक पहुँचाने हेतु किया जाता है।

उत्थापक

उत्थापक का कार्य बीज को ऊपर उठाना है। इसका प्रयोग बीज को, लम्बवत् या लगभग लम्बवत् उठाने के लिए किया जाता है।

उत्थापक चार प्रकार के होते है :—

1. पूर्ण विसर्जन उत्थापक

इसमें गुरूत्व द्वारा बीजों का पूर्ण विसर्जन होता है, इसलिए इसे पूर्ण विसर्जन उत्थापक कहते है। इसमें दो चेनों पर डोल जड़े होते हैं और विसर्जन सिरे पर एक ढालू शूट होती है, जिसमें बीज गिरता है। कुछ उत्थापकों में शूट से बीज डोल मे गिरता हैं और कुछ में सीधे डोल में भरता जाता है। यह उत्थापक हल्के और भंगुर बीजों के वहन के लिए उपयोगी रहता है।

2. अपकेन्द्री विसर्जन

इसमें बीजों के विसर्जन हेतु अपकेन्द्री बल अथवा गुरूत्व बल का प्रयोग होता है। इसके डोल प्रायः गोल और चपटी तली वाले होते है। ये

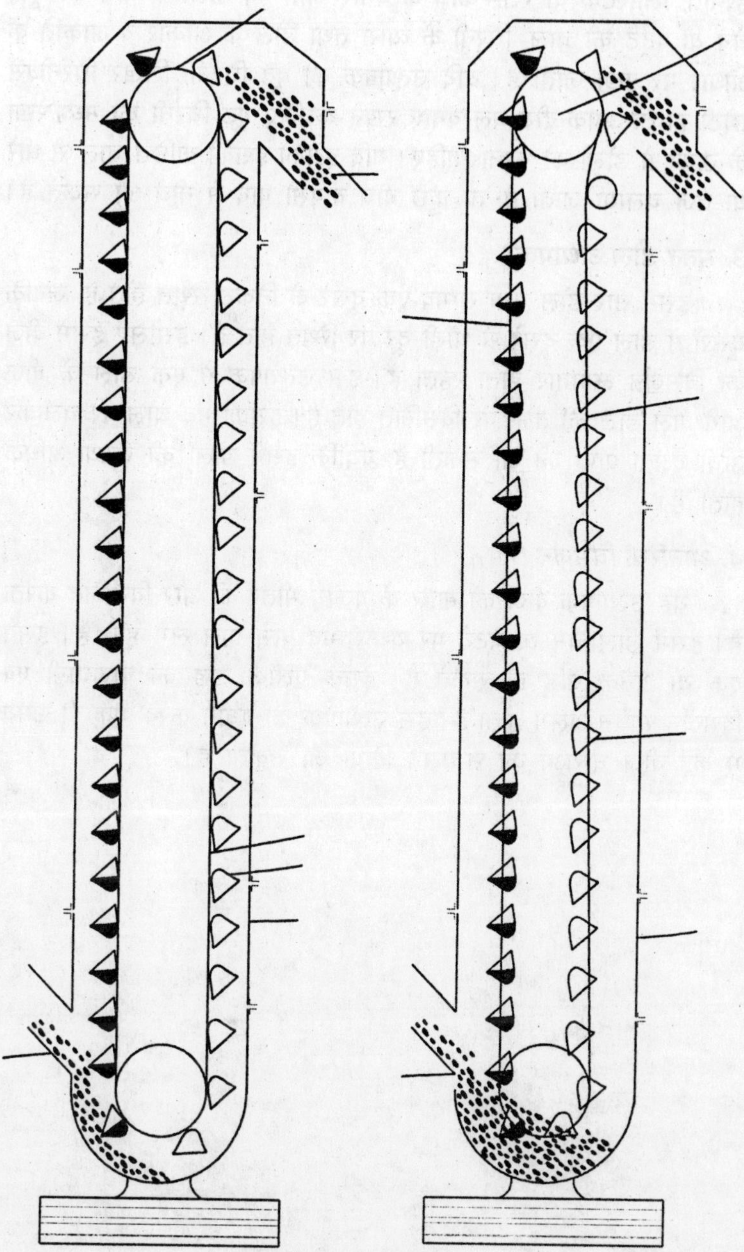

सतत डोल उत्थापक

इस्पात, प्लास्टिक या रेशा–कांच के बनाए जाते है। डोलो के बीच की दूरी, चेन या पट्टे की चाल, घिरनी के व्यास तथा डोल के आकार व आकृति के आधार पर रखी जाती है। यदि उत्थापक की बूट घिरनी, शिखर घिरनी से छोटी हो तो अपकेन्द्रीय बल बनाए रखने के लिए बूट घिरनी की मध्य रेखा के ऊपर से डोलों को भरना चाहिए। यदि इसकों इसकी वांछित चाल से धीरे या तेज चलाया जाता है, तो कुछ बीच वापसी पाद में नीचे आ सकते है।

3. सतत डोल उत्थापक

इसमें सारे डोल यथा सम्भव एक दूसरे के निकट स्थित होते है, जबकि दूसरों में डोल एक दूसरे से थोड़ी दूर पर स्थित होते है। इसलिए इसमें बीज का विसर्जन लगातार होता रहता है। इस उत्थापक में एक डोल के बीज आगे वाले डोल की तली पर विसर्जित होते है। इसको मंद चाल पर चलाकर ऊंची दक्षता प्राप्त की जा सकती है, क्योंकि इसमें डोलों की संख्या अधिक होती है।

4. आंतरिक विसर्जन

यह उत्थापक बीज को बाहर के बजाय भीतर की ओर विसर्जित करता है। इसमें डोल चेन या पट्टे पर यथासम्भव पास पास लगे होते है। इसमें एक या अनेक खंड हो सकते है। इसके प्रत्येक खंड की बीजधानी एवं विसर्जन साधन अलग होता है। इस उत्थापक का प्रयोग करके एक ही समय में कई बीज धाराओं का संचालन किया जा सकता है।